教育部 财政部职业院校教师素质提高计划职教师资培养资源开发项目
“电子科学与技术”专业职教师资培养资源开发(VTNE023)
高等院校电气信息类专业“互联网+”创新规划教材

光电技术应用

主　　编　沈亚强
执行主编　沈建国
参　　编　钱惠国　张海花　彭保进

内容简介

本书的编写采用“理论与实践一体化”编写思路。本书以光电器件的基本原理为基础，以面向市场应用的项目为载体，并将项目划分为若干个学习性工作任务来完成。全书分5章，内容包括电光器件及其应用，光电器件及其应用，光电成像器件及其应用，光纤通信与传感，光电系统的综合设计。第1~4章主要介绍典型的光电器件，在内容安排上，每章分为两个部分，先简单介绍各器件的原理与特性，然后通过具体实训项目来加深对器件的认识，掌握其典型的应用方法。第5章为综合实训，采用项目化的编写方法，介绍光电系统的设计方法。

本书可以作为高等院校的光电、电子、自动化等专业本科生教材，也可以作为从事光电系统设计的有关科技人员的参考书。

图书在版编目(CIP)数据

光电技术应用/沈亚强主编. —北京：北京大学出版社，2017.6
(高等院校电气信息类专业“互联网+”创新规划教材)
ISBN 978-7-301-28597-8

Ⅰ.①光… Ⅱ.①沈… Ⅲ.①光电技术—高等学校—教材 Ⅳ.①TN2

中国版本图书馆CIP数据核字(2017)第197643号

书　　名 光电技术应用
GUANGDIAN JISHU YINGYONG
著作责任者 沈亚强　主编
策划编辑 程志强
责任编辑 李嫂婷
数字编辑 刘　蓉
标准书号 ISBN 978-7-301-28597-8
出版发行 北京大学出版社
地　　址 北京市海淀区成府路205号　100871
网　　址 http://www.pup.cn　新浪微博：@北京大学出版社
电子信箱 pup_6@163.com
电　　话 邮购部62752015　发行部62750672　编辑部62750667
印 刷 者 北京富生印刷厂
经 销 者 新华书店
787毫米×1092毫米　16开本　13印张　291千字
2017年6月第1版　2017年6月第1次印刷
定　　价 30.00元

教育部 财政部

职业院校教师素质提高计划成果系列丛书

项目牵头单位：浙江师范大学

项目负责人：沈亚强

项目专家指导委员会

主　任：刘来泉

副主任：王宪成　郭春鸣

成　员：（按姓氏拼音排列）

曹　晔	崔世纲	邓泽民
刁哲军	郭杰忠	韩亚兰
姜大源	李栋学	李梦卿
李仲阳	刘君义	刘正安
卢双盈	孟庆国	米　靖
沈　希	石伟平	汤生玲
王继平	王乐夫	吴全全

序

《国家中长期教育改革和发展规划纲要（2010—2020年）》颁布实施以来，我国职业教育进入加快构建现代职业教育体系、全面提高技能型人才培养质量的新阶段。加快发展现代职业教育，实现职业教育改革发展新跨越，对职业学校“双师型”教师队伍建设提出了更高的要求。为此，教育部明确提出，要以推动教师专业化为引领，以加强“双师型”教师队伍建设为重点，以创新制度和机制为动力，以完善培养培训体系为保障，以实施素质提高计划为抓手，统筹规划，突出重点，改革创新，狠抓落实，切实提升职业院校教师队伍整体素质和建设水平，加快建成一支师德高尚、素质优良、技艺精湛、结构合理、专兼结合的高素质专业化的“双师型”教师队伍，为建设具有中国特色、世界水平的现代职业教育体系提供强有力的师资保障。

目前，我国共有60余所高校正在开展职教师资培养，但是教师培养标准的缺失和培养课程资源的匮乏，制约了“双师型”教师培养质量的提高。为完善教师培养标准和课程体系，教育部、财政部在“职业院校教师素质提高计划”框架内专门设置了职教师资培养资源开发项目，中央财政划拨1.5亿元，系统开发用于本科专业职教师资培养标准、培养方案、核心课程和特色教材等系列资源。其中，包括88个专业项目，12个资格考试制度开发等公共项目。这些项目由42家开设职业技术师范专业的高等学校牵头，组织近千家科研院所、职业学校、行业企业共同研发，一大批专家学者、优秀校长、一线教师、企业工程技术人员参与其中。

经过三年的努力，培养资源开发项目于2013年立项开题，取得了丰硕成果。一是开发了中等职业学校88个专业（类）职教师资本科培养资源项目，内容包括专业教师标准、专业教师培养标准、评价方案，以及一系列专业课程大纲、主干课程教材及数字化资源；二是取得了6项公共基础研究成果，内容包括职教师资培养模式、国际职教师资培养、教育理论课程、质量保障体系、教学资源中心建设和学习平台开发等；三是完成了18个专业大类职教师资资格标准及认证考试标准开发。上述成果，共计800多本正式出版物。总体来说，培养资源开发项目实现了高效益：形成了一大批资源，填补了相关标准和资源的空白；凝聚了一支研发队伍，强化了教师培养的“校—企—校”协同；引领了一批高校的教学改革，带动了“双师型”教师的专业化培养。职教师资培养资源开发项目是支撑专业化培养的一项系统化、基础性工程，是加强职教教师培养培训一体化建设的关键环节，也是对职教师资培养培训基地教师专业化培养实践、教师教育研究能力的系统检阅。

自项目立项开题以来，各项目承担单位、项目负责人及全体开发人员做了大量深入细致的工作，结合职教教师培养实践，研发出很多填补空白、体现科学性和前瞻性的成果，

有力推进了“双师型”教师专门化培养向更深层次发展。同时，专家指导委员会的各位专家及项目管理办公室的各位同志，克服了许多困难，按照教育部和财政部对项目开发工作的总体要求，为实施项目管理、研发、检查等投入了大量时间和心血，也为各个项目提供了专业的咨询和指导，有力地保障了项目实施和成果质量。在此，我们一并表示衷心的感谢。

编写委员会

2016 年 5 月

前　言

光电技术应用是一门以光电子学为基础，综合利用光学、精密机械、电子学和计算机技术解决各种工程应用课题的交叉技术科学，它是光学技术实现机电一体化的发展方向。光电技术应用课程是光电子类专业的核心基础课，其教学目标是使学生具备从事光电系统设计、光机电一体化等行业必需的基础知识和基本技能，并为学生学习后续课程、提高综合素质及形成综合职业能力打下基础。

本书在内容选取上精简理论知识，注重和强化实际动手操作环节；以“理论够用，技能强化”为原则，结合学生的认知规律，合理安排理论知识、实训及拓展环节，关注与培养学生的学习兴趣和经验的联系，注重选择专业与职业必备的基础知识和技能。

本书采用“理论与实践一体”的编写思路，以光电器件的基本原理为基础，以面向市场应用的项目为载体，并将项目划分为若干个学习性工作任务来完成。全书共分 5 章，第 1～4 章主要介绍典型的光电器件，在内容安排上，每章分为两个部分，先简单介绍各器件的原理与特性，然后通过具体实训来加深对器件的认识，使学生掌握其典型的应用方法。第 5 章为综合实训。

第 1 章电光器件及其应用，介绍了常用电致发光器件（LED，LD，LCD）的工作原理、特性及典型应用，以及 LED 的特性测试、基于数码管显示的光电计数器制作及亮度可调的 LED 台灯设计 3 个实训。

第 2 章光电器件及其应用，介绍了主要电光器件（光电倍增管、光敏电阻、光电池、光敏二极管、热释电器件、光电位置传感器、光电组合器件、光电耦合器和光电编码器）的工作原理、特性及应用，以及人体感应光控开关的制作、太阳能充电器制作和光电编码测速 3 个实训。

第 3 章光电成像器件及其应用，介绍了线阵 CCD 和面阵 CCD 的原理及应用，以及基于线阵 CCD 的电线直径测量系统和 PCB 缺陷检测系统 2 个实训。

第 4 章光纤通信与传感，介绍了光纤的构成、分类及特性，光纤通信系统的组成与分类，光纤传感的原理及应用，以及光纤温度及应变传感、光纤光栅传感器 2 个实训。

第 5 章光电系统综合设计，先介绍了光电系统的组成及设计方法，再通过便携式光照度计的设计、粉尘浓度检测仪和红外遥控灯的设计 3 个典型光电系统设计实训来使学生掌握光电系统的设计方法。

本书在内容编排上采用点到面、局部到系统的方式，实训选择也按照由简到繁、由易到难的顺序。在每个实训的编写思路上，首先介绍实训的背景与意义，使学生充分了解该实训的应用范围及实用价值；其次介绍实训中涉及的核心技术的理论知识，精简整合理论基础，学以够用；然后针对具体实训给出实施方案，最后利用本实训涉及的核心理论与技术，结合市场应用需要，进一步拓展其应用的范围。这种融“教、学、做”为一体，“理论与实践一体化”的教材内容设计，能使学生在完成任务的过程中，掌握光电子系统的设计、安装、调试等技能，为学生后续专业课的学习和可持续发展奠定良好的基础。

在具体教学实施上，本书理论讲解主要是教师的“引”和“导”，理论课时为32学时，实验实践教学课时为32学时，分为“课内实验”和“课外开放创新性实践”两部分，实验主要以“光电器件特性检测与典型应用”开展教学；创新性实践部分可以选用本书中其中一个实训独立完成电路设计制作与调试，并完成报告的撰写和答辩。

本书由浙江师范大学沈亚强教授担任主编，沈建国担任执行主编。本书具体编写分工为：钱惠国编写第1章；沈建国编写第2章和第5章；张海花编写第3章；彭保进编写第4章。在编写本书的过程中，编者得到了浙江师范大学蒋敏兰和林祝亮老师的指导，同时还参阅了同行专家们的论文著作、文献及相关网络资源，在此一并表示真诚的感谢。

由于编者水平有限，加之时间仓促，书中难免存在不妥之处，敬请专家和读者批评指正。

为了方便教师教学，本书还配有免费的电子教学课件等数字资源，请有需要的教师扫描相应二维码进行下载。

编　者

2017年3月

目　　录

第 1 章　电光器件及其应用…… 1
1.1　发光二极管 …… 2
1.2　半导体激光器…… 10
1.3　液晶显示器件…… 21
1.4　综合实训…… 28
思考题 …… 43

第 2 章　光电器件及其应用 …… 44
2.1　光电发射器件…… 45
2.2　光电导器件…… 52
2.3　光生伏特器件…… 57
2.4　热释电器件…… 60
2.5　光电位置传感器…… 62
2.6　光电组合器件…… 65
2.7　综合实训…… 68
思考题 …… 84

第 3 章　光电成像器件及其应用 …… 85
3.1　CCD 的发展历程 …… 87
3.2　CCD 的基本工作原理 …… 88
3.3　CCD 特性参数 …… 94
3.4　CCD 分类 …… 96
3.5　工程技术应用 …… 100
3.6　综合实训 …… 100
思考题…… 121

第 4 章　光纤通信与传感…… 122
4.1　光纤及其分类 …… 123
4.2　光纤的传输特性 …… 127
4.3　光纤通信系统 …… 130
4.4　光纤传感器 …… 134
4.5　光纤传感器的应用 …… 144
4.6　综合实训 …… 149

思考题…… 162

第 5 章　光电系统综合设计…… 163

5.1　光电系统设计 …… 164

5.2　综合实训 …… 165

思考题…… 191

参考文献…… 192

第1章

电光器件及其应用

【教学目标】

电光器件是指把电转换成光的器件，常见的电光器件主要有各类电光源和各种电光显示器件。本章主要介绍发光二极管、半导体激光器和液晶显示器的原理和简单应用。通过本章学习，使学生掌握常用电光器件的工作原理、使用方法及典型应用电路的设计方法。

【教学要求】

相关知识	能力要求
发光二极管（LED）	（1）理解并掌握LED的发光原理； （2）了解LED的分类和基本特性； （3）掌握LED的基本结构和驱动方法； （4）了解LED在生活中的应用。
半导体激光器（LD）	（1）了解并掌握LD的工作原理； （2）了解LD的基本结构和特性参数； （3）掌握LD的驱动方法。
液晶显示器（LCD）	（1）了解液晶的3种基本结构和扭曲向列型液晶的显示原理； （2）熟悉液晶显示器的基本结构和驱动方法； （3）熟悉和掌握液晶显示模块LCD1602的结构和使用方法。
常用光电器件的应用	（1）掌握LED特性的测试原理和方法，加深对LED基本特性的理解； （2）掌握数码管和液晶模块的使用方法，学会电路设计、制作和调试的基本方法； （3）了解LED驱动芯片PT4115的使用方法，掌握简易亮度可调LED台灯的设计与制作方法。

1.1 发光二极管

【发光二极管】

发光二极管（Light - Emitting Diode，LED）是一种利用半导体 PN 结把电能转化为光能的半导体发光器件。因其具有节能、环保、安全、寿命长、低功耗、低热、高亮度、防水、微型、防振、易调光、光束集中、维护简便等特点，已被广泛应用于照明、指示、显示、装饰、各种功能光源等领域。

1.1.1 LED 发光原理

虽然高纯的半导体材料电阻率很高，但如果掺杂微量的其他元素，则可以使其导电性能发生显著的变化。例如，在硅（Si）中掺杂微量砷（As），可以形成导带中具有电子的 N 型材料；在硅中掺杂微量镓（Ga），可以形成价带中有空穴的 P 型材料。如果在硅晶体中一半掺杂砷，一半掺杂镓，则可以在两半之间的边界上形成一个 PN 结。通过该 PN 结，电子可以从 N 型材料扩散到 P 区，而空穴则从 P 型材料扩散到 N 区，如图 1.1(a) 所示。由于扩散，在 PN 结处形成一个大小为 $e\Delta V$ 的势垒，阻止电子和空穴进一步扩散，达到平衡状态，如图 1.1(b) 所示。此时，若在 PN 结上加一个正向偏置电压，即 P 型材料接电源正极，N 型材料接电源负极，则 PN 结势垒将降低，N 区的电子会注入 P 区，P 区的空穴会注入 N 区，从而出现非平衡状态。这些注入的电子和空穴在 PN 结处相遇并发生复合，把多余的能量以光的形式释放出来，从而产生 PN 结发光，如图 1.1(c) 所示。这种发光也称为注入式发光，光子的能量由带间隙决定。LED 使用的材料不同，其带间隙也不同，从而会发出不同能量的光，也就是不同波长、不同颜色的光。例如，砷化镓 LED 发红光，磷化镓 LED 发绿光，碳化硅 LED 发黄光，氮化镓 LED 发蓝光，等等。

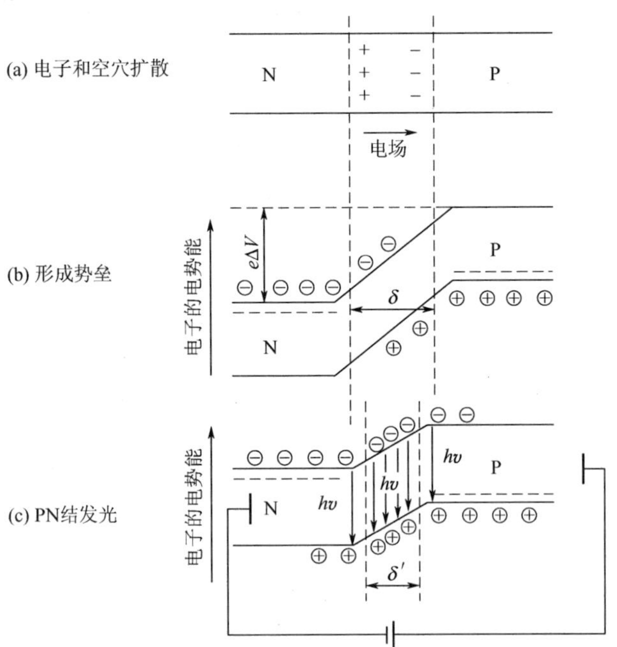

图 1.1 LED 的发光机理

1.1.2 LED的分类

根据不同的特性参数，LED可以有多种不同的分类方法。

1. 按发光的颜色分类

LED按其发光颜色可分为白色、红色、橙色、绿色（又细分黄绿、标准绿和纯绿）、蓝色等。另外，有些LED包含两种或多种颜色芯片，可以发出多种颜色的光。红外LED发出不可见的红外光，可应用于各种光控或遥控发射。红外LED主要采用全透明或浅蓝色、黑色的树脂进行封装。

2. 按LED出光面特征分类

LED按其出光面特征可分为圆灯、方灯、矩形灯、面LED、侧向管、表面安装用微型管等。圆灯按直径分为 ϕ2mm、ϕ4.4mm、ϕ5mm、ϕ8mm、ϕ10mm及 ϕ20mm等多种。

3. 按发光强度的半值角进行分类

LED按其发光强度的半值角大小可分为标准型、散射型和高指向型3种。标准型通常用作指示灯，其半值角一般为20°～45°；散射型通常用作视角较大的指示灯，半值角一般为45°～90°或更大；高指向型一般为尖头环氧封装或是带金属反射腔封装，且不加散射剂，半值角为5°～20°或更小，具有很高的指向性，通常用作局部照明光源，或与光检测器联用以组成自动检测系统。

4. 按LED的结构进行分类

LED按其结构可分为全环氧包封、金属底座环氧封装、陶瓷底座环氧封装及玻璃封装等。

5. 按发光强度进行分类

LED按其发光强度或工作电流可分为普通亮度LED（发光强度小于10mcd）、高亮度LED（发光强度为10～100mcd）、超高亮度LED（发光强度大于100mcd）。普通LED的工作电流在十几毫安至几十毫安，有些大功率LED的工作电流可以达到几百毫安。

1.1.3 LED的结构和驱动

普通LED的基本结构如图1.2(a)所示。用于发光的LED芯片被固定在带两根引线的导电、导热的金属支架上，其中与反射杯相连的引线为阴极，另一根引线为阳极。一般阳极对应的引脚较长，阴极对应的引脚较短。LED芯片外围封以环氧树脂（帽），一方面可以保护芯片，另一方面起（透镜）聚光的作用。

LED芯片是LED器件的核心，其结构如图1.2(b)所示。LED芯片为分层结构：芯片两端是金属电极；底部为衬底材料；中间是由P型层和N型层构成的PN结；发光层被夹在P型层和N型层之间，是发光的核心区域。在LED芯片工作时，P型层和N型层分别提供发光所需的空穴和电子，它们被注入发光层时发生复合而产生光。

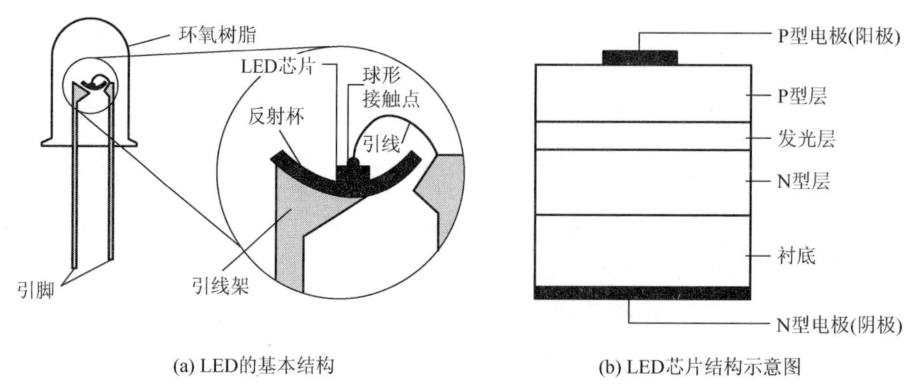

(a) LED的基本结构　　(b) LED芯片结构示意图

图 1.2　LED 的基本结构示意图

LED 与普通的二极管类似，具有单向导通性。当给 LED 加上合适的正向偏置电压后，可以使其发光。图 1.3(a) 所示为简单的恒压直流供电的 LED 驱动电路。电路中串联的电阻起到限流的作用，称为限流电阻，以保证 LED 实际通过的电流小于其能承受的最大电流。限流电阻的最小取值为

$$R=\frac{V_{cc}-V_F}{I_F} \tag{1-1}$$

式中，V_{cc}为电源电压；V_F为 LED 正常工作时两端的电压；I_F为 LED 最大工作电流。

LED 在恒压驱动时的发光强度基本是稳定的，但也会由于驱动电压、LED 温度等因素的影响而产生微小波动，因此在光强稳定度要求较高的场合，LED 需要使用恒流源进行驱动并加入恒温控制装置。

在某些应用场合（如光通信等）需要对 LED 进行调制驱动，典型的调制驱动电路如图 1.3(b) 所示。图中，LED 连接到晶体管的集电极，晶体管基极的偏置电压就可以控制 LED 的发光强度。将电信号通过电容耦合到基极，可以使 LED 的发光强度随电信号大小的变化而变化，从而实现信号的调制。

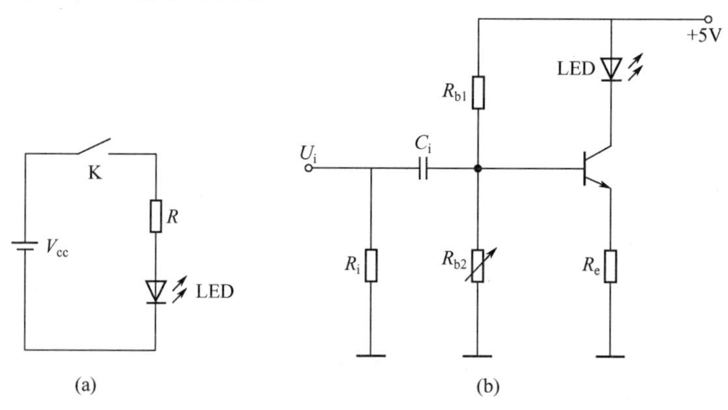

图 1.3　LED 的驱动电路

1.1.4　LED 的基本特性

了解 LED 的基本特性有助于 LED 的合理选择和正确使用。LED 的基本特性主要有伏安特性、光电特性、光谱特性、光强空间分布特性、响应特性和温度特性等。

1. LED的伏安特性

LED的伏安特性是指通过LED的电流与其两端电压之间的关系，常见LED的伏安特性曲线如图1.4所示。与普通二极管的伏安特性类似，LED也有正向开启电压和反向击穿电压，但LED的开启电压相对较高，一般为1.7～2.3V。当LED两端电压小于开启电压时，不导通，LED不发光；当LED两端电压大于开启电压后，LED发光，且通过电流随电压的增加急剧增大，当电流超过LED所能承受的最大电流时会使LED损坏。

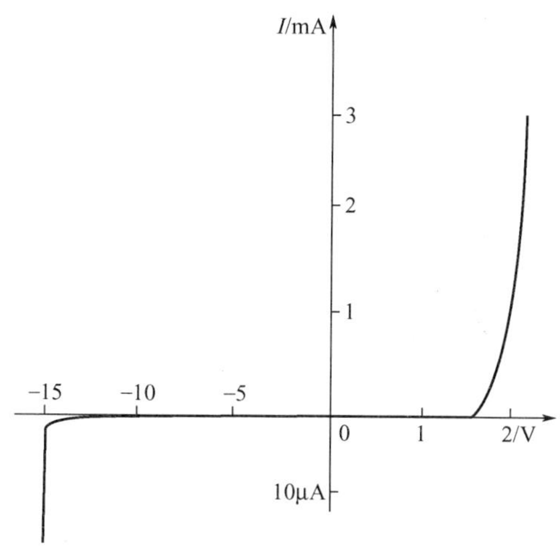

图1.4 LED的伏安特性曲线图

2. LED的光电特性

LED的光电特性是指LED工作时的发光强度与其通过电流之间的关系，常见LED的光电特性曲线如图1.5所示。由图1.5可知，当LED发光不太强时，发光强度随电流的增加近似线性增大；当发光强度超过一定值时，发光强度随电流增加缓慢，并趋于饱和。因此，在使用LED进行光调制（特别是模拟信号调制）时，应该设置合适的LED工作电流，使其发光在线性区域。

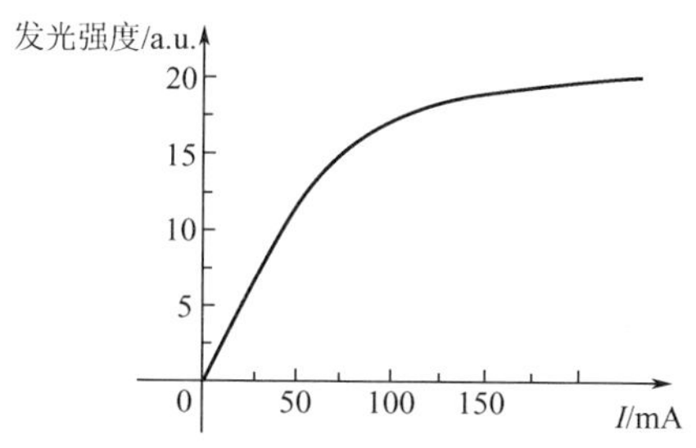

图1.5 LED的光电特性曲线

3. LED的光谱特性

LED的光谱特性是指LED发光中光谱强度与波长之间的对应关系，它描述了LED

发光中包含的光谱成分及含量。不同的光谱分布对应不同的光颜色。LED 发光的峰值波长 λ 与发光区域半导体材料的禁带宽度 E_g 有关，即

$$\lambda \approx \frac{1240}{E_g}(\mathrm{nm}) \tag{1-2}$$

式中，E_g 的单位为电子伏特（eV）。若产生可见光（波长为 380～780nm），半导体材料的 E_g 应为 3.26～1.63eV。

典型白色 LED 的光谱功率分布如图 1.6 所示。图 1.7 所示为普通蓝色、绿色、红色 LED 的光谱功率分布。需要注意的是，LED 的光谱功率分布会随温度的变化而发生微小移动。当 LED 的 PN 结温度升高时，光谱分布会以 0.1～0.3nm/℃的比例向长波方向移动。

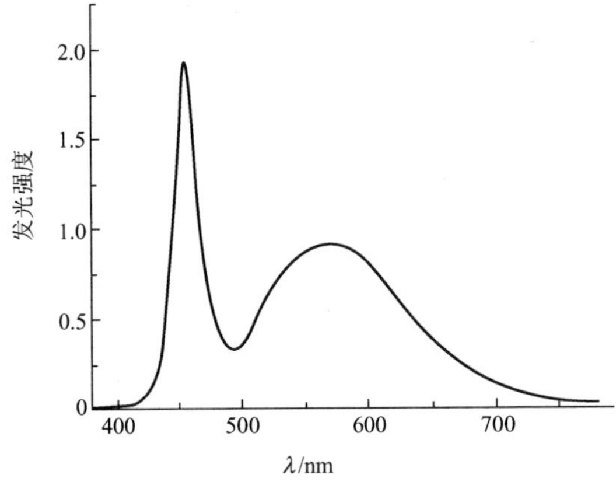

图 1.6　白色 LED 的光谱功率分布曲线

【蓝色 LED、绿色 LED、红色 LED 的光谱功率分布曲线】

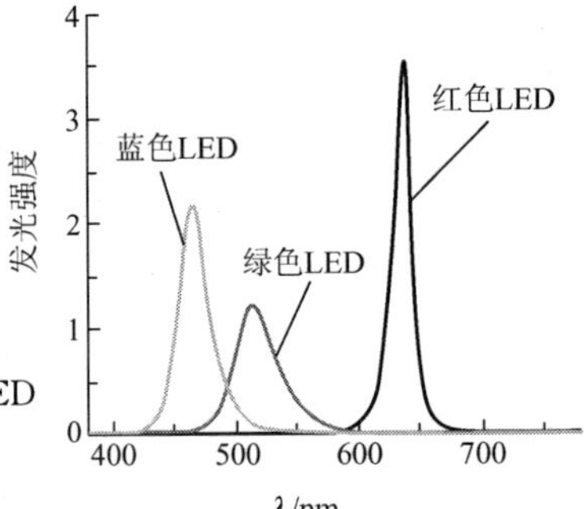

图 1.7　蓝色 LED、绿色 LED、红色 LED 的光谱功率分布曲线

4. LED 的光强空间分布特性

LED 的光强空间分布特性描述了 LED 发光的空间发散程度，通常用发散角或光强半值角来表示。半值角是指发光强度值为发光轴强度值一半的方向与发光轴方向（法向）的夹角。半值角的 2 倍为发散角（或称半功率角）。图 1.8 给出了两只不同型号 LED 的发光强度角分布的情况。中垂线（法线）的坐标为相对发光强度（即发光强度与最大发光强度之比）。显然，法线方向上的相对发光强度为 1，离开法线方向的角度越大，相对发光强度越小。由图 1.8 可以得到半值角或发散角。

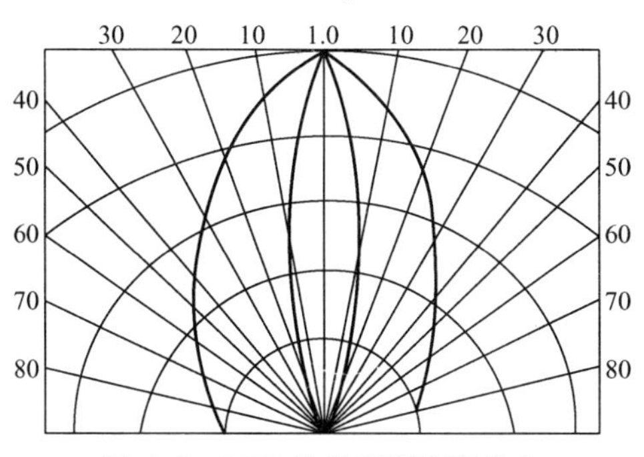

图 1.8　LED 的发光强度角分布

5. LED 的响应特性和温度特性

从使用角度来看，LED 的响应时间就是点亮与熄灭所延迟的时间，响应时间主要取决于载流子寿命、器件的结电容及电路阻抗。如图 1.9 所示，LED 的点亮时间（即上升时间 t_r）是指 LED 接通电源后发光强度达到正常值的 10%开始到发光强度达到正常值的 90%所经历的时间。LED 的熄灭时间（下降时间 t_f）是指发光强度从正常值减弱至正常值的 10% 所经历的时间。不同材料制备的 LED 响应时间各不相同。例如，GaAs、GaAsP、GaAlAs 制备的 LED 响应时间小于 10^{-9} s，GaP 制备的 LED 响应时间为 10^{-7} s。

温度对 LED 的发光特性影响较大。通常，LED 的发光效率随温度的升高而下降。图 1.10 表示了 GaP（绿色）、GaP（红色）和 GaAsP 这 3 种 LED 的发光强度与温度的变化关系。温度升高也会使 LED 的发光向长波长漂移，影响发光的颜色。为此，在使用大功率 LED 或 LED 排列密集的场合要求设计良好的散热装置，以保证 LED 长期稳定工作。

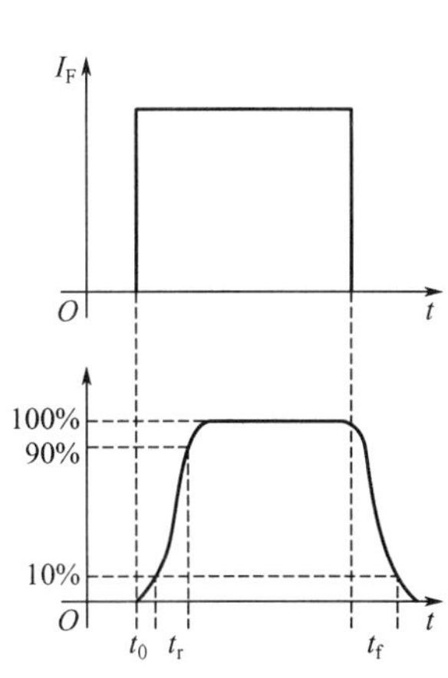

图 1.9　LED 的响应时间

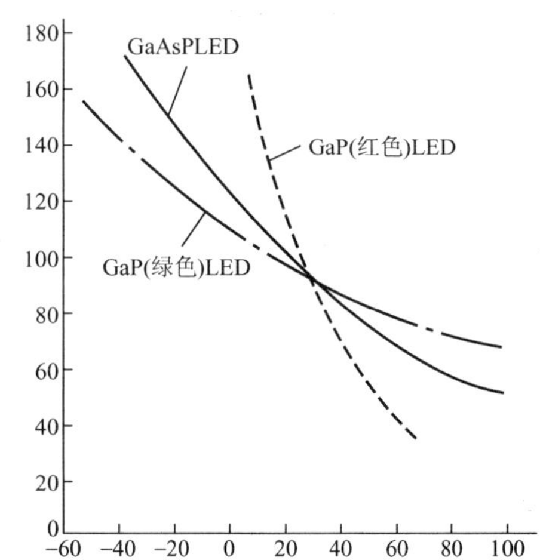

图 1.10　LED 发光强度与温度的变化关系

1.1.5　LED 的应用

【LED 行内人得知道的 12 种 LED 新技术及应用】

由于 LED 具有小型化、低功耗、长寿命、价格低等特点，因此它的应用越来越受到人们的关注和开拓。目前，LED 主要有以下几方面的应用。

1. LED 应用于数字、文字及图像显示

用多个 LED 组合的方式可以方便地显示各种数字、文字和图像。7 段数码管（也称日字型数字码）如图 1.11(a) 所示，它是最简单、最常用的数字显示器，单个数码管可以显示 0～9 的数字和部分字母。图 1.11(b) 所示为 16 画的米字型数码管，它不仅可以显示数字和 26 个字母，还可以通过设计显示其他常用的符号。把 LED 按矩阵方式排列起来组成 LED 点阵，如图 1.11(c) 和图 1.11(d) 所示，除了能显示数字、字母和常用符号外，还能显示文字和其他特殊符号。这样的 LED 点阵可以单独作为显示器使用，也可以将其组成更大的显示阵列，用来显示内容更为丰富的文字或图像。

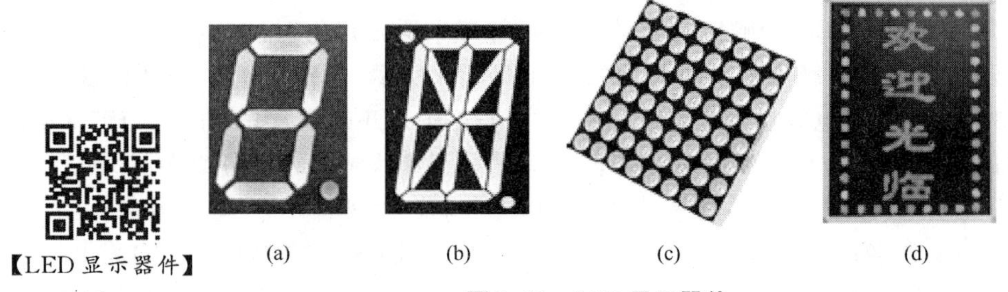

图 1.11　LED 显示器件

LED 发光颜色丰富，其作为显示器件已发展到真彩色显示各种图像的大面积视频图像显示器，如电子商标、大屏幕广告显示器等。目前 LED 显示屏在体育场馆、广场、会场、街道、商场、宾馆等场合都已有广泛应用，近期在高速公路、高架道路的信息屏方面也有较大的发展。LED 在显示方面的应用已成规模，而且其应用仍将有较稳定的增长。

2. LED 应用于指示、装饰

LED 可以作为指示灯和装饰灯。例如，用 LED 作为开关指示灯、功能指示灯，以及各种场景（如舞台、会场、玩具等）的装饰灯等，已经在日常生活中具有广泛的应用。LED 作为航标灯、交通信号灯已有多年，从使用效果看，其寿命长、节能省电和方便维护等优点是非常明显的。特别是随着双色、多色甚至变色的单体 LED 的出现，LED 在各种玩具和装饰等方面将具有更广泛的应用前景。图 1.12(a) 为各种形式的 LED 指示灯，图 1.12(b) 为带 LED 指示的电源开关，图 1.12(c) 为 LED 交通信号灯，图 1.12(d) 为各种带 LED 装饰的玩具，图 1.12(e) 和图 1.12(f) 为装饰常用的 LED 灯帘和灯带。

3. LED 应用于照明光源

LED 照明应用是目前重点研究的热点之一。LED 用于普通照明已经相当普遍。目前市场上出现的 LED 灯具，不仅形式多样、节能环保，而且具有安全可靠、使用寿命长等优点。LED 用于特殊照明，如太阳能庭院灯、太阳能路灯、水底灯、投影仪等，也是目前开发研究的热点。由于 LED 具有尺寸小、功耗小等特点，因此也适于制造各种便携灯具，如手电筒、头灯、矿工灯、潜水灯、汽车用灯（如制动灯、转向灯、倒车灯）等。由

于 LED 可方便地进行亮度和颜色动态的控制，因此也非常适合用于舞台照明等炫丽场合。此外，大功率 LED 也已经被大量用于建筑照明和汽车照明等。图 1.13 呈现了一些常用的 LED 照明光源。

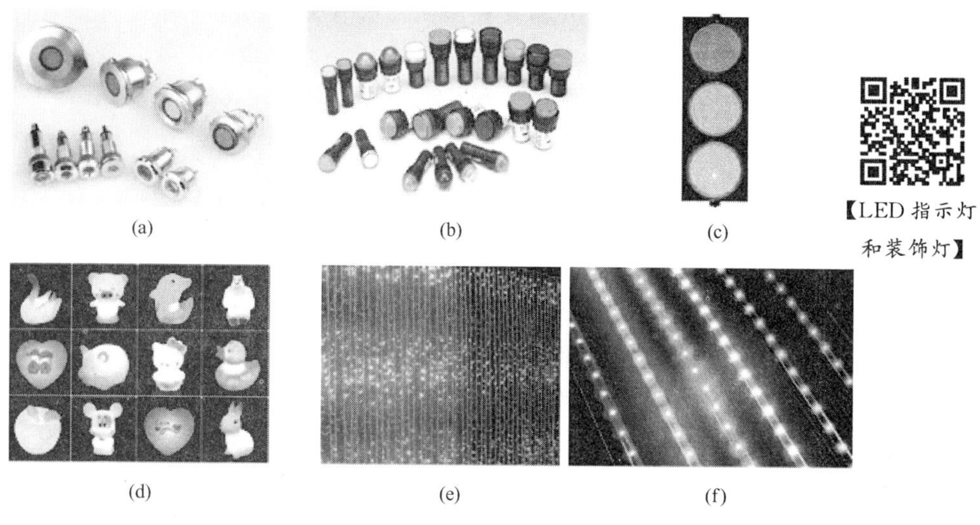

(a) (b) (c) (d) (e) (f)

【LED 指示灯和装饰灯】

图 1.12　形式多样的 LED 指示灯和装饰灯

图 1.13　形式多样的 LED 照明光源

4. LED 应用于控制和检测

红外 LED 可被应用于红外遥控系统、光纤通信系统及光电传感或检测系统等。在红外遥控或光通信系统中，红外 LED 通过调制发出不同频率或不同占空比的光可以代表不同的信息，携带信息的光被光电探测器接收，通过解调可以还原出原来的信息，以此实现控制或信息传递功能。

【LED 另类应用 1】

【LED 另类应用 2】

1.2 半导体激光器

【激光二极管及其与发光二极管的区别】

半导体激光器又称激光二极管，是用半导体材料作为工作物质的激光器，它具有效率高、体积小、寿命长、可以直接调制、易集成、发光单色性好、方向性好等优点，在光通信、光存储、光陀螺、激光打印、自动控制、激光测距及激光雷达等方面已经获得了广泛的应用。

1.2.1 半导体激光器的工作原理

半导体激光器和其他类型的激光器一样，也是基于受激发光原理的。要使激光器有激光输出，必须满足两个条件，即粒子数反转条件和阈值条件。前者是必要条件，它意味着处于高能态的粒子（如半导体导带中的电子）数多于低能态的粒子数。达到这一条件，有源工作物质就具备了增益。后者是充分条件，它要求粒子数必须反转到一定程度，即达到由于粒子数反转所产生的增益能克服有源介质的内部损耗和输出损耗（激光器的输出对有源介质来说也是一种损耗），这样增益介质就具有了净增益。

这两个条件是靠激光器的硬件结构来实现的。任何激光器都包括 3 个部分，即能产生粒子数反转的激光工作物质、使光子不断反馈振荡从而使光增益达到阈值的光学谐振腔及激励起粒子数反转的泵浦源。对半导体激光器来说，激光工作物质是具有直接带隙跃迁的化合物半导体材料，其禁带宽度 E_g（单位为 eV）决定了发射光波长 λ 的大小。

$$\lambda=\frac{1.24}{E_g}(\mu\text{m}) \tag{1-3}$$

半导体激光器的光学谐振腔有多种形式，最简单的是由半导体晶体本身的自然解理面（即抛光后的晶体端面）所构成的平行平面腔，如图 1.14 所示，腔面的反射率根据半导体材料的折射率由式(1-4) 决定。半导体激光器的泵浦源是由电压很低（E_g/e 量级）的直流电源供电的。

$$R=\left(\frac{n-1}{n+1}\right)^2 \tag{1-4}$$

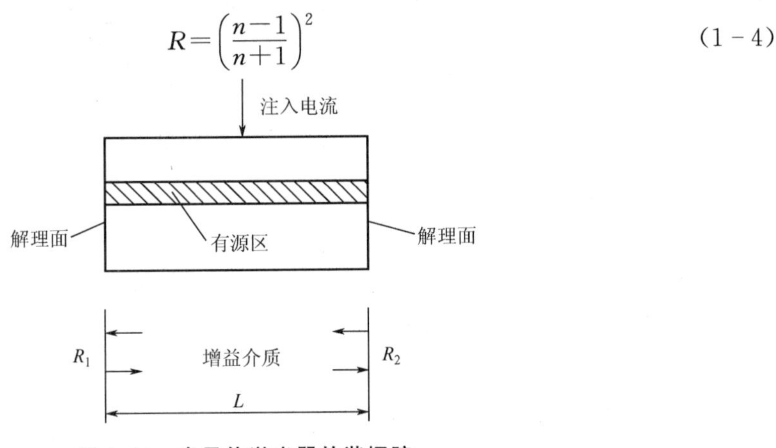

图 1.14 半导体激光器的谐振腔

设一振幅为 E_0，频率为 ω，波数为 $k=n\omega/c$ 的平面波，在长度为 L、功率增益系数为 g 的光腔中往返一次后，其幅度增大 $\exp[(g/2)(2L)]$ 倍，相位变化为 $2kL$，考虑到激光器内的各种吸收和散射损耗及端面透射输出，其振幅变化为 $\sqrt{R_1R_2}\exp(-\alpha_{\text{int}}L)$，$R_1$、$R_2$ 为端面反射率，α_{int} 为腔内总损耗率。在稳定工作时，平面波在腔内往返一次应保持不变，即

$$E_0\exp(gL)\sqrt{R_1R_2}\exp(-\alpha_{\text{int}}L)\exp(\text{i}2kL)=E_0 \tag{1-5}$$

令等式两边振幅和相位分别相等，则得

$$g=\alpha_{\text{int}}+\frac{1}{2L}\ln\left(\frac{1}{R_1R_2}\right) \tag{1-6}$$

$$2kL=2m\pi \text{ 或 } v=v_{\text{m}}=mc/2nL \tag{1-7}$$

式中，$k=2\pi nv/c$，m 为整数。

式(1－6) 和式(1－7) 完整地表述了激光器稳定工作的两个条件——振幅条件和相位条件。前者规定了增益和电流最小值，后者规定了激光器振荡频率 v 必为 $v_{\text{m}}=mc/2nL$ 中的一个频率。这些频率对应于纵向模式（简称纵模），并与光腔长度有关。

一个纵模只有在其增益大于或等于损耗时，才能成为工作模式，即在该频率上形成激光输出。图 1.15(a) 表示激光器的纵模分布，相邻纵模频率间隔为 $c/2nL$。图 1.15(b) 给出了增益随频率的变化曲线——增益曲线，表示不同频率所对应的增益是不同的；虚线为损耗，对于无色散元件的法布里-珀罗腔来说，所有频率的光子的损耗都是相同的。由图 1.15(b) 可见，图中有 5 个纵模的增益大于损耗，这 5 个纵模可以成为工作模式，而其他频率的纵模则不能产生激光。有两个以上纵模激振的激光器，称为多纵模激光器。通过在光腔中加入色散元件或采用外腔反馈等方法，可以使激光器只有一个模式激振，这样的激光器称为单纵模激光器。

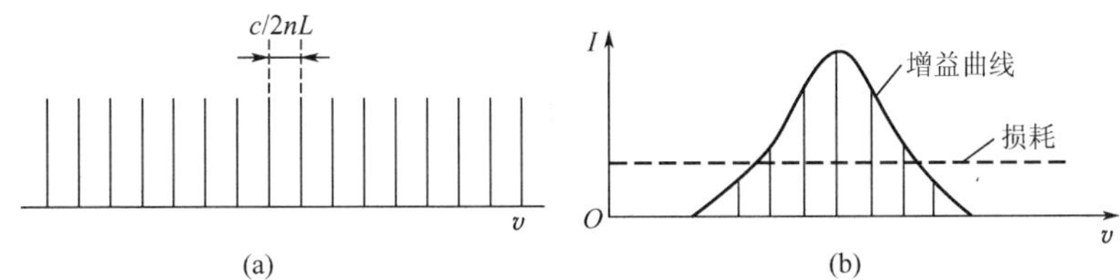

图 1.15　激光器的工作模式

1.2.2　半导体激光器的结构

为了满足日益增长的应用需求，半导体激光器的性能不断提高，已发展了许多半导体激光器的结构。在诸多的结构形式中，最基本的有双异质结激光器、条形激光器、量子阱激光器和表面发射激光器。其他一些高性能的激光器往往是这些基本结构形式的优化组合。

1. 双异质结激光器

双异质结激光器的基本结构是将很薄的有源层夹在 P 型和 N 型两种半导体材料之间，使其在垂直于结平面的方向（横向）上有效地限制载流子与光子，如图 1.16 所示，给

PN 结加上正向偏置电压，电流在整个 PN 结面上注入，激光从有源区的两个自然解理面输出。

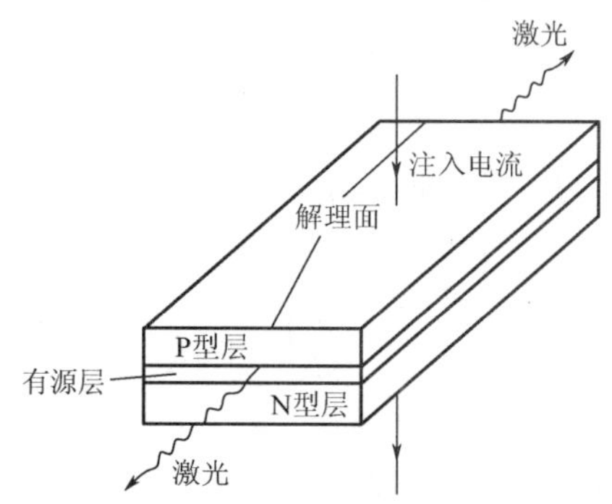

图 1.16　双异质结半导体激光器结构示意图

虽然双异质结构成功地解决了在垂直于结平面方向对载流子和光子的限制问题，但在平行于结平面的方向上没有施加限制，因此输出光斑呈椭圆形状。由于电流是沿整个平行结平面的有源区平面注入，所以这种结构的激光器阈值电流较高。

2. 条形激光器

为了解决侧向限制，常采用条形激光器，其有源区为条形结构，可以使平行于结平面方向上的光子和载流子也受到限制，被局限在一个较窄和很薄的条形区域内，从而提高载流子和光子的浓度。条形激光器是半导体激光器发展史上的一个重要里程碑，它不仅使激光器的阈值电流大幅度降低，也改善了激光的输出模式，提高了器件的可靠性。条形激光器有两种典型结构，即增益导引型和折射率导引型。

1）增益导引型半导体激光器

增益导引型半导体激光器的结构如图 1.17 所示。在 P 型材料的上面沉积一层绝缘层介质（SiO_2），并在中间留一条形区域用于注入电流。这样，注入电流被局限在有源区中心的条形范围内，以致光信号的增益在中间最大，而在条形范围以外光信号的衰减很大，由此，光信号被限制在这个条形区域中。除了这种结构外，人们还提出了其他结构的增益导引，但设计原理都大同小异，即把注入电流局限在有源区中心的条形狭窄范围内以达到光限制的目的。这种激光器虽然在一定程度上实现了光限制并降低了阈值电流，但随着注入电流的增大，会出现光斑尺寸不稳定的现象。相比而言，折射率导引型半导体激光器具有更稳定的激光模式分布。

2）折射率导引型半导体激光器

折射率导引型半导体激光器采用类似于双异质结的波导效应，以实现对光的限制。如图 1.18 所示，先把 P 型层的两边通过腐蚀去除形成脊，然后在脊的两边沉积上 SiO_2 以阻截电流流动并形成脊形折射率波导。由于 SiO_2 的折射率比 P 型半导体材料低，因此在横向方向上出现一个有效折射率差，可以实现对光的限制。这种结构产生的折射率差相对比

较小，因此也称为弱折射率导引。通过其他方式还可以产生更大折射率差，形成强折射率导引，对光有更强的限制，输出光斑也更稳定。

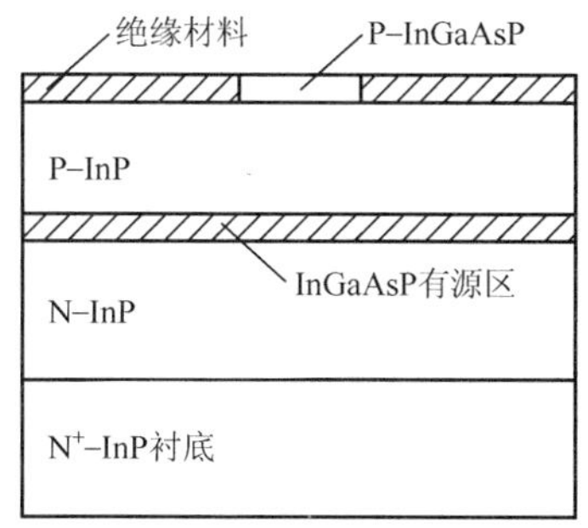

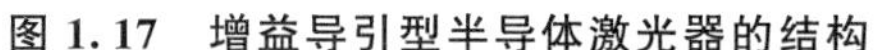
图 1.17 增益导引型半导体激光器的结构

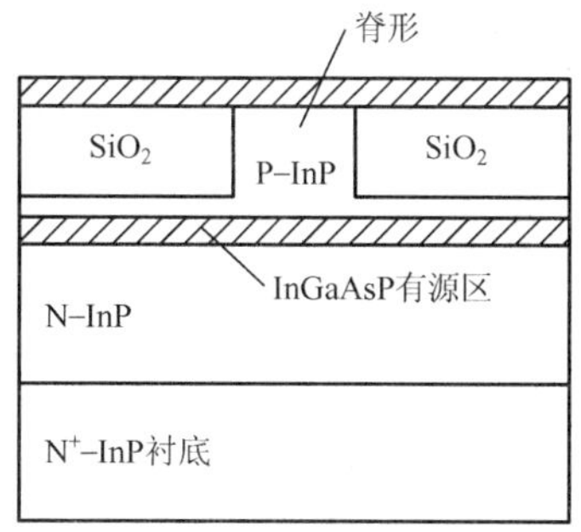

图 1.18 弱折射率导引半导体激光器

3. 量子阱激光器

对于双异质结半导体激光器，有源层的最佳厚度为 0.15μm 左右。在此厚度下，载流子在有源区中的行为仍是三维空间中的行为，载流子是自由粒子。当有源层厚度减小到与半导体中电子的德布罗意波长（约 50nm）或更小时，有源层中载流子的状态不能被近似为自由粒子，在沿垂直于有源层方向上的动能量子化为一系列分立的能级。有源层与两边相邻层的能带结构也不再连续，在有源层的异质结上出现了导带和价带的突变。这样，窄带隙的有源区为导带中的电子和价带中的空穴构造了一个势能阱，将载流子限制在很薄的有源区（阱区）内，使阱区内的粒子数反转浓度非常高。这种激光器就叫作量子阱激光器。如果一个窄带隙超薄层夹在两个宽带隙势垒薄层之间，则称为单量子阱（Single Quantum Well，SQW），如图 1.19(a) 所示。如果窄带隙与宽带隙超薄层交替生长，则能构成多量子阱（Multiple Quantum Well，MQW），如图 1.19(b) 所示。

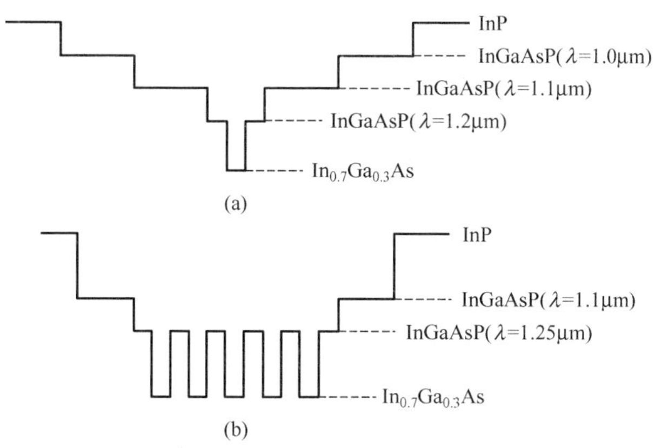

图 1.19 量子阱结构示意图

量子阱激光器与普通激光器相比，具有电流阈值低、线宽窄、随温度变化小、输出功率大、调制频率高等优点。

4. 垂直腔表面发射激光器

与一般的端面发射半导体激光器不同，垂直腔表面发射激光器（Vertical Cavity Surface Emitting Laser，VCSEL）的输出光束垂直于PN结平面。VCSEL的结构示意图如图1.20所示。它的谐振腔不依赖于解理面，而是由在高折射率与低折射率介质材料交替生长成的分布布喇格反射镜（Distributed Bragg Reflector，DBR）之间生长单个或连续多个量子阱有源区所构成的。在顶部带镀有金属反射层以加强上部DBR的光反馈作用，激光束从透明的衬底输出。由于VCSEL的单程增益长度非常短，为了获得足够的增益，腔面反射率必须非常高（大于95%），图1.20所示的DBR是由多层AlAs/GaAs异质薄层构成的。

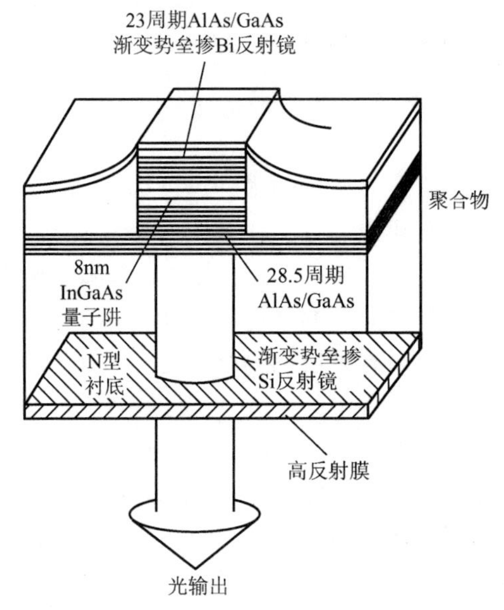

图1.20　VCSEL结构示意图

与端面发射半导体激光器相比，VCSEL具有以下明显的特点：

（1）由于谐振腔由多层介质膜组成，因此光损伤阈值较高。

（2）激光器由单片外延生长形成，因此可高密度地形成二维阵列激光器，易于模块化和封装。

（3）由于谐振腔长度很短，因而纵横间隔很大，容易实现动态单纵横工作。

（4）端面发射半导体激光器的输出光束有像散且远场呈椭圆形，而VCSEL输出光束呈圆对称性且无像散，是理想的高斯光束，因此无须对光束进行整形就能方便地与普通圆透镜或经类透镜处理的光纤高效率耦合。

（5）VCSEL可以实现在极低阈值电流（亚毫安量级）下工作。

1.2.3　半导体激光器的特性参数

除了具有与其他激光器相类似的特性以外，半导体激光器作为新型激光器有着自身特有的性能评价参数。根据不同用户的不同要求，可以粗略地把半导体激光器的有关特性和

参数分为以下几类：

（1）电学参数：阈值电流、最大工作电流、工作电压等。

（2）空间光学参数：近场和远场光强分布、发散角、像散等。

（3）光谱特性：峰值波长、中心波长、光谱辐射带宽、光谱线宽、边模抑制比等。

（4）光学参数：输出光功率、消光比等。

（5）动态特性：噪声、稳定性、调制特性、啁啾等。

针对半导体激光器的应用，本章选取上述诸多参数中一些主要的性能参数进行介绍。

1. 半导体激光器的光电特性

半导体激光器的光电特性可以用 $P-I$ 特性曲线来描述，即输出光功率 P 随注入电流 I 的变化关系。图 1.21 给出了典型半导体激光器的 $P-I$ 特性曲线。从图 1.21 中可以看出，随着注入电流的增加，半导体激光器的输出光功率也随之增加，当注入电流大于阈值电流后，输出光功率随注入电流的增加而急剧增加，且基本呈线性正比。从图 1.21 中还可以看出，温度对半导体激光器的输出光功率有较大影响，温度越高，输出光功率越低。因此，半导体激光器在使用过程中，需要具备良好的散热条件，必要时需要加温控系统。

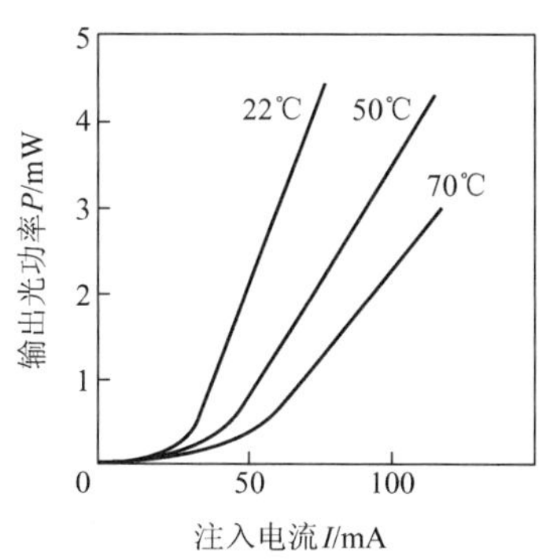

图 1.21　典型半导体激光器的 $P-I$ 特性曲线

2. 半导体激光器的光谱特性

半导体激光器的光谱特性主要由其纵模决定，如图 1.22 所示为一多纵横半导体激光器的典型光谱分布，其中包含了以下几个描述半导体激光器光谱特性的参数：

（1）峰值波长：指具有最大辐射功率的纵模的峰值所对应的波长，用 λ_p 表示。

（2）中心波长：指光谱中各纵模波长的加权平均，用 λ_0 表示，具体为

$$\lambda_0 = \frac{\sum_{i=-\infty}^{\infty} a_i \lambda_i}{\sum_{i=-\infty}^{\infty} a_i} \tag{1-8}$$

式中，a_i 为第 i 条谱线的幅度；λ_i 为第 i 条谱线的峰值波长。

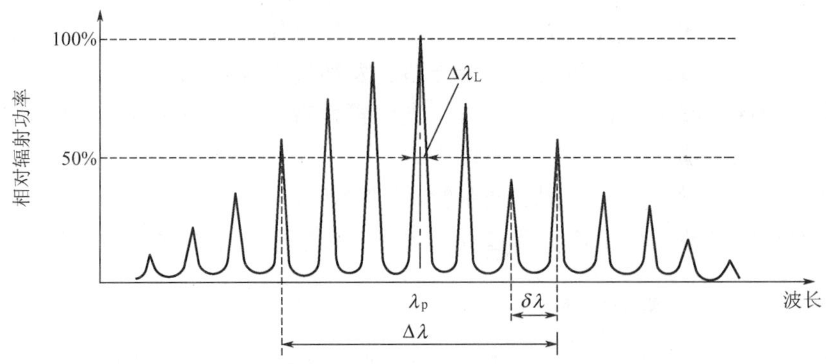

图 1.22　半导体激光器的光谱分布

(3) 光谱辐射带宽：指输出光功率不小于峰值波长光功率的50%的所有光谱所占的波长范围，也称半高全宽光谱宽度，用 $\Delta\lambda$ 表示。

(4) 光谱线宽：指在一个纵模中光谱辐射功率为其最大值的一半的两条谱线所对应的波长间隔，用 $\Delta\lambda_L$ 表示。

(5) 边模抑制比 MSR：指主模功率 $P_{主}$ 与最强边模功率 $P_{边}$ 之比，这是半导体激光器频谱纯度的一种度量，用公式表示为

$$\mathrm{MSR}=10\lg\frac{P_{主}}{P_{边}} \tag{1-9}$$

在上述参数中，人们最感兴趣的往往是激光器的线宽，特别是对于单纵模半导体激光器。窄线宽半导体激光器对光纤通信系统十分重要，通信系统的容量（传输距离与传输速率之积）与光源的线宽成反比。所以，窄线宽半导体激光器一直是人们研究的热门课题。

3. 半导体激光器的光束空间分布

半导体激光器的光束空间分布是指输出光束在空间几何位置上的光强（或光功率）的分布，通常用近场分布和远场分布来描述。近场分布是指激光器反射端面上的光强分布，用于表征光束的模式特性。远场分布是指光束在空间中传播一定距离后在空间形成的光强分布。由于端面发射半导体激光器的输出光束具有非圆对称性的波导结构，在垂直于异质结平面方向（横向）和平行于平面方向（侧向）有不同的波导结构和光场限制，因此半导体激光器输出光束的空间分布模式有横模和侧模之分，如图 1.23 所示。

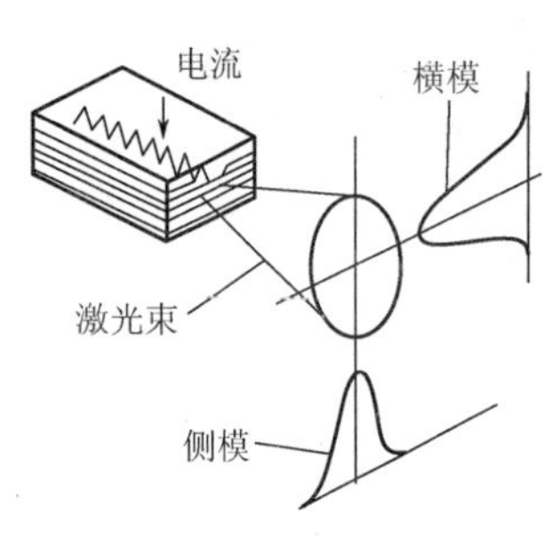

图 1.23　半导体激光器的横模和侧模

通常，半导体激光器有源层的厚度很薄，在横向都能保证在单横模工作；而侧向的宽度相对较宽，因此可能会出现多侧模。如果有源区的宽度较窄，激光器在横向和侧向都能以单模工作，

即只有基模（TEM_{00}模），此时光强峰值在光束中心且呈“单瓣”，这种激光器称为单模激光器。这种光束的发散角最小、亮度最高，能与光纤进行有效的耦合，也能通过简单的光学系统聚焦到较小的斑点，这对激光器的应用是非常有利的。

若有源区的宽度较宽，则会出现多个侧模，其近场分布表现为在发光端面上出现许多发光丝，这些发光丝发出的光在空间中传输并形成一定的远场分布，如图 1.24 所示。多侧模的出现会使激光器的 $P-I$ 曲线的线性变坏，同时也会影响激光束的聚焦及与光纤的高效率耦合。

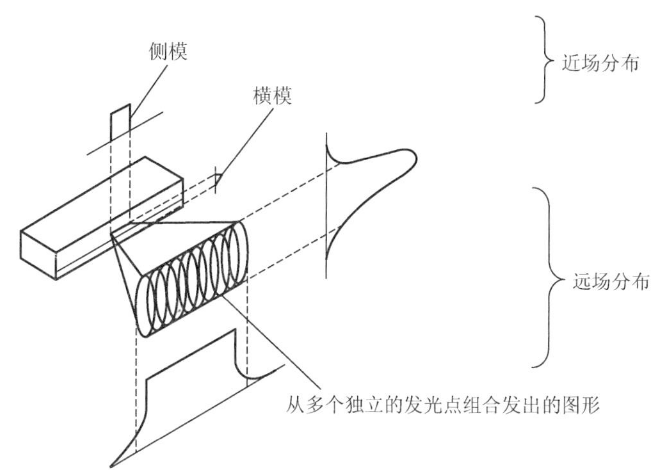

图 1.24　光束的近场分布和远场分布

1.2.4　半导体激光器的驱动

根据不同的应用场合，半导体激光器的驱动可以分为恒流驱动和调制驱动等方式。

1. 恒流驱动

恒流驱动应用于需要稳定光功率的场合，典型的负反馈恒流驱动电路如图 1.25 所示，电路中 R_1、D_1 和可调电阻 R_2 组成基准电压，送入运算放大器的同相输入端。该运算放大器的输出控制晶体管 VT 的导通程度，并由此获得半导体激光器 LD 的驱动电流。由取样电阻 R_5 获得的反馈电压送入运算放大器的反相输入端，并与同相输入端的电压比较，对输出电压进行调整，进而对晶体管的输出电流进行调整，实现 LD 恒流驱动。

2. 调制驱动

由于半导体激光器的输出功率受电流、温度等影响较大，为了获得高稳定度的光功率，半导体激光器的恒流驱动电路往往设计得较为复杂。某些场合（如光通信应用、激光测距等）常采用调制驱动，使半导体激光器输出光按一定规律变化或成为脉冲信号，以方便检测。调制可分为模拟信号调制和数字信号调制。

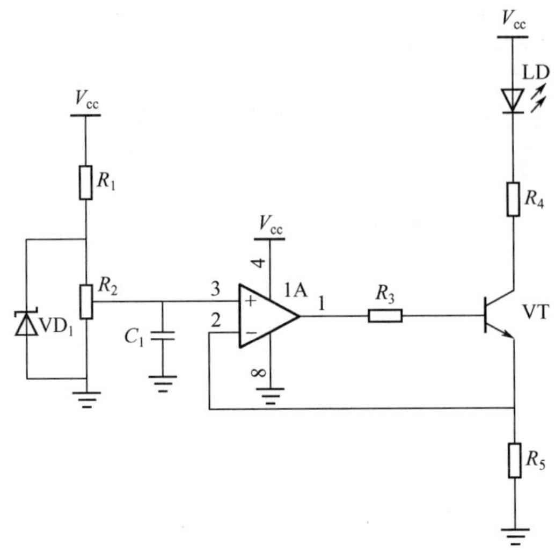

图 1.25　LD 测试电路

1）模拟信号调制

用连续变化的电流（或电压）信号驱动半导体激光器，使其发出的光也相应地连续变化，这种方式称为模拟信号调制驱动方式。该调制方式需要使半导体激光器工作在 $P-I$ 特性曲线的线性区域内（图 1.26），否则会出现信号失真。简单的模拟信号调制电路如图 1.27 所示。电路中，电阻 R_2 和电阻 R_3 构成偏置电路，调制信号 V_{in} 通过电容 C_1 耦合后加在晶体管的基极上对半导体激光器进行调制。

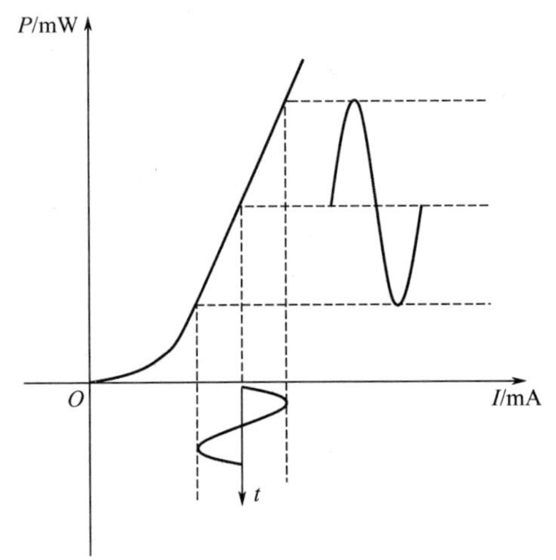

图 1.26　模拟信号调制波形

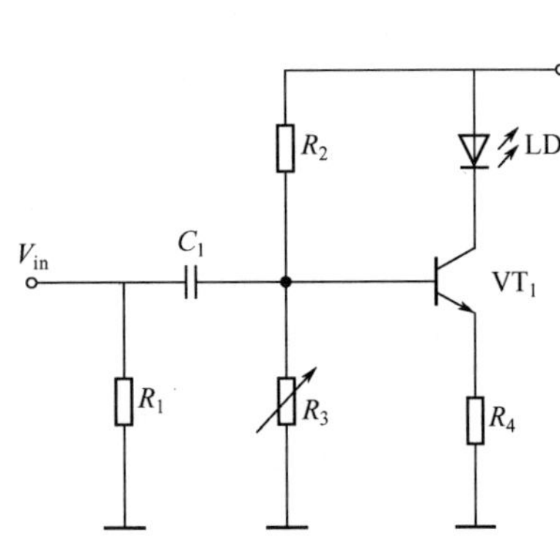

图 1.27　简单的模拟信号调制电路

2）数字信号调制

半导体激光器的数字信号调制是指用由一系列脉冲（“1”表示高电平，“0”表示低电平）组成的数字信号对半导体激光器进行调制，使其发出的光有对应的强弱变化，其调制波形如图 1.28 所示。由于数字信号调制时只对输出光功率进行强弱调制，因此，与模拟信号调制相比，对半导体激光器的 $P-I$ 特性的线性度和输出光功率的稳定性要求相对较

低，且后续对光信号的检测也相对容易很多。一个简单的数字信号调制驱动电路如图 1.29 所示，电阻 R_1、R_2 和晶体管 VT_3 构成恒流源，对 LD 提供调制电流，晶体管 VT_1 和 VT_2 构成对 LD 调制电流的开关电路，VT_2 的基极加有固定的参考电压 V_{ref}，当输入信号为低电平时，VT_1 的基极电位比 V_{ref} 低，因此 VT_1 截止而 VT_2 导通，使 LD 发光。反之，当输入信号为高电平时，VT_1 的基极电位比 V_{ref} 高，因此 VT_1 导通而 VT_2 截止，LD 不发光。

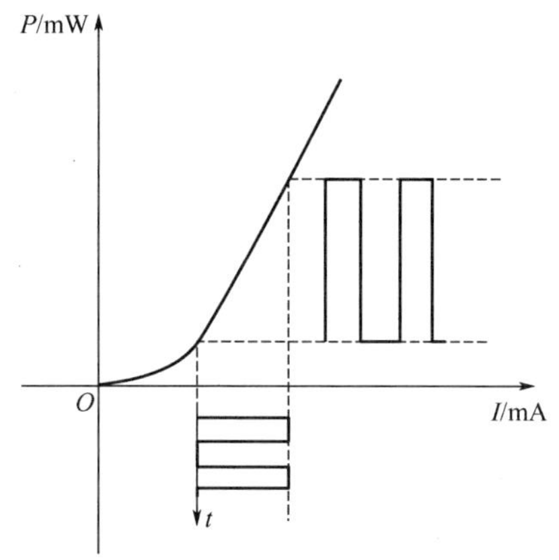

图 1.28 数字信号调制波形

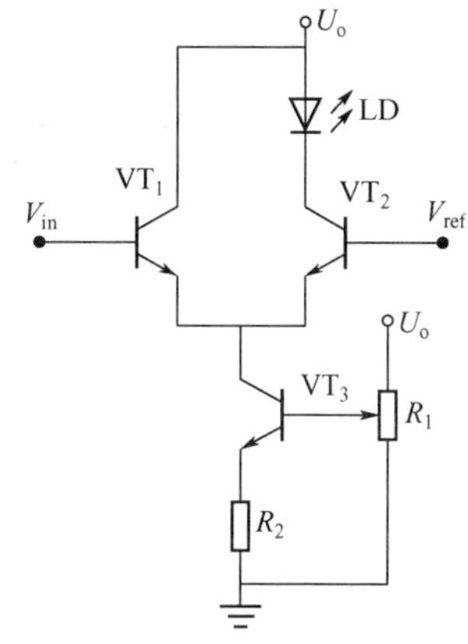

图 1.29 简单的数字信号调制驱动电路

3. 半导体激光器驱动的辅助电路

在使用过程中，半导体激光器温度变化和老化效应会使其输出光功率发生变化。为了使输出光功率长期稳定，半导体激光器的驱动电路中常常带有自动功率控制（Automatic Power Control，APC）电路、自动温度控制（Automatic Temperature Control，ATC）电路、限流保护与慢启动电路等。

1）APC 电路

APC 电路通过一个与 LD 封装在一起的 PIN 光敏二极管监测 LD 输出光，根据 PIN 光敏二极管输出大小自动改变 LD 的驱动，使其输出光功率保持恒定。图 1.30 所示是一个典型的 APC 电路，其自动功率控制电路的工作原理是当 LD 输出光功率降低时，流过

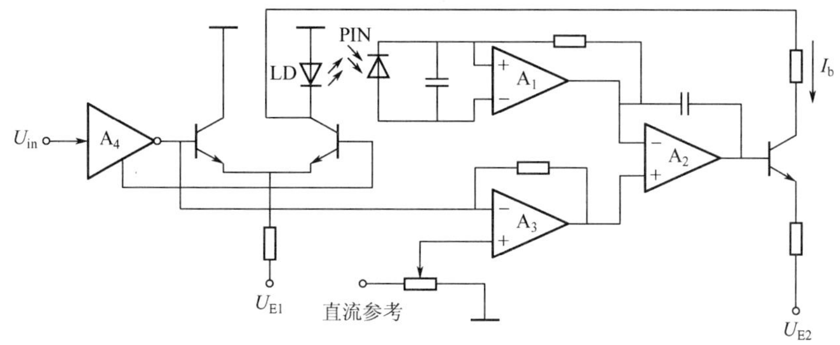

图 1.30 典型的 APC 电路

PIN 光敏二极管的电流减小，放大器 A_1 的反向输入端电位增大，输出端电位降低（即放大器 A_2 的反向输入端电位降低）。由于 A_3 输出端基本不变，所以 A_2 输出端电位增大，从而使通过 LD 的电流 I_b 增大，最终使 LD 发光功率增大，达到发光功率自动控制的目的。

2）ATC 电路

典型的 ATC 电路如图 1.31 所示。由 R_1、R_2、R_3 和热敏电阻 R_T 组成“换能”电桥，通过电桥把温度的变化转换为电量的变化。运算放大器 A 的差动输入端跨接在电桥的对端，用以改变晶体管 VT 的基极电流。在设定温度（如 20℃）时，调节 R_3 使电桥平衡，A、B 两点没有电位差，运算放大器 A 的输出电压为零，流过制冷器 TEC 的电流也为零。当环境温度升高时，具有负温度系数的热敏电阻 R_T 的阻值减小，电桥失去平衡。这时 B 点的电位低于 A 点的电位，运算放大器 A 的输出电压将升高，VT 的基极电流增大，制冷器 TEC 的电流也增大，使温度降低，从而实现温度的自动控制。

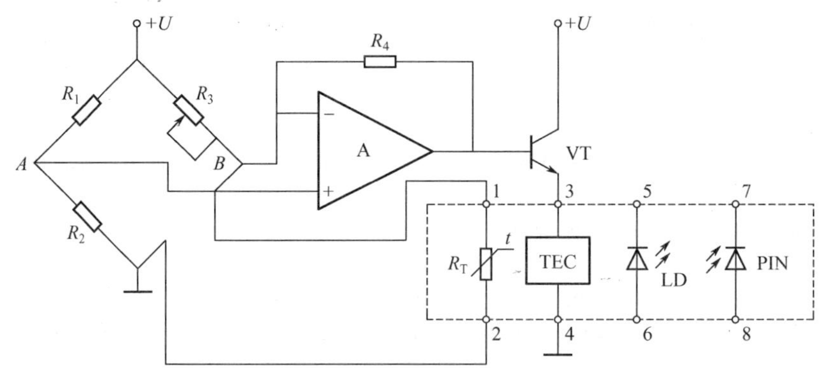

图 1.31 典型的 ATC 电路

3）限流保护与慢启动电路

半导体激光器的偏置电路还应该具有慢启动功能和限流保护措施，慢启动电路可以避免对激光器突然加电而引起的冲击损坏，限流保护电路可以避免对激光器的偏置电流过大而引起的损坏。图 1.32 给出了可以实现这两种功能的电路，R_1 和 C_1 组成一个低通滤波器，在接通电源后，偏置电流缓慢增加，经过一定时间延迟（由 R_1、C_1 的大小决定）后，电路才达到稳定状态，为激光器提供设定的偏置电流，实现了慢启动。晶体管 VT_2 起到对偏置电流限制的作用，当较 I_b 较大时，电阻 R_2 上的压降使得 VT_2 导通从而对电流进行限制。

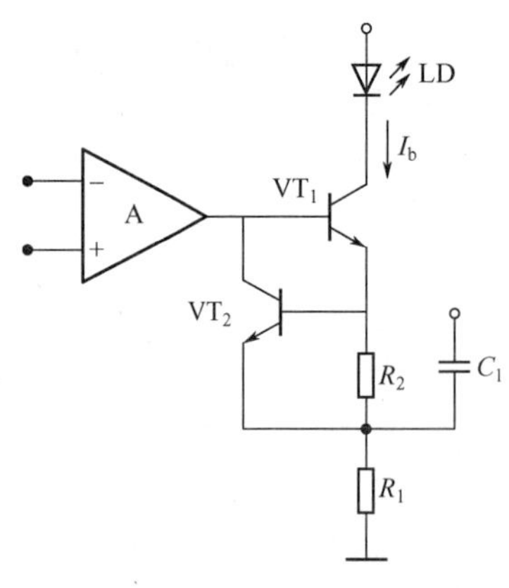

图 1.32 限流保护与慢启动电路

1.3　液晶显示器件

液晶显示器的发明是显示技术史上的又一次革命。液晶显示器具有体积小、超薄轻巧、显示过程中功耗低、显示内容取决于程序控制、通过级联可使显示屏幕面积扩大而获得大屏幕显示等优点，液晶显示器从发明至今经历了将近 50 年，在各类仪表和低功耗系统中已经得到了广泛的应用。如今，以液晶为显示器件的仪器仪表、家用电器、办公用具可以说无处不在，如手机的显示屏，计算机的显示器，空调、电视机、手表、仪器中的显示面板及户外广告屏等。

【液晶显示器】

1.3.1　液晶的基本结构

液晶显示器（Liquid Crystal Display，LCD）中最重要的构成材料是液晶。液晶是某些有机高分子物质在一定的条件下呈现的一种特殊的物质状态，其结构介于液体、固体之间，称为中间态或中间相。液晶分子一般呈细长的棒状，个别呈扁平的盘状或碗状，它们的分子排列介于完全规则的晶体和各向同性的液体之间。每个液晶分子的中心在液晶空间中的分布是随机的，但分子的取向具有有序性，亦即长棒状分子的长轴方向可盘状、碗状分子的法线向在一定的温度范围内倾向于彼此平行，该方向称为液晶分子的指向矢量方向。3 种重要的液晶分子排列结构是层列相、向列相和胆甾相，如图 1.33 所示。

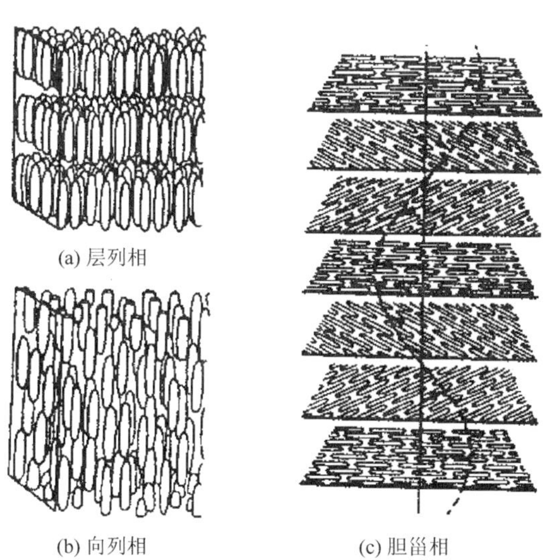

图 1.33　三种重要的液晶分子排列结构

在层列相液晶中，棒状分子排列成层状结构，构成分子相互平行排列，与层面近似垂直。这种分子层间的结合较弱，层与层之间易于相互滑动。因此，层列相液晶显示出二维液体的性质，但与通常的液体相比，其黏度要高很多。

在向列相液晶中，棒状分子都以相同的方式平行排列，每个分子在长轴方向可以比较自由地移动，不存在层状结构，因此，富于流动性，黏度较小。

胆甾相液晶与层列相液晶类似也呈现出层状结构，分子长轴在层面内与向列相液晶相似呈平行排列。但相邻层面间分子长轴的取向方位多少有些差别，整个液晶形成螺旋结构。胆甾相液晶的各种光学性质（如旋光性、选择性光散射、圆偏光二色性等）都是基于这种螺旋结构的。

1.3.2　扭曲向列型液晶显示原理

在两块透明的电极基板中间充入厚度为 10μm 左右的向列相液晶，构成“三明治”结构，可以使液晶分子的长轴在基板间发生 90°连续的扭曲，制成扭曲向列（Twisted Nematic，TN）排列的液晶盒。该液晶盒可以使垂直电极基板入射的线偏振光的偏光方向在通过液晶盒的过程中，随液晶分子的扭曲而发生 90°旋光。如图 1.34 所示，当入射光通过竖直偏振的偏振片 A 后形成竖直方向的偏振光，经过 TN 排列的液晶盒后旋光 90°，成为水平方向的偏振光，若偏振片 B 为水平偏振，即偏振片 B 与偏振片 A 偏振方向相互垂直，则此时偏振光与偏振片 B 的方向相同，光可以透过；反之，若偏振片 B 为竖直偏振，即偏振片 B 与偏振片 A 偏振方向相互平行，则光被阻断，不能透过。因此，这种 TN 排列的液晶盒具有使平行偏振片间的光阻断，而使垂直偏振片间的光透过的功能。

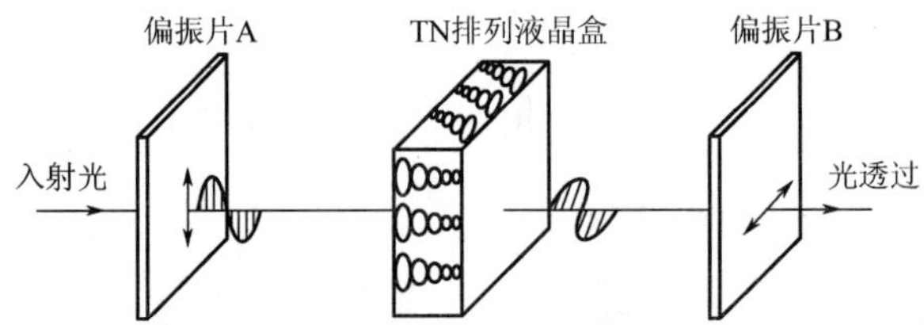

图 1.34　TN 排列液晶盒的旋光效应

若对 TN 排列的液晶盒施加电压，当电压大于某一阈值 V_{th} 时，液晶分子的长轴开始随电压的增加向电场方向倾斜。当施加电压约为 $2V_{th}$ 时，如图 1.35 所示，大部分分子发生长轴与电场方向平行的再排列，90°的旋光性消失。在这种情况下，与没有施加电压的情况正好相反，使平行偏振片间的光透过，而使垂直偏振片间的光阻断。

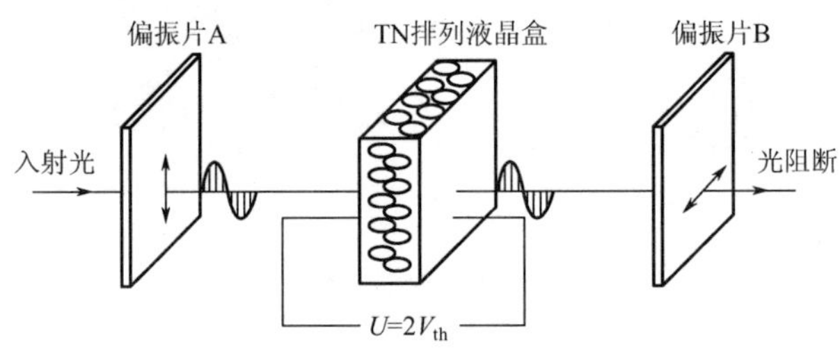

图 1.35　电压对 TN 排列液晶盒的作用效果

目前广泛普及的 LCD 其显示方式大都基于这种 TN 方式，若采用平行偏振片间，当施加电压为 0 时，光被阻断不能透过，显示为黑；当施加电压为 $2V_{th}$ 时，光可以透过，显示为白；当施加电压为其他值时，部分光透过，可以显示不同灰度。

1.3.3 液晶显示器的基本结构

LCD根据不同用途，有各种各样的尺寸和结构，就尺寸而言，小的常用于手表、计算器等，其面积只有数平方毫米或数平方厘米；大的可用于汽车仪表盘、计算机或电视机等，其对角线尺寸可达几十英寸（in，1in≈2.54cm），目前最大的液晶显示屏尺寸可达上百英寸。

按照控制方式的不同，LCD可分为被动矩阵式（无源矩阵式）LCD和主动矩阵式（有源矩阵式）LCD两种。

被动矩阵式LCD必须借用外界光源来显像，可视角不大，反应速度较慢，画面显示质量也不高，但这种LCD具有轻薄、省电、成本低廉等优点，因此在仪表显示、游戏机等市场仍具有广泛的应用。被动矩阵式LCD可分为扭曲向列LCD（Twisted Nematic - LCD，TN - LCD）、超扭曲向列LCD（Super TN - LCD，STN - LCD）和双层超扭曲向列LCD（Double layer STN - LCD，DSTN - LCD）3种。TN、STN和DSTN这3种LCD的工作原理基本相同，不同之处只在于各个液晶分子的扭曲角度。常见的反射式TN - LCD的单元结构如图1.36所示，厚度约10μm的液晶层夹在两块玻璃基板之间构成“三明治”结构，玻璃基板上都备有透明电极和分子取向层，该夹层结构的外周被封接材料密封，做成单元结构。然后，在单元的两个面上贴附层状的偏振片，并在其中一个偏振片的背面附加一个薄反射板。对于不需要偏振片的显示方式和透射型LCD，要去掉偏振片及反射板。透射型LCD还需要附加背面照明光源。对于彩色显示的LCD，一般还要在透明电极与玻璃基板之间增设多色滤波器层。

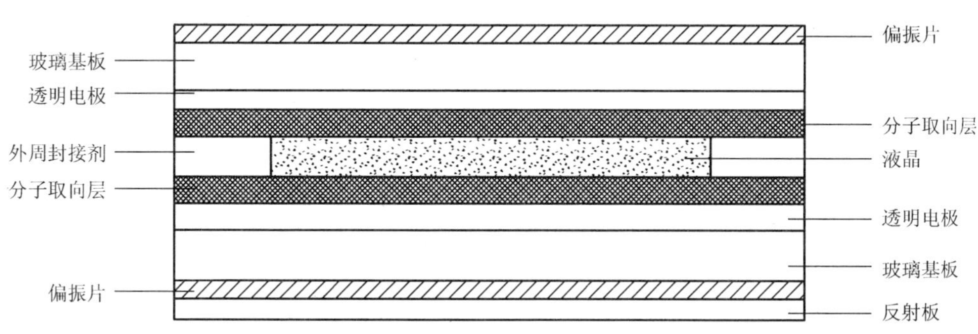

图1.36 反射式TN - LCD的单元结构

主动矩阵式LCD也称为薄膜晶体管LCD（Thin Film Transistor - LCD，TFT - LCD），其每个像素内建晶体管，可以使显示更明亮、色彩更丰富，具有响应速度快、对比度好、亮度高、可视角度大、色彩丰富等优点。TFT - LCD的单元结构如图1.37所示，主要由偏光板、玻璃基板、彩色滤光板、液晶、薄膜晶体管（TFT）、控制电极（如信号电极、扫描电极等）、导光板以及光源等组成。光从导光板射入，在TFT、液晶和偏光板的共同控制下，借助彩色滤光板产生色彩斑斓的图像。

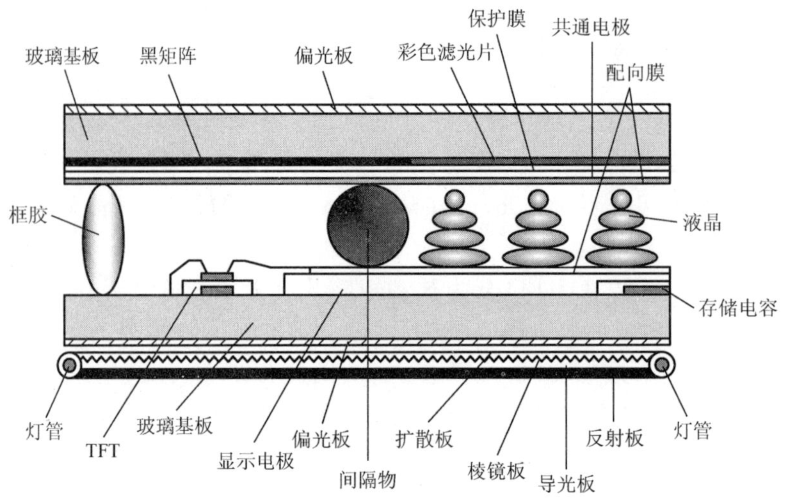

图 1.37　TFT-LCD 的单元结构

1.3.4　液晶显示器的驱动

把 LCD 单元按一定形状排列起来就构成了液晶显示器，常见的液晶显示器有七段式 LCD 和矩阵式 LCD。

七段式 LCD 如图 1.38(a) 所示，它由 7 个段电极和 1 个公共电极构成，通过在各段上选择性地施加电压，可以显示 0～9 的数字或部分字母。在进行多位显示时，可以用多个七段式 LCD 进行组合，也可以将多个七段式 LCD 连用，如图 1.38(b) 所示，通过段总线和位总线进行选择驱动，以满足不同的显示需要。

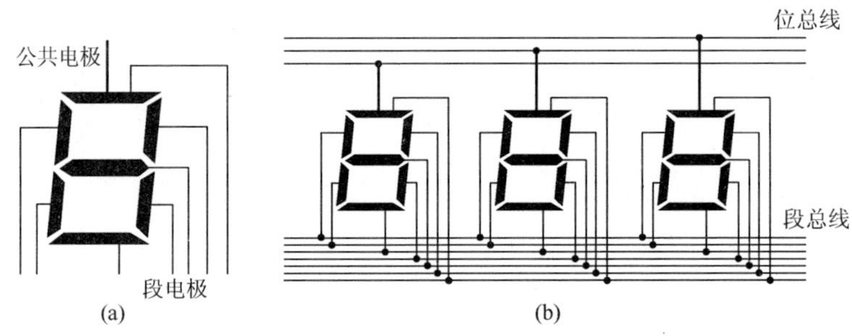

图 1.38　七段式 LCD 显示

矩阵式 LCD 由带状扫描（行）电极（X_n）和带状信号（列）电极（Y_m）构成，如图 1.39 所示。通过选择性地在扫描电极与信号电极组成的任意交点（像素）上施加电压，就可以实现对字符、图形、电视机画面等的显示。

为了提高显示的对比度的响应速度，矩阵式 LCD 通常采用有源矩阵的方式进行驱动，如图 1.40 所示，图中每个像素的显示电路中还加入了开关元件（场效应晶体管）和电容元件，分别起到了防止“串像”和积蓄电荷的作用。进行显示时，扫描电路中的栅极母线（行电极）X_1，X_2，…，X_m 按线次序方式依次扫描，某一段时间内与栅极所连接的 FET 全部处于导通状态；与此同时，同步电路通过漏极母线（列电极）Y_1，Y_2，…，Y_n，为

与上述处于导通状态下的场效应晶体管相连接的全部电容提供信号电荷，这些信号电荷使液晶维持在工作状态，直到下一次扫描。

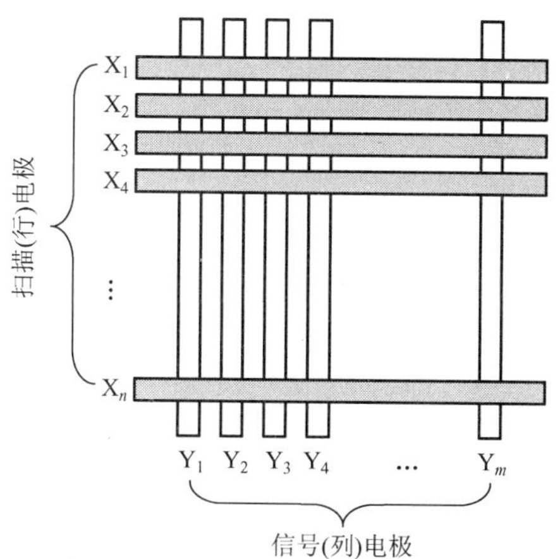

图 1.39 矩阵式 LCD 显示结构示意图

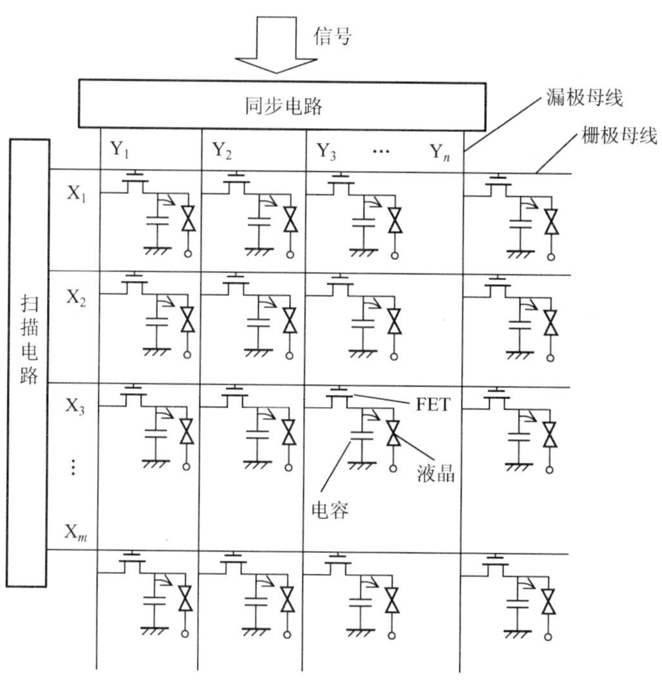

图 1.40 有源矩阵驱动 LCD 的工作原理

1.3.5 液晶显示模块

由于液晶显示器引线众多，用于显示信息时还必须将这些引线与驱动、控制等电路相连接，以致对普通用户而言，直接使用液晶显示器非常困难。为了方便使用，生产厂家把液晶显示器与相应的驱动电路、控制电路、背光源、结构件及通用连接件等装配在一起，从而形成了一个功能部件，即液晶显示模块（LCD Module，LCM）。

根据显示信息种类和用途的不同，液晶显示模块可分为笔段型、字符型和图像型等类型。笔段型液晶显示模块（如七段式 LCD）主要用于显示数字、西文字母、某些专用符号或固定图形、汉字等，被广泛应用于各种数字仪器、计数器、计算器等场合。字符型液晶显示模块是一类专门用于显示字母、数字、符号、汉字等信息的点阵型液晶显示模块，但通常显示规模较小，如 5×8 或 5×11 等，其采用的驱动控制器件相对统一，因此字符型液晶显示模块的控制命令和模块接口信号都具有较大的兼容性。图像型液晶显示模块主要用于显示文本、图形或图像等信息，根据显示信息量的不同，它可分为大规模、中规模和小规模液晶显示模块。不同图像型液晶显示模块的驱动控制器件和驱动控制方式都有所不同，因此其控制命令和模块接口信号等都存在较大差别。

相对而言，字符型液晶显示模块虽然单屏显示信息量不大，但内含控制器、字符发生器、译码驱动器等部分，可以直接与微处理器接口相连，因此接口电路简单，使用方便，在低成本产品设计和学生实验中具有广泛的应用。下面以 LCD1602 型液晶显示模块为例，说明字符型液晶显示模块的使用方法。

1.3.6 字符型液晶显示模块 LCD1602

【液晶模块 LCD1602 介绍】

1. 液晶显示模块 LCD1602 的结构与引脚定义

液晶显示模块 LCD1602（以下简称液晶 LCD1602）可显示 2 行，每行 16 个字符，其工作电压为 4.5～5.5V，结构如图 1.41(a) 所示，实物图如图 1.41(b) 所示，封装形式为 SIP16。

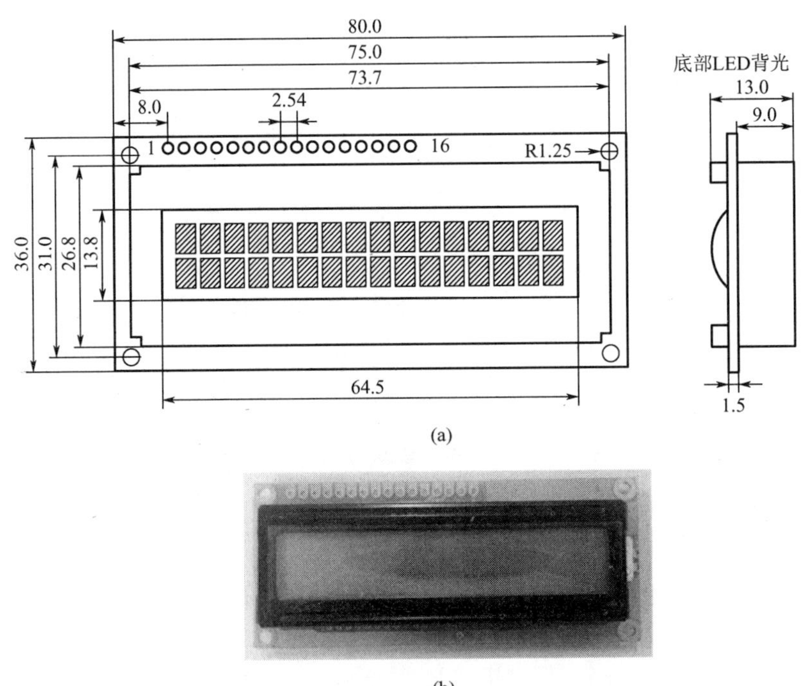

(a)

(b)

图 1.41 液晶 LCD1602 的结构与实物图

液晶 LCD1602 的引脚定义如表 1－1 所示，主要包含 3 个电源引脚（Vss、Vcc 和 Vee）、3 个控制引脚（RS、R/W 和 E）、8 个数据引脚（DB0～DB7）和 2 个背光电源引脚（BLA 和 BLK）。

表 1－1　LCD1602 的引脚定义

引脚号	引脚名	电　　平	输入/输出	功能或作用
1	Vss			电源地
2	Vcc			电源（＋5V）
3	Vee			对比调整电压
4	RS	0/1	输入	0：输入指令； 1：输入数据
5	R/W	0/1	输入	0：向 LCD 写入指令或数据； 1：从 LCD 读取信息
6	E	1，1→0	输入	使能信号，“1”时表示读取信息，1→0（下降沿）表示执行指令
7	DB0	0/1	输入/输出	数据总线 line0（最低位）
8	DB1	0/1	输入/输出	数据总线 line1
9	DB2	0/1	输入/输出	数据总线 line2
10	DB3	0/1	输入/输出	数据总线 line3
11	DB4	0/1	输入/输出	数据总线 line4
12	DB5	0/1	输入/输出	数据总线 line5
13	DB6	0/1	输入/输出	数据总线 line6
14	DB7	0/1	输入/输出	数据总线 line7（最高位）
15	BLA	＋Vcc		LCD 背光电源正极
16	BLK	接地		LCD 背光电源负极

2. 液晶 LCD1602 与单片机的连接

液晶 LCD1602 通常在单片机的控制下进行显示，其硬件连接的常用方法如图 1.42 所示。LCD1602 的数据端口（DB0～DB7）与单片机的数据输出口（如 P0、P1 或 P2，图 1.42 中为 P1 口）连接。LCD1602 的控制端口（RS、R/W 和 E）与单片机的控制端口（图 1.42 中为 P3.0、P3.1、P3.2，也可以是单片机的其他控制端口）连接。LCD 背光电源端口 BLK 接地，BLA 通过一个电阻后接＋5V，如果不使用背光，BLK 和 BLA 可以保持悬空。对比度调节端口可以串联一个电位器后接地，通过调节电位器可以改变对比度；也可以直接接地，即总是使用最大对比度。此外，LCD 电源 V_{ss} 接地和 V_{cc} 接＋5V 图中未画出。

单片机通过控制端口与数据端口可以使液晶 LCD1602 显示字母、数字或符号等。

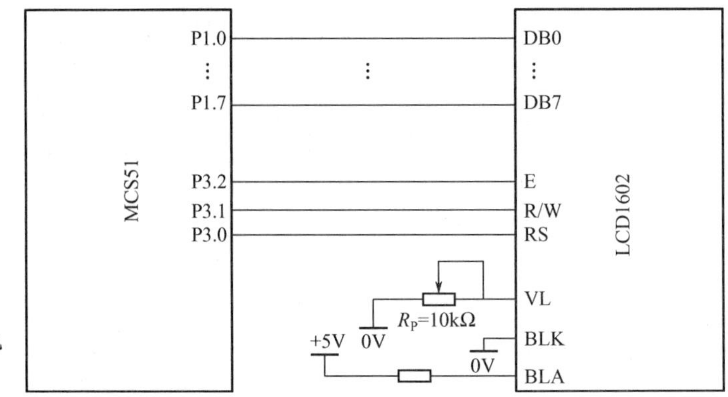

【LCD与单片机连接图举例】

图 1.42　LCD1602 与单片机的常用连接方法

1.4　综合实训

1.4.1　实训一　LED 的特性测试

【实训目标】

了解 LED 的特性有助于 LED 的正确选择和使用。本项目介绍了使用电流表、电压表、光强计、光谱仪等实验设备测试 LED 的伏安特性、光电特性、光强发散角和光谱功率分布等常规特性。通过项目实践，加深对 LED 常规特性的理解，掌握 LED 的基本使用方法及其常规特性测试方法。

【实训原理】

1. LED 伏安特性和光电特性的测试

LED 的伏安特性是指 LED 工作时通过电流与其两端电压之间的关系。LED 的光电特性是指 LED 工作时发出的光强与通过电流（或两端电压）之间的关系。LED 的伏安特性和光电特性测试可以参考图 1.43，图中 E 是可调直流稳压电源，R 是限流电阻，K 是开关，用电流表测量通过 LED 的电流，用电压表测量 LED 两端的电压，用光强计测量 LED 发出的光强。

测量操作步骤如下：

(1) 调节直流稳压电源使输出电压为最小，使开关 K 处于断开状态，按图 1.43 所示连接好电路。连接时注意电流表和电压表的正负极，以及 LED 的正负极。插针式 LED 的正负极可以通过观察法和测试法进行辨别。观察法主要通过引脚的长短或内部电极的大小进行辨别。引脚未剪切的 LED 可以通过引脚的长短进行辨别，长引脚对应 LED 的正极。

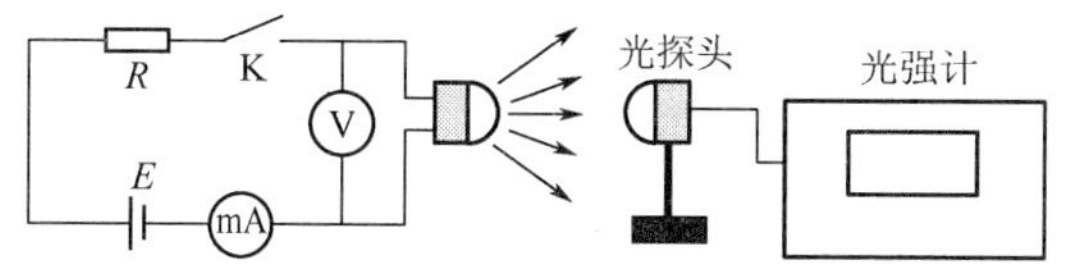

图 1.43　LED 伏安特性和光电特性测试电路

对于使用透明胶体封装的 LED，可以通过内部电极的大小进行辨别，一般地，个头较小的电极对应 LED 的正极。测试法是用万用表在二极管挡位置用两表笔连接 LED 的两个引脚，若 LED 发光，则此时红表笔连接的是 LED 的正极。

（2）调整光强计的光探头使其对准 LED，打开光强计电源开关，对光强计进行调零。

（3）打开直流稳压电源开关，闭合开关 K。缓慢增加直流稳压电源的输出电压，并观察电流表和电压表的示数的变化。若电流表有示数或电压表示数超过 3V 时，LED 仍不发光，则电路存在问题。检查电路，排除问题，直至电路工作正常，LED 发光。

（4）逐步调节直流稳压电源的输出电压，记录电流表、电压表和光强计的示数，并画出该 LED 的伏安特性曲线和光电特性曲线。伏安特性和光电特性测量的实验数据可以记录在表 1-2 中。

表 1-2　LED 伏安特性和光电特性测试数据记录表

	1	2	3	4	5	…
LED 两端电压/V						
电流/mA						
光强/lx						

2. LED 发散角的测量

LED 发散角的测量原理如图 1.44 所示。若发散角 θ 较小，则有

$$\theta \approx \tan\theta = \frac{d}{L}$$
$$\theta_{1/2} \approx \tan\left(\frac{\theta}{2}\right) = \frac{d}{2L} \tag{1-10}$$

式中，$d = |x_2 - x_1|$，为半值光强的距离；L 为光探头与 LED 之间的距离。

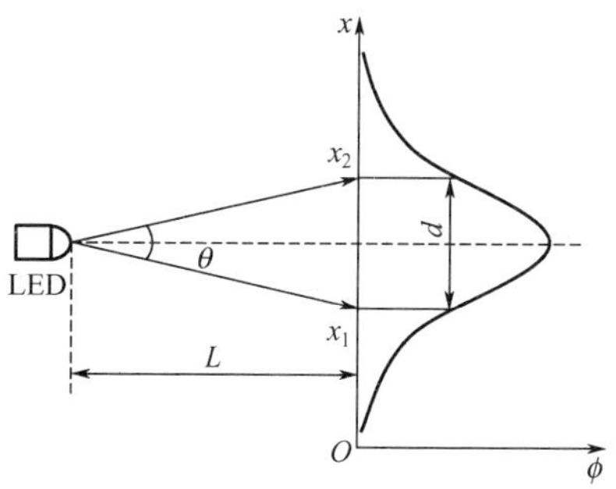

图 1.44　LED 发散角测量原理图

测量操作步骤如下：

（1）按图 1.43 所示连接实验装置，使 LED 正常工作，LED 驱动电流约为 20mA。

（2）用米尺测出光探头与 LED 之间的距离 L。

（3）在横向一维方向上移动光探头，在表 1－3 中记录光探头的位置和光强计的示数，并画出 LED 的一维光强分布曲线图（$\phi - x$），根据一维光强分布曲线可以确定半值光强的距离 d。

（4）根据式(1－10) 可以计算出该 LED 的发散角和半值角。

表 1－3　LED 发散角测量数据记录表

	1	2	3	4	5	…
探测头位置/mm						
光强计示数						

3. LED 光谱功率分布的测量

LED 的光谱功率分布是指 LED 发光的光谱强度与波长之间的对应关系。光谱功率分布的测量需要使用光谱仪。一般地，光谱仪由单色仪、光电探测器、控制器和计算机等部分组成。单色仪的作用是把复色光分解成单色光；单色光的强度由光电探测器（如光电倍增管、电荷耦合器件等）测量；计算机通过程序和控制器实现对光谱仪的自动控制和光谱强度的自动测量。典型光栅单色仪的结构如图 1.45 所示。光源发出的光由入射缝 S_1 进入单色仪，入射缝 S_1 在准直凹面反射镜 M_2 的焦面上，通过 S_1 入射的光经 M_2 反射后成为平行光，投射到平面衍射光栅 G 上，经光栅衍射，照射在聚焦凹面反射镜 M_3 上的光被会聚在出射缝 S_2 上，通常在出射缝 S_2 后连接光电探测器 D（如光电倍增管）进行光谱强度探测。转动光栅，不同波长的光被会聚到出射缝上。计算机控制光栅的转动和光谱强度的测量，实现光谱功率分布的自动化测量。

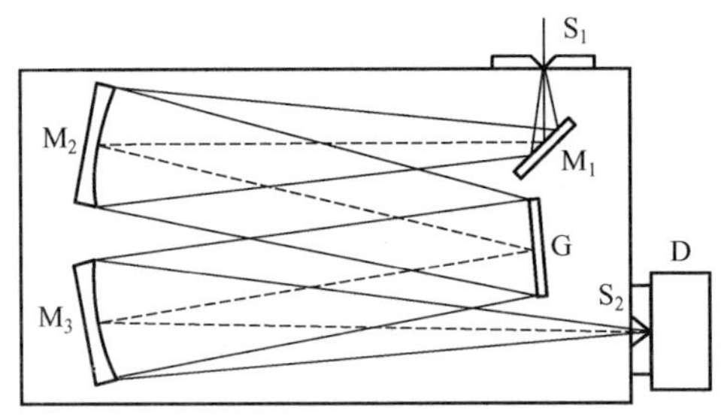

图 1.45　典型光栅单色仪的结构

M_1—反射镜；M_2—准直凹面反射镜；M_3—聚焦凹面反射镜；

G—平面衍射光栅；S_1—入射缝；S_2—出射缝；D—光电探测器

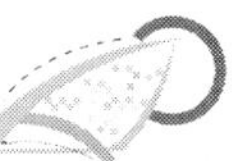

WGD-3 型多功能光栅光谱仪的控制软件界面如图 1.46 所示。

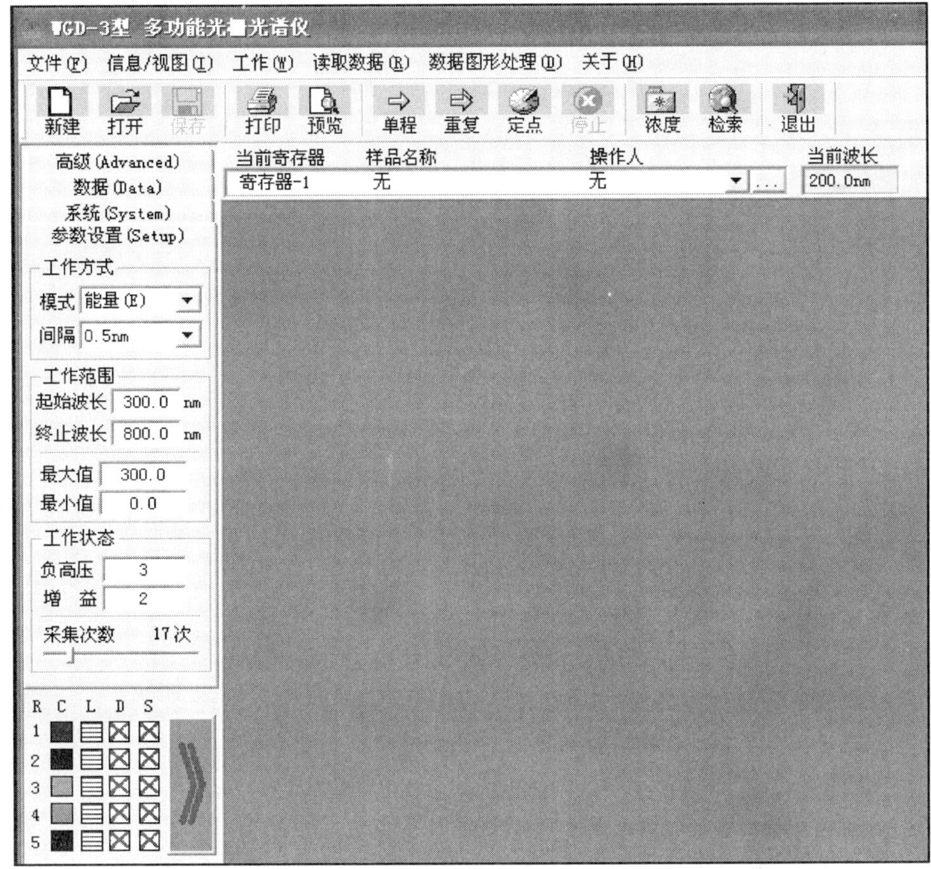

图 1.46 WGD-3 多功能光栅光谱仪的控制软件界面

测量操作步骤如下：

(1) 连接 LED 驱动电路，使 LED 发光，调节电路使 LED 的驱动电流约为 20mA。调整 LED 位置使其发出的光由单色仪的入射缝入射。

(2) 打开光谱仪控制器电源，调节光电倍增管的负高压为 700V 左右。开启计算机，双击计算机桌面上的“WGD-3 多功能光栅光谱仪”图标，进入光谱仪控制软件界面。

(3) 在软件界面中，设置“工作方式”的“模式”选项为“能量”；“间隔”选项为合适值（如 0.5nm）。设置“工作范围”的“起始波长”和“终止波长”选项为合适值（如 300～800nm）；设置“最大值”选项为 300，“最小值”选项为 0。其他参数可保持默认值。

(4) 单击“单程”按钮，使光谱仪根据设置参数进行一次扫描。扫描时，软件自动绘制光谱功率分布曲线。若绘制曲线太高甚至出现饱和，则减小入射缝或出射缝；反之，若绘制曲线太低，则增大入射缝或出射缝。一般地，使绘制曲线的最大值在显示区高度的 2/3 处比较合适。

(5) 根据测得的光谱功率分布曲线，分析被测 LED 所含的光谱成分及相对含量，试解释 LED 光谱功率分布与其颜色的关系。

1.4.2 实训二 基于数码管显示的光电计数器制作

【实训目标】

光电计数器具有体积小、计数快、制作成本低等优点，在实际生活和生产中应用非常广泛，如产品的计件、点钞机与复印机纸张计数、绕线机绕线圈数计量等。本项目实现用LED、光敏二极管、AT89C51型单片机、数码管等器件设计并制作一个简易的光电计数器，计数范围为0～99，当计数为10的整数倍时进行声光指示（LED闪烁两下，并且在LED亮时伴随报警声）。

通过本项目的设计与制作，了解并掌握LED和光敏二极管的使用方法、常用的光电检测方法、简单的光电信号处理方法和七段数码管显示的驱动方法。

【实训原理】

1. 方案设计

该光电计数器的硬件电路设计主要包含3个部分：一是光电检测部分；二是单片机计数及数码管显示部分；三是声光指示部分。

1）光电检测部分

光电检测方法可分为反射式和透射式两种。如图1.47(a)所示为反射式光电检测方法，光源发出的光被检测物体反射后，光电探测器可以接收到光；若没有物体反射，光源发出的光向前传播，光电探测器接收不到光，通过光电探测器在有光和无光两种状态下输出不同的电信号可以判断有无物体。如图1.47(b)所示为透射式光电检测方法，当有物体时，光源发出的光被检测物体遮挡，光电探测器接收不到光；当没有物体时，光源发出的光照射在光电探测器上并被其接收。通过光电探测器在有光和无光两种状态下输出不同的电信号可以判断有无物体。比较而言，反射式检测方式中光源和探测器在同一侧，因此具有结构紧凑的优点，但其探测灵敏度受到被检测物体表面形状、粗糙度和对光的反射率等因素的影响。光电检测电路中，常用的光源主要有LED、小型半导体激光器等，常用的光电探测器主要有光敏二极管、光敏晶体管、光敏电阻、PIN光敏二极管、雪崩光敏二极管（APD）等。

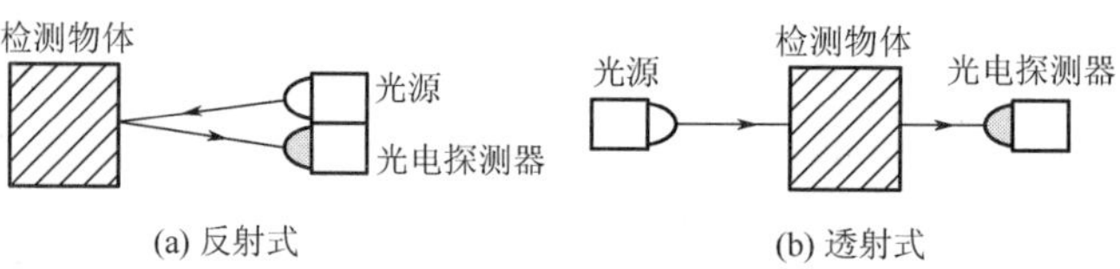

图1.47 常用的光电检测方法

本项目使用普通的LED作为光源，用光敏二极管作为光电探测器。光电检测使用透射式检测方法，电路如图1.48所示。光源部分中，限流电阻 R_1 与LED串联后接入电源电压，使LED发光。检测电路中，参考电阻 R_2 与光敏二极管串联后反向接入电路。当没有光照时，光敏二极管截止（相当于断路），输出端 V_o 为高电平；当有光照时，光敏二极管导通（相当于短路），输出端 V_o 为低电平。因此，当LED与光敏二极管中间没有物体时，LED的光照射在光敏二极管上，光敏二极管的输出端输出低电平；当LED与光敏二极管中间有物体时，LED的光被物体挡住，光敏二极管没有光照，其输出端输出高电平，该高低电平的变化可用于进行计数。实际应用中，在物体挡光的瞬间（即在高低电压变化的临界状态）常常会出现电平连续反复变化的干扰状态，会导致连续重复计数。为了提高计数的可靠性，可以再加入一个迟滞电压比较电路，如图1.49所示。

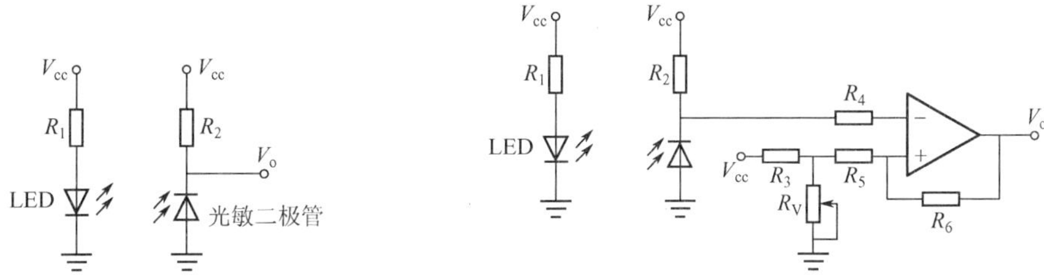

图1.48　实验使用的光电检测电路　　**图1.49　迟滞电压比较电路**

图1.49中迟滞电压比较电路的上、下限分别为

$$
\begin{aligned}
V_{+\mathrm{H}} &= \frac{R_5}{R_5+R_6}V_{\mathrm{OM}}+\frac{R_6}{R_5+R_6}V_{\mathrm{R}} \\
V_{-\mathrm{L}} &= -\frac{R_5}{R_5+R_6}V_{\mathrm{OM}}+\frac{R_6}{R_5+R_6}V_{\mathrm{R}}
\end{aligned}
\tag{1-11}
$$

式中，$V_{+\mathrm{H}}$ 是上限电压；$V_{-\mathrm{L}}$ 是下限电压；V_{OM} 是光敏二极管输出电压；V_{R} 是电位器输出的预置参考电压。

加入迟滞电压比较电路后，光敏二极管的输出电压与预置参考电压比较，并进行电平变化后输出规整的高低电平，避免了电路中由于电压波动引起的高低电平反复跳变的情况，提高了计数电路的抗干扰能力。

若不加迟滞电压比较电路，为解决上述高低电平反复跳变的干扰状态，可以在单片机程序中加入“去抖动”(即查寻到触发电平后，延时一定时间后再次查寻该电平状态，若仍为触发状态，则视为电平已触发，否则视为干扰噪声)，通过这种方法来提高系统的抗干扰能力。这种方法引入了延时，会对计数响应频率有一定的影响，但由于延时很小，所以在计数频率不高的应用中影响不是很大，能满足一般的计数要求。

2）单片机计数及数码管显示部分

本项目使用单片机的外中断方式进行计数，每中断一次，计数加1并进行显示。当计数值为10的整数倍时，在单片机的某个引脚（如P1.0引脚）输出高电平，驱动声光指示；当计数值为100时，计数值置0并进行重新计数。计数值用两个共阳极的数码管进行静态显示。

数码管是常用的显示器件，它通过分段的 LED 来进行字段的显示。最常用的是七段 LED 数码管，如图 1.50(a) 所示。其中，7 个长条形的 LED 排列成“日”字形，另一个圆点形的 LED 在数码管的右下角作为小数点，通过显示不同的字段组合来显示 0～9 的数字，或 A～F 等的字母及小数点。

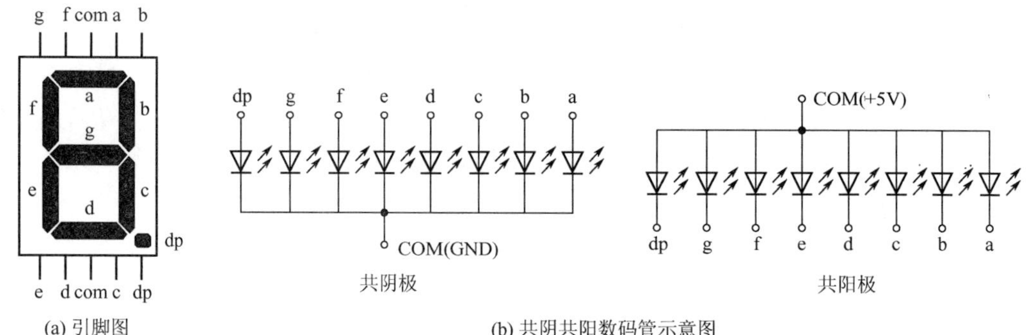

图 1.50　七段 LED 数码管

数码管有共阴极和共阳极之分，若 8 个 LED 的阳极都连在一起则称为共阳极，若 8 个 LED 的阴极都连在一起则称为共阴极，如图 1.50(b) 所示。共阴极数码管和共阳极数码管的笔段名和位置是相同的。当 LED 导通时，相应的笔段发亮，由发亮的笔段组合可以显示各种字符。通常，数码管的笔段名（a、b、c、d、e、f、g、dp）从低到高排列成 8 位，与单片机的输入/输出口（如 P1）对应连接。例如，对于共阴极数码管，公共阴极接地，若单片机 P1 口输出 0x73（01110011）即可以使段名为 g、f、e、b、a 的各笔段发亮，可以显示字符“P”；对于共阳极数码管，公共阳极接高电平，单片机 P1 口输出 0x8C（10001100），也可以显示字符“P”。由此可见，共阴极数码管和共阳极数码管的字形编码表是不一样的，常规的字形编码如表 1-4 所示。需要注意的是，有些设计中为了使 PCB 制作时布线方便，数码管的笔段名并不按常规的方法与单片机的输入/输出口对应，这时就需要按照连线自行设计字形编码表了。

表 1-4　数码管字形编码表

显示字符	共阴极字形编码									共阳极字形编码								
	二进制码								十六进制码	二进制码								十六进制码
	dp	g	f	e	d	c	b	a		dp	g	f	e	d	c	b	a	
0	0	0	1	1	1	1	1	1	0x3F	1	1	0	0	0	0	0	0	0xC0
1	0	0	0	0	0	1	1	0	0x06	1	1	1	1	1	0	0	1	0xF9
2	0	1	0	1	1	0	1	1	0x5B	1	0	1	0	0	1	0	0	0xA4
3	0	1	0	0	1	1	1	1	0x4F	1	0	1	1	0	0	0	0	0xB0
4	0	1	1	0	0	1	1	0	0x66	1	0	0	1	1	0	0	1	0x99
5	0	1	1	0	1	1	0	1	0x6D	1	0	0	1	0	0	1	0	0x92

（续）

显示字符	共阴极字形编码									共阳极字形编码								
	二进制码								十六进制码	二进制码								十六进制码
	dp	g	f	e	d	c	b	a		dp	g	f	e	d	c	b	a	
6	0	1	1	1	1	1	0	1	0x7D	1	0	0	0	0	0	1	0	0x82
7	0	0	0	0	0	1	1	1	0x07	1	1	1	1	1	0	0	0	0xF8
8	0	1	1	1	1	1	1	1	0x7F	1	0	0	0	0	0	0	0	0x80
9	0	1	1	0	1	1	1	1	0x6F	1	0	0	1	0	0	0	0	0x90
A	0	1	1	1	0	1	1	1	0x77	1	0	0	0	1	0	0	0	0x88
B	0	1	1	1	1	1	0	0	0x7C	1	0	0	0	0	0	1	1	0x83
C	0	0	1	1	1	0	0	1	0x39	1	1	0	0	0	1	1	0	0xC6
D	0	1	0	1	1	1	1	0	0x5E	1	0	1	0	0	0	0	1	0xA1
E	0	1	1	1	1	0	0	1	0x79	1	0	0	0	0	1	1	0	0x86
F	0	1	1	1	0	0	0	1	0x71	1	0	0	0	1	1	1	0	0x8E
P	0	1	1	1	0	0	1	1	0x73	1	0	0	0	1	1	0	0	0x8C
U	0	0	1	1	1	1	1	0	0x3E	1	1	0	0	0	0	0	1	0xC1
全亮	1	1	1	1	1	1	1	1	0xFF	1	1	1	1	1	1	1	1	0x00
全灭	0	0	0	0	0	0	0	0	0x00	0	0	0	0	0	0	0	0	0xFF

3）声光指示部分

声光指示电路如图 1.51 所示，用 LED 产生光指示，提示声可以使用有源蜂鸣器产生。由于单片机的驱动能力有限，所以电路中 LED 和蜂鸣器使用 PNP 型晶体管进行驱动。当单片机的 P1.0 端口输出高电平时，晶体管截止，LED 不亮，同时蜂鸣器（bell）也不响；当 P1.0 端口输出为低电平时，晶体管导通，LED 亮，蜂鸣器响，进行声光指示。

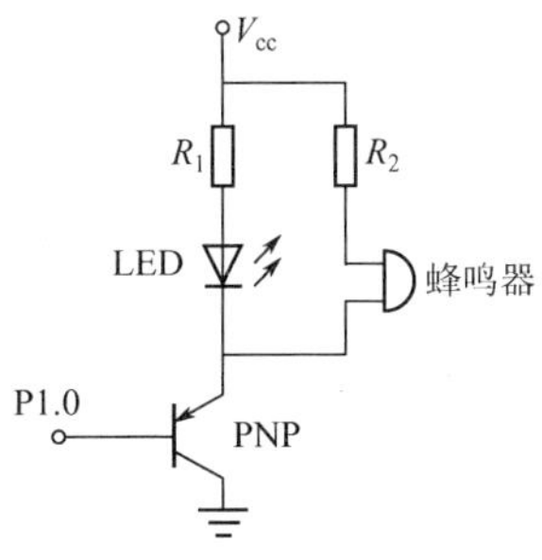

图 1.51 声光报警控制电路

2. 材料清单

材料清单如表 1-5 所示。

表 1-5　材料清单

名　　称	规 格 型 号	数量	名　　称	规 格 型 号	数量
电阻	1/4W，100Ω	1	晶体管	PNP，9012	1
电阻	1/4W，300Ω	16	蜂鸣器	有源，Φ5mm	1
电阻	1/4W，1kΩ	1	数码管	0.5″共阳	2
电阻	1/4W，10kΩ	13	光敏二极管	Φ5mm	1
电位器	3296W，10kΩ	1	LED	绿，Φ3mm	1
单片机	AT89C51	1	LED	红，Φ3mm	1
电解电容	10μF	1	轻触开关	6mm×6mm	1
瓷片电容	30pF	2	单排排针座	3P	1
晶振	12MHz	1	敷铜板	单面，100mm×76mm	1
比较器	LM393	1			

【光电计数器参考程序】

3. 电路原理图

在 Protel 99 SE 中画出光电计数器电路的设计原理图，如图 1.52 所示，再根据原理图在 Protel 99 SE 中画出 PCB 图，然后进行焊接和调试。光电计数器的单片机程序可参考本书数字资源。

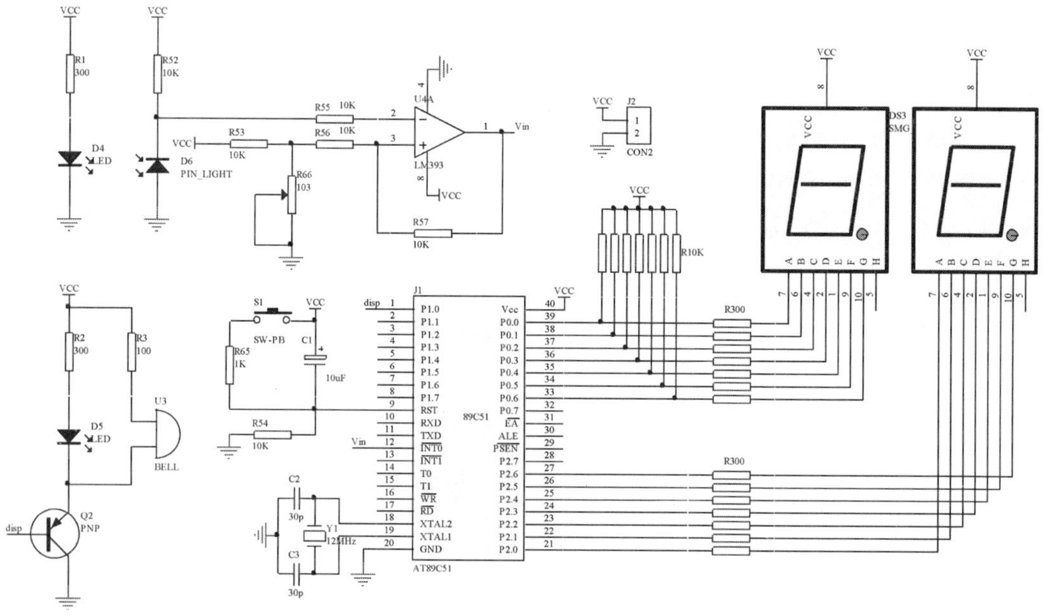

图 1.52　光电计数器的电路设计原理图

4. 实物与调试

经过焊接和调试，数码管显示的光电计数器的制作实物与调试结果如图 1.53 所示，调试过程中使用 V_{cc}为＋4.5V 的直流电压，通过遮挡光敏二极管，系统会进行计数，计数为 10 的整数倍时伴随声光指示，图 1.53 中显示了计数为 15 的状态。

【实物与调试结果图】

图 1.53　实物与调试结果图

调试过程中的常见问题及分析：

(1) 上电后系统无显示，无反应。处理方法：检查电源电压是否正确，正负极是否接反；检查电路是否存在断路或短路；检查数码管是否已损坏，各段能否正常发光；检查单片机是否工作正常，有无正常的振荡信号（在单片机第 18 引脚上有频率为 12MHz 的正弦信号，可用示波器测量）和复位电平。

(2) 上电后数码管显示乱码或遮挡光敏二极管后数码管显示有变化，但显示乱码。处理方法：检查单片机程序中的数码表是否与实际数码管相对应；检查数码管是否已损坏，各段能否正常发光。

(3) 上电后数码管显示正常，但遮挡光敏二极管后，显示无变化。处理方法：检查遮挡光敏二极管的瞬间在单片机第 12 引脚上有无电平变化。若电平有变化，则检查单片机是否工作正常，单片机程序是否正确。若电平无变化，则检查比较器 LM393 的第 2 引脚有无电平变化，若无，则检查光敏二极管正负极是否连接正确，检查光敏二极管是否已损坏；若有，则检查比较器 LM393 工作是否正常。

(4) 当计数到 10 的整数倍时，无声光指示。处理方法：检查单片机第 1 引脚有无电平变化。若无，则检查单片机程序是否正确；若有，则检查指示的 LED 和蜂鸣器是否正常有用，检查晶体管的型号是否正确，连接电路是否正确。

【讲课视频】

1.4.3 实训三 亮度可调的LED台灯设计

【实训目标】

LED在照明方面具有广泛的应用。本实训介绍设计一款LED节能台灯，要求使用LED作为照明光源，用脉宽调制方法实现亮度可调，用PT4115芯片实现对LED的恒流驱动，主要使用的器件有LED、LED驱动芯片PT4115、单片机AT89C2051等。

通过本实训的实践，主要了解LED台灯的设计方法，了解用脉宽调制（Pulse Width Modulation，PWM）方法实现亮度调节和用PT4115芯片实现恒流驱动的方法。

【实训原理】

1. 设计方案

本实训系统的设计主要涉及3个部分，分别是LED照明灯头的设计、LED恒流驱动的设计和PWM的设计。

1）LED照明灯头的设计

本实训要制作一盏LED台灯。为了实现一定面积的均匀照明，单个LED肯定不能满足要求，需要将多个LED串、并联在一起，组成一个LED照明灯头。如图1.54所示，将4个LED串联成一组，再将4组进行并联，采用4×4的排列结构，可以基本满足要求，图中电阻为限流电阻。实际使用16个白色LED，经测试，当LED通过电流为20mA时，LED两端的偏压约为3.1V。当LED驱动电源电压为15V时，限流电阻可取100Ω。

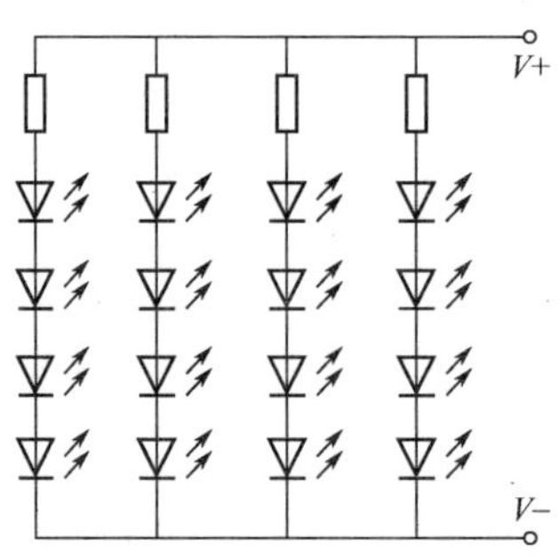

图1.54 LED灯头电路

【LED常用驱动芯片大全】

2）基于PT4115芯片的LED恒流驱动设计

LED发光的强度与其通过的电流大小有关。为了使LED发光稳定，在LED灯的设计中一般采用恒流驱动方式。这里可以使用LED常用驱动芯片PT4115。PT4115芯片是一款连续电感电流导通模式的降压恒流源，输入电压范围为8～30V，输出电流最大可达1.2A，可用于驱动一个或多个串联的LED。PT4115芯片内置功率开关，采用高端电流采样设置LED平均电流，并

通过 DIM 引脚可以接受模拟调光和很宽范围的 PWM 调光。PT4115 芯片典型应用电路如图 1.55 所示，由 PT4115 芯片、电感 L、采样电阻 R_s 和续流二极管 VD 构成自振荡的恒流 LED 驱动器。PT4115 芯片采用 SOT89－5 封装或 ESOP8 封装，本项目采用前者，其引脚分布如图 1.56 所示，各引脚功能如表 1－6 所述。

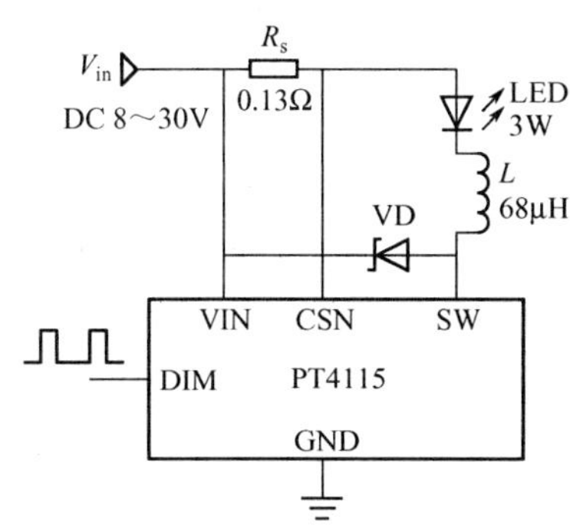

图 1.55 PT4115 芯片典型应用电路

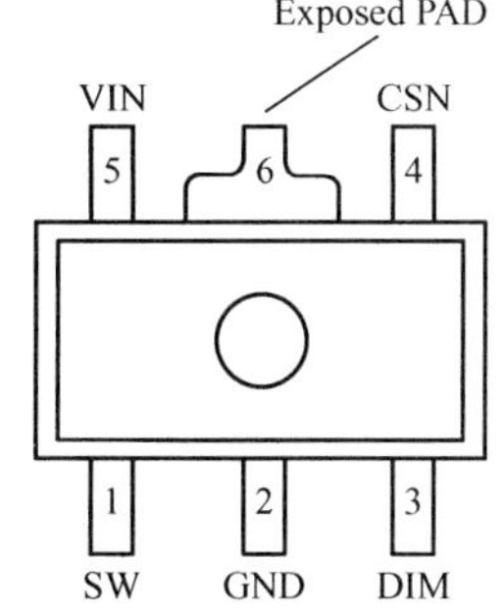

图 1.56 PT4115 芯片的 SOT89－5 封装

表 1－6 PT4115 芯片的引脚功能

引 脚 号	引 脚 名 称	描 述
1	SW	功率开关的漏端
2	GND	信号和功率地
3	DIM	开关使能、模拟和 PWM 调光端
4	CSN	电流采样端，采样电阻接在 CSN 和 VIN 端之间
5	VIN	电源输入端，必须就近接旁路电容
6	Exposed PAD	散热端，内部接地，贴在印刷电路板上减小热阻

根据本系统的设计要求，图 1.55 所示电路中单个功率为 3W 的 LED 需要更换为 LED 照明灯头，电压输入端 V_{in}需要加上大小为 15V 的直流电压，为了实现 LED 灯亮度可调，需要在 PT4115 芯片的 DIM 端输入 PWM 信号，该脉冲信号可以用单片机产生。

3）PWM 信号的获得

用单片机产生脉冲信号是非常方便的，本项目为了获得 PWM 信号，只需要用到一个中断端口和一个输入/输出端口，所以使用 AT89C2051 型单片机就足够了。AT89C2051 单片机内置通用 8 位中央处理器和 Flash 存储单元，内含 2×10^3 位可反复擦写的只读程序存储器（PEROM）和 128 位的随机数据存储器（RAM），兼容标准 MCS－51 指令系统，已被广泛应用于电子类产品。AT89C2051 单片机引脚除了电源（VCC 和 GND）、晶振（XTAL1 和 XTAL2）和复位（RST）这 5 个引脚外，还有 15 个引脚，分别为 P1（P1.0～P1.7）和 P3（P3.0～P3.5、P3.7）口。其中，P1 是 8 位双向输入/输出口，P1.2～P1.7 提供内部上拉电阻，P1.0 和 P1.1 内部无上拉电阻，使用时需要在外部加上拉电阻；P3 口是带有内部上拉电阻的双向输入/输出口，同时也具有特殊的第二功能。

用 AT89C2051 单片机产生 PWM 信号的电路示意图如图 1.57 所示，图中时钟电路和复位电路是单片机最小工作系统所必需的，按键触发用于改变单片机的输出状态，以得到不同脉宽的脉冲信号，脉冲信号由单片机的某个输入/输出口（如 P3.7）输出，并连接至 PT4115 的 DIM 端，以控制 LED 的发光亮度。单片机程序的流程图如图 1.58 所示，通过单片机的定时中断产生单位基时 t，输出脉冲信号的周期为 $T_P \times t$，一个周期内输出高电平的时长为 PWM$\times t$，其占空比为 PWM/T_P。改变 PWM 的值，就可以改变输出信号的占空比；改变定时器初值，即改变基时 t，可以输出信号的频率；改变周期 T_P，可以改变占空比的调节精度。

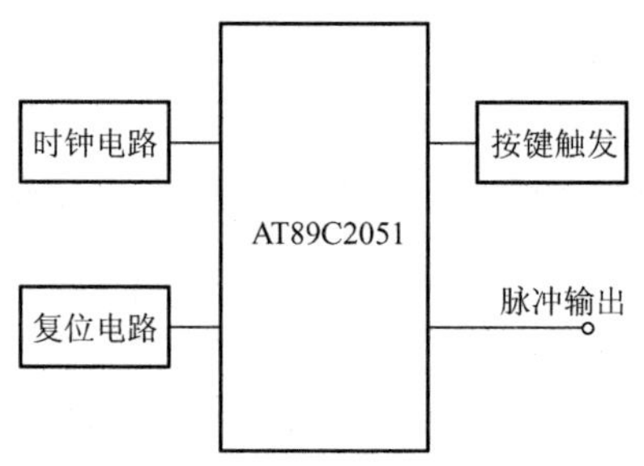

图 1.57　产生 PWM 信号的电路示意图

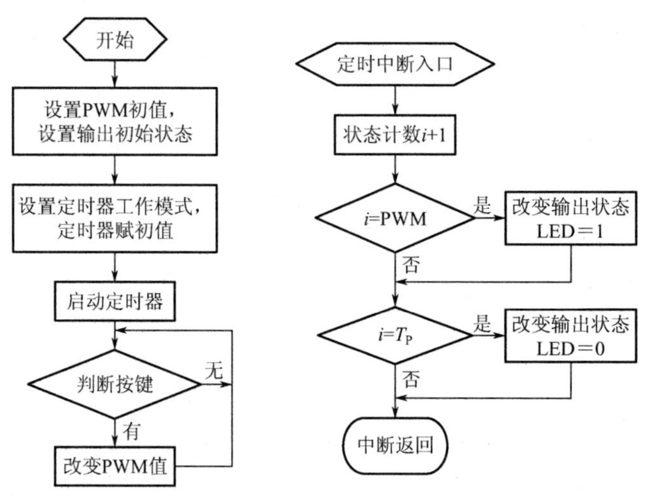

图 1.58　单片机程序的流程图

4）电源电路设计

根据以上设计，单片机工作需要+5V 的工作电压，LED 灯头的驱动需要+15V 的工作电压，因此需要制作输入 220V、输出+5V 和+15V 的直流稳压电源。直流稳压电源的设计电路如图 1.59 所示，220V 的交流电通过变压器后降压为 20V 左右的交流电，再经过整流、滤波、稳压，可得到+5V 和+15V 的直流稳压输出。

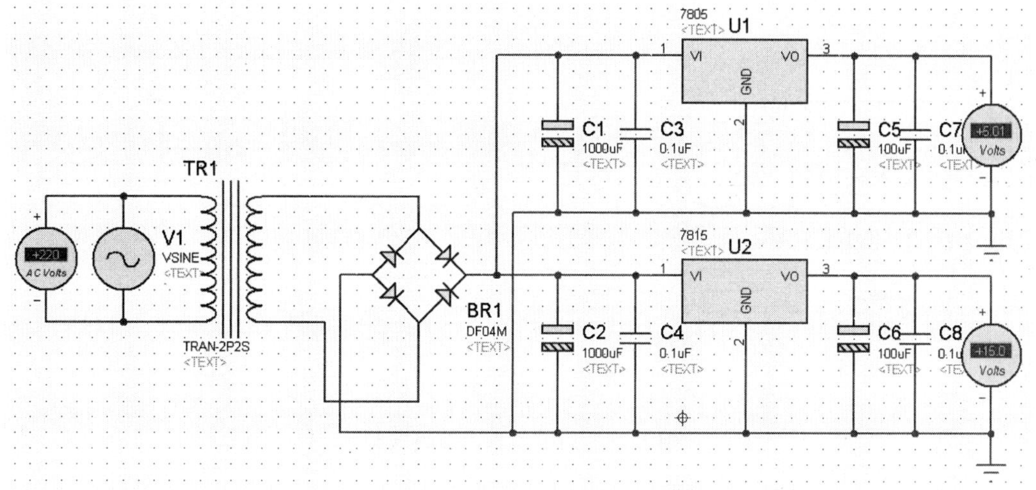

图 1.59　+5V 和+15V 的直流稳压电源设计电路图

2. 材料清单

材料清单如表 1－7 所示。

表 1－7　材料清单

名　　称	规 格 型 号	数量	名　　称	规 格 型 号	数量
瓷片电容	0.1μF	4	二极管	4007	1
瓷片电容	30pF	2	LED	草帽型，Φ5mm，白色	16
单片机	AT89C2051	1	晶振	12M	1
电感	68μH	1	轻触开关	6mm×6mm	1
电解电容	25V，1000μF	2	驱动芯片	PT4115	1
电解电容	25V，100μF	2	稳压管	7805	1
电解电容	25V，10μF	1	稳压管	7815	1
电阻	1/4W，100Ω	4	整流桥	DB107	1
电阻	1/4W，10kΩ	1	变压器	220－17.5	1
电阻	3W，0.13Ω	1	单排排针	10P	1

3. 电路原理图

在 Protel 99 SE 中画出 LED 控制电路的设计原理图，如图 1.60 所示，再根据原理图在 Protel 99 SE 中画出对应的 PCB 图，然后进行焊接和调试。亮度可调的 LED 台灯的单片机程序可参考数字资源。

【亮度可调 LED 台灯的参考程序】

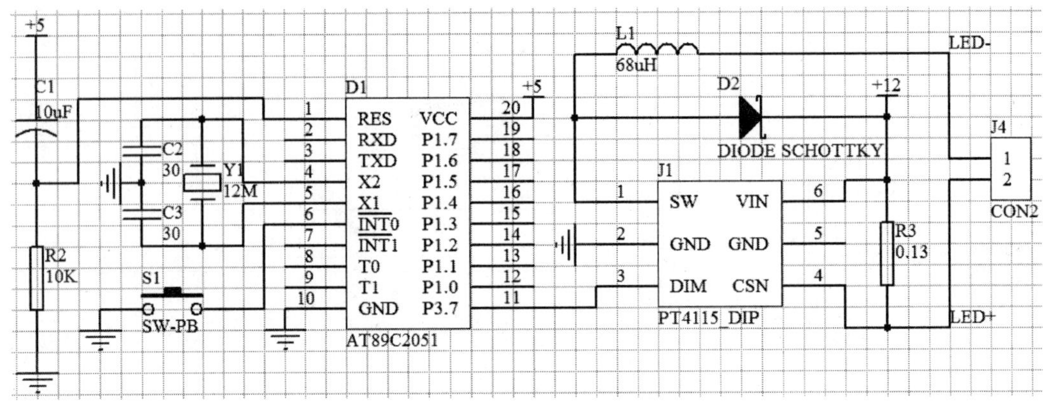

图 1.60　LED 控制电路原理图

4. 实物与调试图

经过焊接、调试和组装，制作的亮度可调的 LED 台灯的实物图如图 1.61 所示，通过按键可以调节 LED 发光的亮度。

图 1.61　亮度可调 LED 台灯的实物图

调试过程中的常见问题及分析：

(1) 系统电源模块输出电压不正常。处理方法：电源模块空载（即不连接后续的 LED 驱动模块）时，检查输出电压是否正常。若正常，则检查后续的 LED 驱动模块；若仍不正常，则检查稳压管 7805 和 7815 的输入/输出是否正常，检查变压器输出是否正常，检查电路连接是否正确可靠。

(2) 系统各模块连接并上电后，LED 灯不亮。处理方法：检查 LED 灯头输入电压是否正常。若输入电压正常，则检查 LED 灯头电路连接是否正确可靠，LED 是否有用且正

负极连接是否正确；若输入电压不正常，则检查 LED 驱动模块中 PT4115 芯片各引脚上的信号是否正常，电路连接是否正确可靠。

（3）LED 灯亮，但按键后亮度不变。处理方法：检查单片机的第 21 引脚输出信号是否随按键变化。若无变化，则检查单片机程序是否正确；若有变化，则检查 PT4115 芯片各引脚上的信号是否正常，电路连接是否正确可靠。

思　考　题

1. 简述 LED 的发光原理。
2. LED 在使用时为什么通常要串联一个电阻？该电阻的大小怎样确定？
3. 怎样分辨 LED 的正负极？
4. 目前市场上，LED 驱动芯片主要有哪些？各有什么特点？
5. 常用 LED 驱动电路主要有哪些？各有什么特点？
6. 简述 LD 与 LED 的异同。
7. 举例说明 LD 的实际应用。
8. 简述扭曲向列型液晶的显示原理。
9. 试分析实训四中设计的 LED 台灯存在哪些不足之处。如何改进？

第2章 光电器件及其应用

【教学目标】

通过本章的学习，掌握光电发射效应、光电导效应、光生伏特效应及热释电效应的原理，熟悉不同光电效应对应的光电器件的工作原理、特性及其应用。掌握常用的光电器件（如光电倍增管、光敏电阻、光电池、光敏二极管等）的典型应用电路，了解集成光电器件及其应用。

【教学要求】

相关知识	能力要求
光电发射器件	（1）理解光电发射效应的原理； （2）掌握光电倍增管的组成、工作原理及特性； （3）掌握光电倍增管的高压驱动电路及输出电路的设计方法； （4）了解光电倍增管在工业、医疗等领域的重要应用。
光电导器件	（1）了解光电导效应的原理； （2）掌握光敏电阻的工作原理、特性及典型应用电路； （3）了解光敏电阻在生活中的应用。
光生伏特器件	（1）理解基于PN结的光生伏特效应的工作原理； （2）掌握光电池的工作原理、特性及典型应用； （3）掌握光敏二极管、光敏晶体管的工作原理及应用； （4）了解PIN管和雪崩二极管的原理及应用； （5）掌握光电位置传感器的原理、特性及应用。
热释电器件	（1）理解热释电效应的原理； （2）掌握热释电器件的原理、特性及典型应用。
光电组合器件	（1）掌握光电耦合器的原理、组成及典型应用； （2）掌握光电编码器的原理、组成、分类及典型应用。

光电器件是指将光信号变换为对应电信号的器件，可以利用某些材料的光电特性实现对光信号的测量。光电器件按光电转换机理不同可分为以下 4 类：

(1) 基于光电发射效应的器件：在入射光照下，材料体内束缚电子接收光子的能量克服表面逸出功向外发射电子，如光电倍增管、真空光电管等。

(2) 基于光电导效应的器件：在入射光照下，材料体内电子从禁带跃迁到导带，成为可导电载流子，从而使材料导电率增加，电阻减少，其对应的典型器件如光敏电阻。

(3) 基于光生伏特效应的器件：在光照下，材料体内电子从禁带跃迁到导带，形成电子空穴对，这些电子空穴对在内建电场的作用下分离，从而形成电动势。基于该效应制成的典型器件有光电池、光敏二极管等。

(4) 基于热释电效应的器件：光照引起材料的温度改变从而产生光电流的现象称为热释电效应，采用此效应的典型器件为热释电探测器。

2.1　光电发射器件

【光电发射效应】

2.1.1　光电发射效应

光电发射效应是物理学中一个重要而神奇的现象。在高于某特定频率的电磁波照射下，某些材料内部的电子会被光子激发出来而形成电流，即光生电流。这种现象由德国物理学家赫兹于 1887 年发现，而正确的解释则为爱因斯坦所提出（图 2.1）。科学家们在研究光电效应的过程中，物理学者对光子的量子性质有了更加深入的了解，这对波粒二象性概念的提出有重大影响。

(a)　　(b)

图 2.1　爱因斯坦及其光电发射效应

在光照射下，物体内部的电子获得足够的能量越过表面从物体内逸出，这种现象叫作光电发射效应，逸出的电子称为光电子。每个光电子具有能量 $h\upsilon$，其中 h 是普朗克常数，υ 是光的频率。光子进入物体后与电子作用，如果电子是自由的，则吸收光子能量的电子必须克服物体表面势垒的阻挡才能逸出物体表面，电子从金属表面逸出时所做的功称为材料的逸出功，用符号 w 来表示。逸出电子的初速度为 υ_0，电子质量为 m_e，则根据能量守恒定律有：

$$h\upsilon=\frac{1}{2}m_e\upsilon_0^2+w \tag{2-1}$$

2.1.2 光电倍增管的组成及原理

利用这种光电发射效应的典型器件是光电倍增管，其一般是由光窗、光电阴极、电子光学系统、电子倍增极和阳极等 5 个部分组成的，结构如图 2.2 所示。光窗主要用于吸收短波，光电倍增管的短波阈值由光窗的材料决定。光电阴极用于光电发射，接收入射光子，向外发射光电子，倍增管的长波阈值取决于阴极材料。发射的电子通过电子光学系统聚集于第一倍增极，倍增极具有二次电子发射能力，可以打出多个二次电子，经过多个倍增极放大后，光电子被阳极吸收产生光电流。

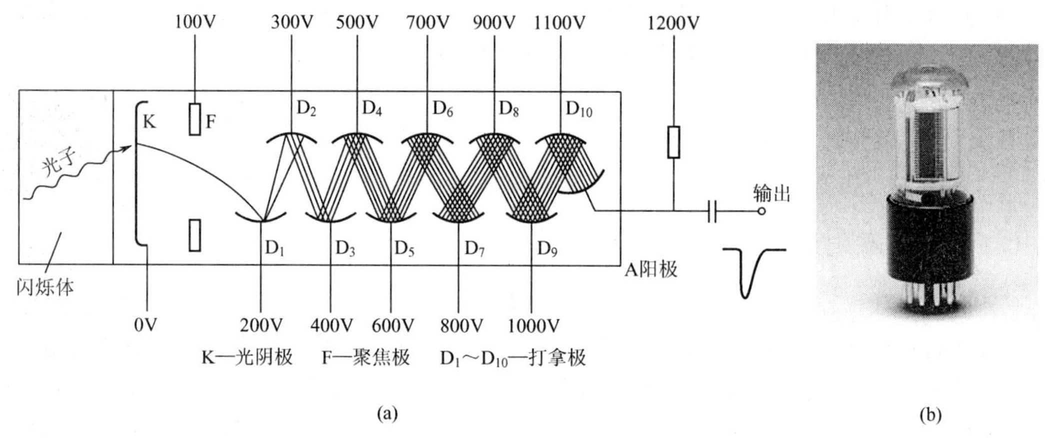

(a)　(b)

图 2.2　光电倍增管的结构图与实物图

2.1.3 光电倍增管的供电电路与输出电路

1. 供电电路

为了使光电倍增管能正常地工作，通常在阴极和阳极之间加上千伏的高压。同时，还需在阴极、聚焦极、倍增极和阳极之间分配一定的极间电压，以保证光电子能被有效地收集，并通过倍增极进行放大。一般采用阳极接地、阴极负高压供电的方式，极间电压采用电阻分压得到，负高压供电方式如图 2.3 所示。这种方式可以消除信号输出电路与阳极的电位差，光电倍增管的输出光电流可直接转入后续信号处理电路，如电流转电压放大电路。

当输入辐射为直流或缓变信号时，分压电阻的电流为 I_R，阳极电流为 I_a，每个倍增极都有电流从倍增极流向阴极。因此，在光照时，电阻链分压器中流过每级电阻的电流并不相等，使得各极间电压重新分配，阳极和后几级倍增极的极间电压下降，阴极和前面几级倍增极的极间电压上升，放大倍数增加。当入射的光通量增加时，阳极与末几级的极间电压趋向于零，输出电流饱和，输出光电流非线性。但是，当流过分压电阻的电流远远大于 I_a时，即 $I_R \gg I_a$时，流过各分压电阻 R_i 的电流近似相等，光电流的影响可以忽略。工

程上常设计 I_R 大于等于 10 倍的 I_a 电流，即

$$I_R \geqslant 10I_a \tag{2-2}$$

同时，I_R 也不能选择得太大，否则将使分压电阻功率损耗加大，倍增管温度升高，导致性能降低，以至于无法工作。因此，分压电阻的选择必须考虑电阻的功率与散热。

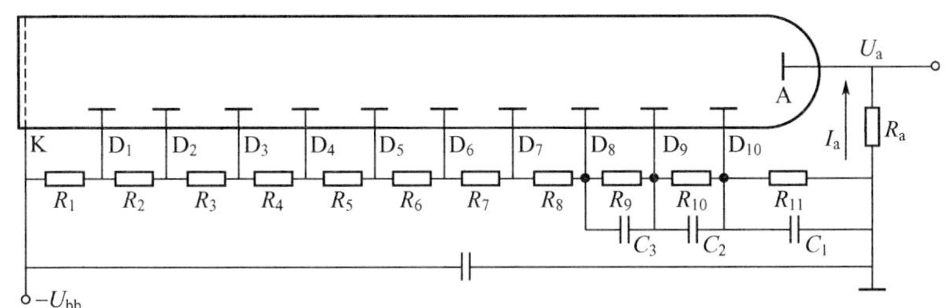

图 2.3　负高压供电

当入射辐射信号为高速迅变信号或脉冲时，末 3 级倍增极电流变化会引起较大极间的变化，引起光电倍增管增益的起伏。为了减少电压的变化，通常在末 3 极并联 3 个电容 C_1、C_2 与 C_3，这样在脉冲持续过程中，因电容的放电，使极间电压保持稳定，同时可以获得较高的峰值电流。并联电容的数值取决于输出脉冲需要的电荷量。但要求电压变化小于 1%时，电容 C_1 需满足：

$$C_1 \geqslant 100\,\frac{I_{am}\tau}{V} \tag{2-3}$$

式中，I_{am} 为峰值电流；τ 为脉冲持续的时间；V 电容两端电压即极间电压。C_2、C_3 的计算也可以按照式(2-3)，电流改为对应倍增极的峰值电流即可。

2. 输出电路

为了保证光电倍增管具有良好的线性与频率特性，负载电阻要小，但这会降低输出信号的转化效率。解决这一问题的有效方法是采用运算放大器代替电阻，实现电流转电压，其输出电路如图 2.4 所示。

输出的电压为

$$V_o = -R_f I_a \tag{2-4}$$

式中，R_f 为运算放大器的反馈电阻；I_a 为阳极输出的光电流。光电倍增管的负载为

$$R_o \approx \frac{R_f}{A} \tag{2-5}$$

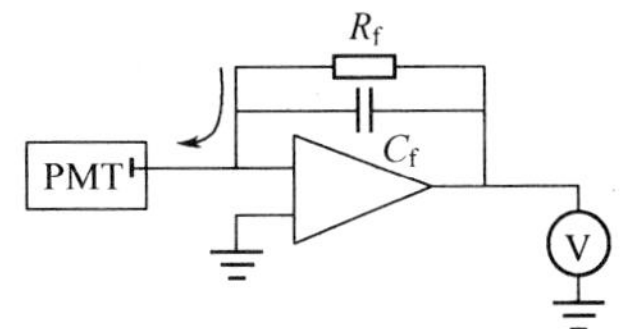

图 2.4　输出电路

式中，A 为运算放大器的开环放大倍数，一般运算放大器的放大倍数高于 10^6，因此输出电阻就很少了。

2.1.4 光电倍增管的特性

1. 灵敏度

光电倍增管的灵敏度分为阴极光照灵敏度和阳极光照灵敏度。阴极光照灵敏度是指在一定的光照下，每单位入射光通量产生的光电流大小。阳极光照灵敏度是指每单位入射到阴极的光通量产生的阳极输出电流（与倍增极的级数和倍增因子有关）。光照灵敏度的单位 A/lm，lm 是光通量单位流明。

阴极的光照灵敏度 S_K 定义为光电阴极产生的光电流 I_K 除以入射光通量 Φ，可表示为

$$S_K = \frac{I_K}{\Phi} \tag{2-6}$$

入射到光电阴极上的光通量不能太大，否则会由于光电阴极层的电阻损耗而引起测量误差。

阳极光照灵敏度 S_p 是指光电倍增管在一定工作电压下阳极输出电流与照射阴极上光通量的比值：

$$S_p = \frac{I_A}{\Phi} \tag{2-7}$$

2. 电流增益

光电倍增管具有很大的内置增益，假设每个倍增极的倍增因子为 σ，倍增极的数量为 n，则光电倍增管的电流增益 M 可表示为

$$M = \frac{I_A}{I_K} = \delta^n \tag{2-8}$$

其增益可达 10^4 以上，由于其增益比较高，光电倍增管一般用于微弱光信号的探测，不能接受强光照射，否则很容易损坏。

3. 光电特性

光电倍增管的光电特性是指在一定的工作电压下，阳极输出电流与光通量的曲线关系。由图 2.5 可知，该特性曲线在相当宽的范围内为直线。当光通量很大时，特性曲线开始明显偏离直线。原因是：①最后几级光电倍增管疲乏，放大系数降低；②管内的阳极部分和最后几级光电倍增极空间电荷的存在。光电倍增管的灵敏度很高，但输出电流不能太大，以免它的电极损坏或迅速进入疲劳状态。

4. 伏安特性

光电倍增管的伏安特性是指在不同光通量下，光电流对于最后一级倍增极和阳极电压之间的关系。由图 2.6 可知，当阳极电压大于 50V 以后，阳极电流趋向饱和，与入射到阴极的光通量呈线性关系。

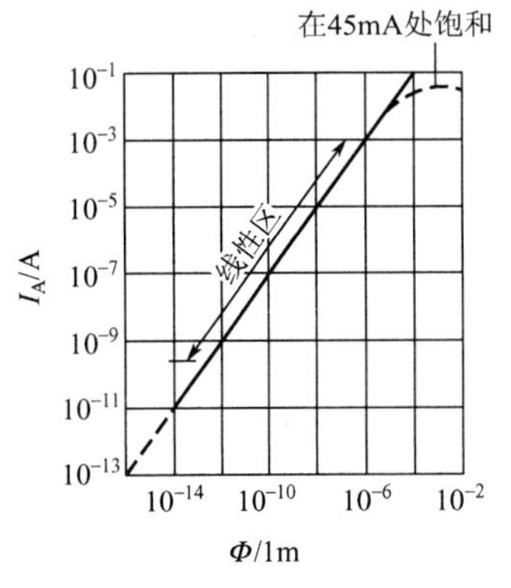

图 2.5　光电特性

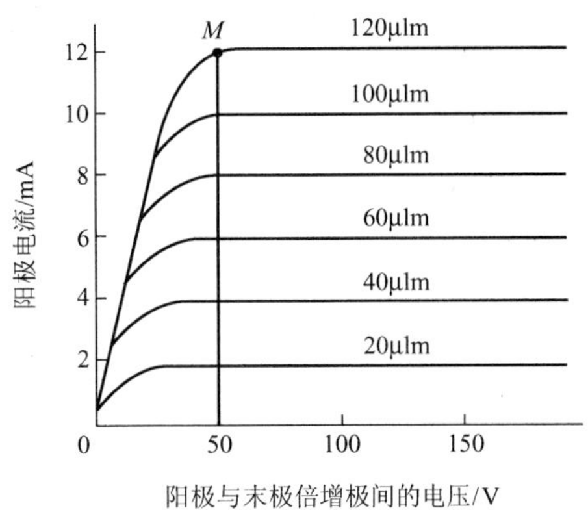

图 2.6　伏安特性图

5. 响应时间

光电倍增管的响应时间是指光电子从阴极发射经过倍增极倍增后到达阳极所需的时间。不同结构的光电倍增管的响应时间如表 2－1 所示。

表 2－1　光电倍增管的响应时间　　单位：ns

结　　构	上升时间	渡越时间	渡越时间散差
直线聚焦型	0.7～3	1.3～5	0.37～1.1
环形聚焦型	3.4	31	3.6
盒栅型	～7	57～70	～10
百叶窗型	～7	60	～10

6. 暗电流

光电倍增管的暗电流是指在施加规定的电压后，在无光照情况下测定的阳极电流。光电倍增管的暗电流值在正常应用的情况下是很小的，一般为～nA，是所有光电探测器中暗电流最低的器件。光电倍增管的暗电流受温度影响，其随温度的变化关系如图 2.7 所示。

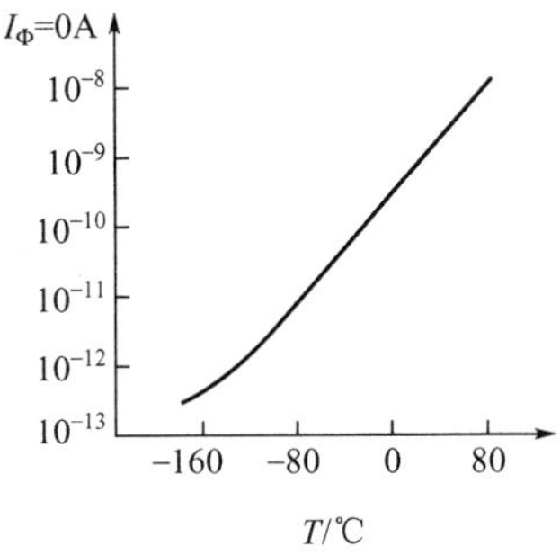

图 2.7　暗电流随温度的变化关系

典型的光电倍增管的参数如表 2－2 所示。

表 2－2　光电倍增管的参数

型　号	倍增极级数	光窗材料	阴极类型	光谱范围/nm	峰值波长/nm	阴极灵敏度/(μA/lm)	一定电压下的阳极灵敏度		暗电流/nA	主要用途
							电压/V	阳极灵敏度/(A/lm)		
GDB—106	9	透紫玻璃	Sb－K－Cs	200～700	400	30	360	30	7	光度测量
GDB—147	9	硼硅玻璃	Sb－K－Cs	300～700	400	30	1100	10	80	传真机
GDB—146	9	透紫玻璃	Sb－K－Cs	200～700	400	20	1100	10	80	光度测量
GDB—151	9	石英	Sb－Na－K－Cs	185～850	400	20	800	1	20	原子吸收分光光度计
GDB—152	9	石英	Te－Cs	200～800	235	20mA/W	1000	1000A/W	7	测汞仪
GDB—153	10	硼硅玻璃	Ca－As(Cs)	200～910	340	150	1250	20	2	激光接收器
GDB—235	8	钠钙玻璃	St－Cs	300～650	400	40	1100	10	60	闪烁计数器
GDB—239	11	钠钙玻璃	As－O－Cs	400～1200	800	10	1500	1	1100	激光接收器
GDB—333	14	硼硅玻璃	Sb－Na－K－Cs	300～850	420	70	2200	500	500	核物理研究所
GDB—404	9	硼硅玻璃	Sb－Na－K－Cs	300～850	450	90	1250	10	2	激光接收器
GDB—413	11	硼硅玻璃	Sb－K－Cs	300～700	400	40	1250	100	10	分光光度计，扫描电镜
GDB—415	11	硼硅玻璃	Sb－Na－K	300～650	420	20	2000	10	30	放射性测井仪
GDB—423	11	硼硅玻璃	Sb－Na－K－Cs	300～850	420	60	1500	100	400	激光接收器
GDB—526	11	硼硅玻璃	Sb－K－Cs	300～700	400	30	9500	10	50	同位素扫描仪
GDB—546	11	硼硅玻璃	Sb－Na－K－Cs	300～850	420	70	1800	200	100	激光接收器
GDB—567	11	硼硅玻璃	Sb－K－Cs	300～700	400	30	1000	10	50	伽玛照相机
GDB—576	11	硼硅玻璃	Sb－Cs	300～650	400	20	1200	10	500	同位素扫描仪

2.1.5　光电倍增管的应用

1. 光电倍增管的使用注意事项

在精密测量中，正确使用光电倍增管，应该注意如下几点：

（1）阳极电流应不超过 1A，可以缓解疲劳和老化效应，减少负载电阻的反馈和分压器的分配效应。

(2) 高压电源的稳定性必须为所需测量精度的10倍左右，对电压的纹波系数也应有所规定，一般应小于0.001%。

(3) 光电倍增管的输出信号采用运算放大器做电流电压转换，以获得高的信噪比和好的线性。

(4) 光电倍增管应储存在黑暗中，使用前最好先接通高压电源，在黑暗中存放几小时。

2. 光电倍增管的典型应用

光电倍增管具有极高的光电灵敏度、极快的响应速度、低的暗电流和噪声，还能在很大范围内调整增益，因此广泛应用于物理、航天、材料等领域。

1) 测量光谱

光电倍增管可用来测量辐射光谱在窄波长范围内的辐射功率。如图2.8所示为物质吸收光谱的测量原理，在元素的鉴定、各种化学成分和冶金学分析中都有广泛的应用。图2.8中用来测量吸收光谱的光源为已知光谱分布的宽谱光源。光源发出的光通过待测样品池，部分光被吸收，然后通过转动光栅，各波长的功率被光电倍增管探测，通过比对原光源光谱和被待测物吸收后的光谱就可以得到样品的吸收谱。

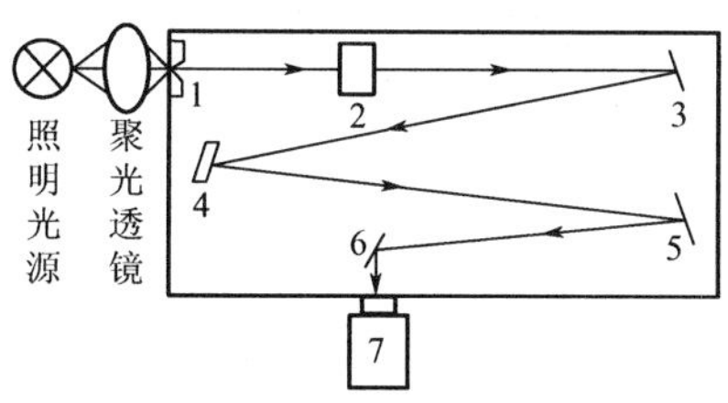

图2.8　物质吸收光谱的测量原理

1—窄缝；2—待测样品池；3、5—凹面反光镜；4—光栅；6—反光镜；7—光电倍增管

2) 探测微弱光信号——光子计数

当测量的光照微弱到一定水平时，由于探测器本省的背景噪声（热噪声、散弹噪声等），因此测量起来相当困难。例如，当光功率为10^{-17} W，光子通量约为100个光子/s，这比光电倍增光的噪声还要低。

光子计数是微弱光信号检测的一种技术，其典型方式是以光电倍增管作为接收器，将光信号以光电子形式来检测。当光子入射到光电探测器上时，光电倍增管的光阴极释放的电子在管内电场作用下运动至阳极，在阳极的负载电阻上出现光电子脉冲，然后经处理把光信号从噪声中以数字化的方式提取出来，如图2.9所示。弱辐射信号是时间上离散的光子流，因而检测器输出的是自然离散化的电信号，采用脉冲放大、脉冲甄别和计数技术可以有效提高弱光探测的灵敏度。

3) 探测射线

闪烁计数是最常用的有效探测射线粒子的方法，它将闪烁晶体和光电倍增管结合起来，当入射的射线粒子照到闪烁体上时，它产生光辐射并由光电倍增管接收转变为电信号。闪烁光的大小与每一粒子的能量相对应，因此光电倍增管出脉冲的高低与能量成正比。最近医学上的正电子 CT（Computerized Tomographic scanning），如图 2.10 所示，注入患者体内的放射性物质放射出正电子，同周围的电子结合淬灭，在 180°的两个方向得到 γ 射线，这些射线由人体周围排列的光电倍增管与闪烁体组织结合的探测器接收，可以确定患者体内淬灭电子的位置，得到一个 CT 像。

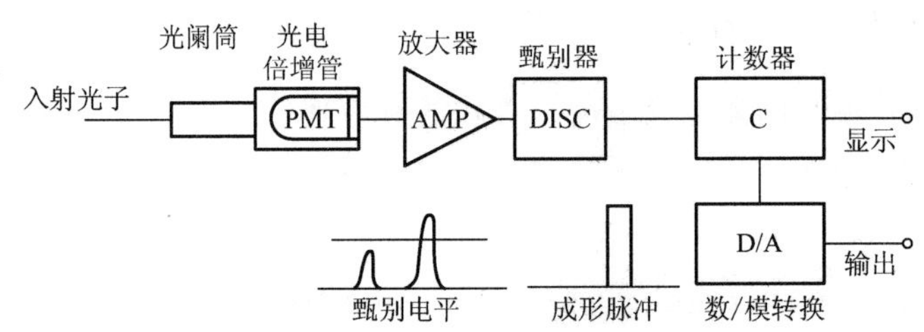

【光电倍增管应用】

图 2.9　光子计数器原理图

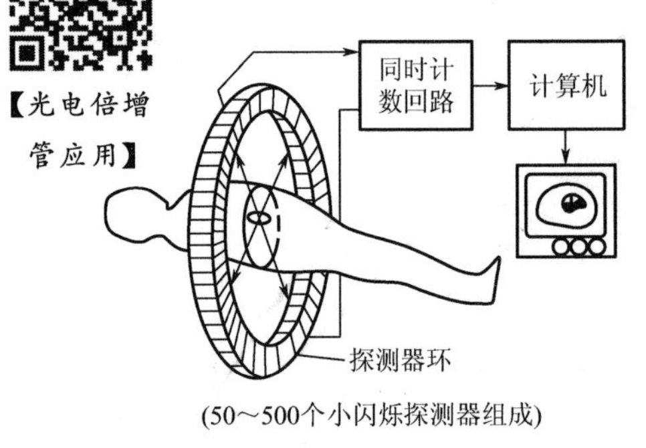

(a)　　(b)

图 2.10　正电子 CT 示意图

【光电导器件】

2.2　光电导器件

2.2.1　光电导效应

光电导效应指半导体材料受光照而改变其电导率，这是最早发现的光电现象。1873 年史密斯在实验中发现，作为绝缘体的硒受光照射后电阻突然减少了，于是发现了光电导效应。

【电子与空穴的产生】

半导体材料的导电率与载流子的迁移率及浓度有关，可表示为

$$\sigma = q(\mu_n n + \mu_p p) \tag{2-9}$$

式中，q 为电子的电量；μ_n 和 μ_p 分别表示电子与空穴的迁移率；n、p 分别表示电子与空穴的浓度。

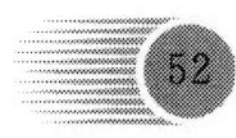

在光照下，如光子的能量大于材料的禁带宽度，禁带中的束缚电子吸收光子的能量，从禁带跃迁到导带成为自由电子，同时在禁带中留出一个空穴。因此，光照使半导体材料中电子与空穴的浓度增加，从而使材料的电导率增加。均匀材料的电阻与电导率成反比，其表示为

$$R=\frac{L}{\sigma S} \tag{2-10}$$

式中，L、S 分别表示材料的长度与横截面。随着电导率的增加，材料的电阻减少。

2.2.2 光敏电阻

光敏电阻是利用光电导效应制成的典型器件，其阻值随光照的强弱而改变，入射光强，电阻减少；入射光弱，电阻增加。它是一个纯电阻元件，没有极性之分，使用时只要把它当作是一个阻值随光强变化的可调电阻即可，因此在电子电路、仪器仪表、光电控制等领域广泛应用。

光敏电阻的结构很简单，通常在半导体材料的两端引上电极，并将其封装在一个透明的管壳里。其常用的结构有带金属外壳和不带金属外壳两种，如图 2.11 所示。为了提高灵敏度，增加光照面积，光电导材料一般采用梳状结构。按光谱特性，光敏电阻可分为紫外光敏电阻、可见光敏电阻和红外光敏电阻等。制作光敏电阻材料可以有硫化镉、硫化铅、硒化铟、硒化镉等，目前市场上常见光敏电阻采用硫化镉制成。光敏电阻按照直径分为 3mm、4mm、5mm、7mm、11mm 和 D57 系列等。

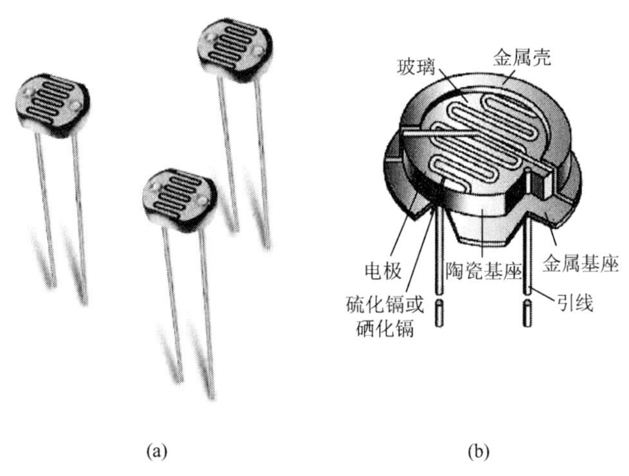

图 2.11 光敏电阻的外形及结构图

与其他光电器件相比，光敏电阻的特点如下：

(1) 光谱响应范围宽，可以从红外、可见光、近红外扩展到远红外，尤其是对红外辐射有较高的响应度。

(2) 所测的光强范围宽，可以测强光，也可以测弱光，灵敏度高，工作电流大。

(3) 无极性，使用方便，制作成本低，使用寿命长。

光敏电阻的不足之处是：在强光照射下光电转换线性较差，频率响应低。

2.2.3 光敏电阻的特性与检测方法

1. 光敏电阻的特性

1）暗电阻、亮电阻

光敏电阻在室温和全暗条件下测得的稳定电阻值称为暗电阻，此时流过的电流称为暗电流。例如，MG41－21 型光敏电阻暗电阻大于等于 0.1MΩ。光敏电阻在室温和一定光照条件下测得的稳定电阻值称为亮电阻，此时流过的电流称为亮电流。例如，MG41－21 型光敏电阻亮电阻小于等于 1kΩ。亮电流与暗电流之差称为光电流。显然，光敏电阻的暗电阻越大越好，而亮电阻越小越好，也就是说，暗电流要小，亮电流要大，这样光敏电阻的灵敏度就高。

2）伏安特性

在一定照度下，光敏电阻两端所加的电压与流过光敏电阻的电流之间的关系称为伏安特性（图 2.12），其表现为常规电阻的特性。

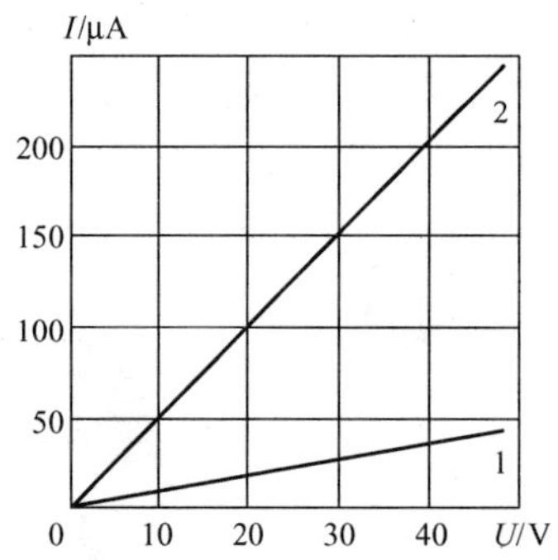

图 2.12 光敏电阻的伏安特性

3）光谱特性

对于不同波长的入射光，由于光敏电阻制作材料不一样，其相对灵敏度也是不相同的，各种材料的光敏电阻的光谱特性如图 2.13 所示。从图中看出，硫化镉（CdS）的峰值在可见光区域，而硫化铅（PbS）的峰值在红外区域，因此在选用光敏电阻时应当把元件和光源的种类结合起来考虑，才能获得满意的结果。

4）光电特性

在光敏电阻两端加恒定电压，流过光敏电阻的光电流与光照度之间的关系称为光电特性，如图 2.14 所示。在弱光照射时，曲线近似为线性，但随着光照度的增加，线性关系变坏，当光照度很强时，曲线近似为抛物线。因此，光敏电阻不适宜作为线性光电检测元件，这是它的缺点之一，但在自动控制中它常用作开关式光电传感器。

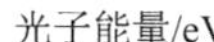

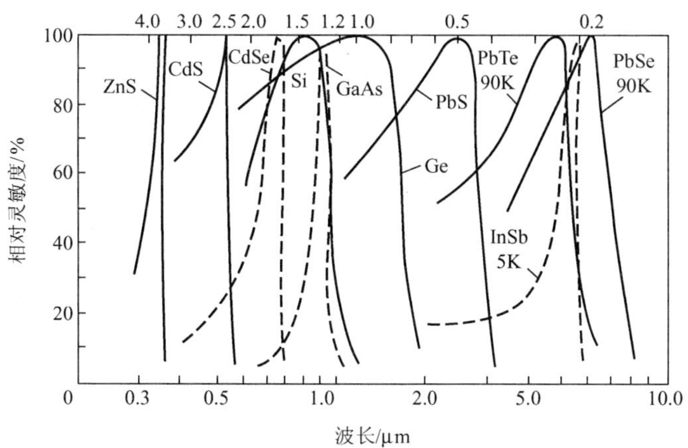

图 2.13　各种材料的光敏电阻的光谱特性

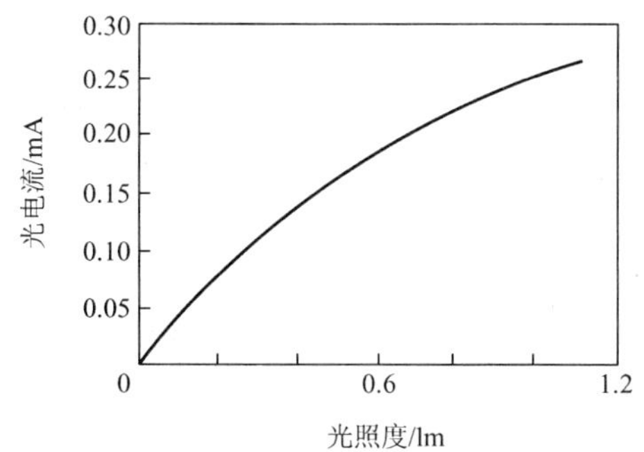

图 2.14　光敏电阻的光电特性

5）频率特性

当光敏电阻受到脉冲光照时，光电流要经过一段时间才能达到稳态值，光照突然消失时，光电流也不会立刻为零，这说明光敏电阻有时延特性。由于不同材料的光敏电阻时延特性不同，所以它们的频率特性也不相同。图 2.15 中给出了光电流与光强变化频率 f 之间的关系曲线，可以看出硫化铅的频率比硫化镉高得多。但多数光敏电阻的时延都较大，因此不能用在要求快速响应的场合，这是光敏电阻的另一个缺点。

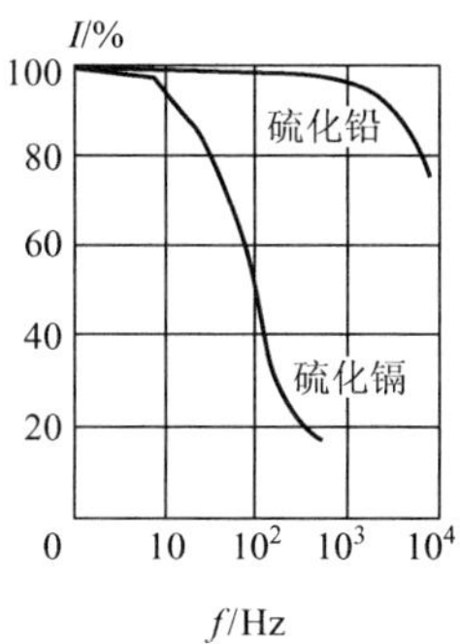

图 2.15　频率特性

典型的光敏电阻特性如表 2 - 3 所示。

表 2 - 3　光敏电阻的特性

规格	型号	最大电压(DC)/V	最大功耗/mW	环境温度/℃	光谱峰值/nm	亮电阻10lx（kΩ）	暗电阻/MΩ	回应时间/ms	
								上升	下降
φ3系列	GL4516	150	50	−30～+70	540	5～10	0.6	30	30
	GL4526	150	50	−30～+70	540	10～20	1	30	30
	GL4537 - 1	150	50	−30～+70	540	20～30	2	30	30
	GL4537 - 2	150	50	−30～+70	540	30～50	3	30	30
	GL4548 - 1	150	50	−30～+70	540	50～100	5	30	30
	GL4548 - 2	150	50	−30～+70	540	100～200	10	30	30
φ4系列	GL3516	100	50	−30～+70	540	5～10	0.6	30	30
	GL3526	100	50	−30～+70	540	10～20	1	30	30
	GL3537 - 1	100	50	−30～+70	540	20～30	2	30	30
	GL3537 - 2	100	50	−30～+70	540	30～50	3	30	30
	GL3547 - 1	100	50	−30～+70	540	50～100	5	30	30
	GL3547 - 2	100	50	−30～+70	540	100～200	10	30	30
D57系列	D5717	150	90	−30～+70	540	5～10	0.5	30	30
	D5727	150	100	−30～+70	540	10～20	1	20	30
	D5738 - 1	150	100	−30～+70	540	20～30	2	20	30
	D5738 - 2	150	100	−30～+70	540	30～50	3	20	30
	D5739	150	100	−30～+70	540	50～100	5	20	30
	D5749	150	100	−30～+70	540	100～200	10	20	30

2. 光敏电阻的检测方法

（1）用一黑纸片将光敏电阻的透光窗口遮住，此时万用表的指针基本保持不动，阻值接近无穷大，此值越大说明光敏电阻性能越好。若此值很小或接近为零，说明光敏电阻已烧穿损坏，不能再继续使用。

（2）将一光源对准光敏电阻的透光窗口，此时万用表的指针应有较大幅度的摆动，阻值明显减小，此值越小说明光敏电阻性能越好。若此值很大甚至无穷大，表明光敏电阻内部开路损坏，也不能再继续使用。

（3）将光敏电阻透光窗口对准入射光线，用小黑纸片在光敏电阻的遮光窗上部晃动，使其间断受光，此时万用表指针应随黑纸片的晃动而左右摆动。如果万用表指针始终停在某一位置不随纸片晃动而摆动，说明光敏电阻的光敏材料已经损坏。

2.2.4 光敏电阻的偏置与应用电路

光敏电阻的典型偏置电路如图 2.16 所示，图 2.16(a) 是恒压偏置电路，由于采用了稳压管 D_w，U_b是恒压，晶体管在导通状态 U_{be}也基本不变，因此光敏电阻两端电压基本不变，光照变化只会引起光电流的变化。图 2.16(b) 为恒流偏置电路，同样采用了稳压管 D_w，U_b是恒压，故注入晶体管基极的电流不变，流过光敏电阻的电流也不变，从而达到恒流的目的，因此光通量的变化会引起输出电压的变化。

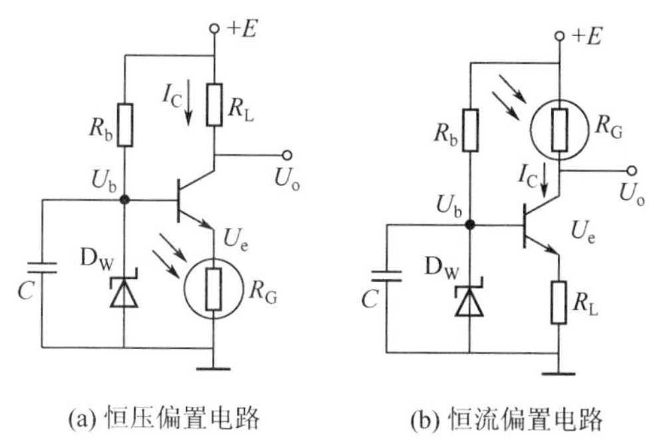

图 2.16 光敏电阻偏置电路

光敏电阻广泛应用于各种光控电路，如对灯光的控制、调节等场合，也可用于光控开关，如图 2.17 所示就是一种典型的光控开关电路。其工作原理是当照度下降到设置值时由于光敏电阻的阻值上升，VT_1 的基极电压升高，VT_1 导通，VT_2 也导通，继电器常开触点闭合，常闭触点断开，实现对外电路的控制。

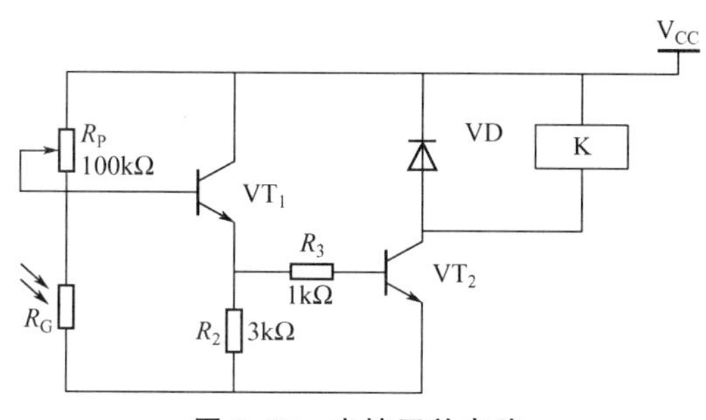

图 2.17 光控开关电路

2.3 光生伏特器件

【光生伏特器件的基本工作原理】

2.3.1 光生伏特效应

光生伏特效应指的是由于光照而产生电动势的现象。按照其产生的机理不同，可以分为：发生在均匀半导体的内部，这是就通常所说的丹倍效应；发生在半导体界面，典型的就是 PN 结光生伏特效应。在本书中我们主要讨论 PN 结光生伏特效应。

将 P 型半导体与 N 型半导体结合在一起时，在界面处会形成一个空间电荷区（PN 结），在 PN 结内没有可移动的载流子，在 N 区是带正电原子核中心，而在 P 区是带负电的，空间电荷区的自建电场方向自 N 区指向 P 区。如果光子注入 PN 结，且光子的能量大于禁带宽度，则在 PN 结产生电子空穴对，在内建电场的作用下，电子向 N 区运动，空穴向 P 区运动。这样，N 区聚集了大量的电子而带上了负电，P 区聚集了大量的空穴而带正电，形成光生电动势。

2.3.2 光电池

【光电池】

光电池就是 PN 结光生伏特效应的典型器件，如图 2.18 所示。光电池可以作为光电检测器件，其典型的应用电路如图 2.19 所示，由于放大器两端虚短，光电池零偏置，输出电流就为光电流，则输出电压与入射光功率成线性。

图 2.18 硅光电池

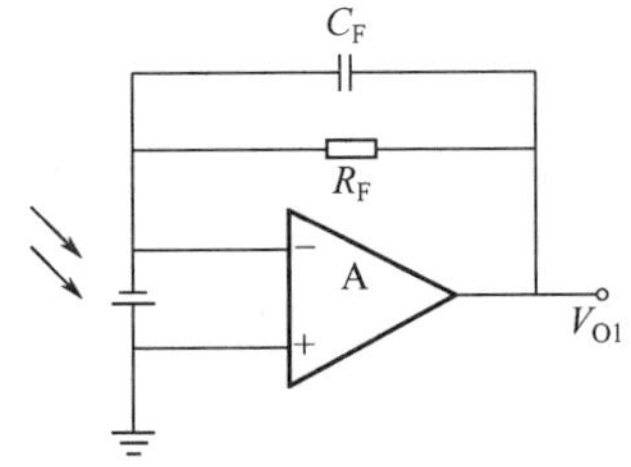

图 2.19 光电池线性输出电路

光电池另外一个重要的作用是把光能直接转化为太阳能，需要最大的输出功率与效率。这就需要光照面积做得比较大，通过多个光电池串联与并联获得大的输出电压与电流，光电池用作太阳电池的电路如图 2.20 所示，二极管是为了防止黑夜或光线微弱时蓄电池放电。太阳电池在路灯、卫星上的典型应用如图 2.21 所示。

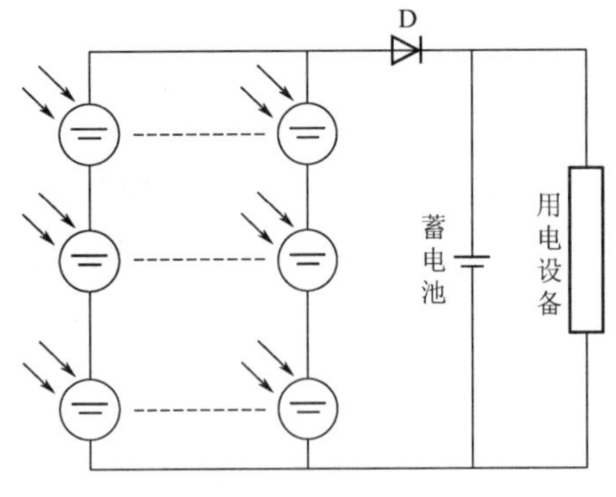

(a)

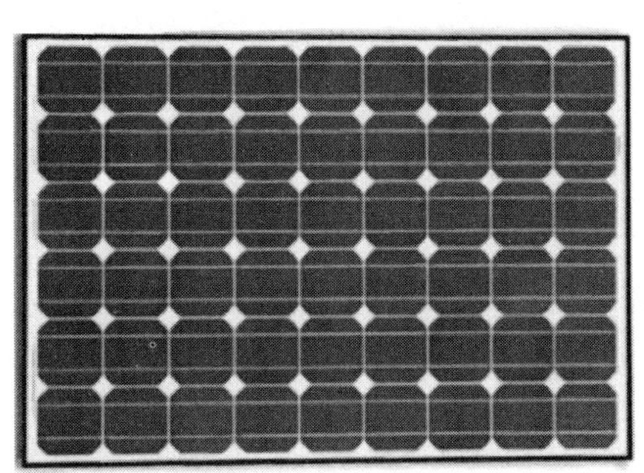
(b)

图 2.20 光电池用作太阳电池的电路

图 2.21　太阳电池在路灯、卫星上的典型应用

2.3.3　光敏二极管

光敏二极管也是采用 PN 结光生伏特效应制成的，所不同的是，它的主要功能是将入射光强度转化为对应的光电流，为了获取较好的线性和响应速率，其一般采用反向偏置。红外光敏二极管及其电路如图 2.22 所示。

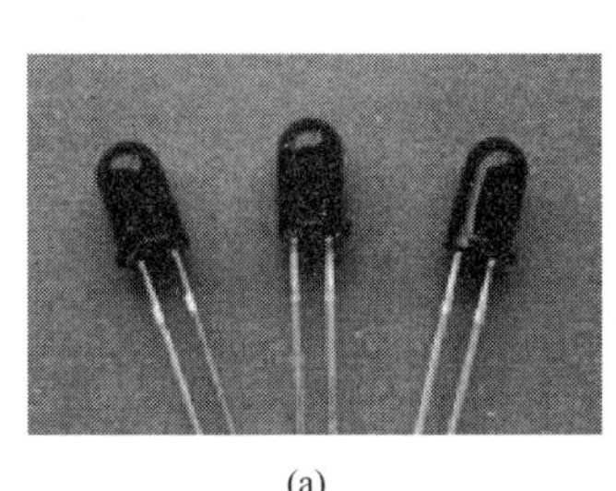

(a)

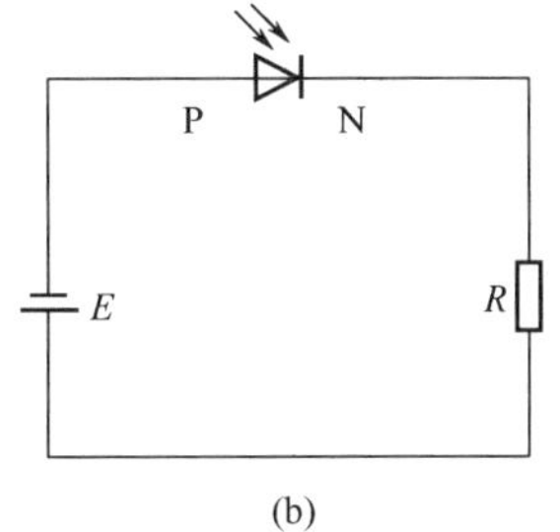

(b)

图 2.22　红外光敏二极管及其电路

特别提示： 光敏二极管为了抑制正向导通电流，提高线性度和频率特性，需要工作在零偏置或反向偏置状态。

2.3.4　PIN 光敏二极管

为了进一步提高光敏二极管的频率响应特性，在 P 区和 N 区之间插入一层电阻率很大的本征层，如图 2.23 所示，形成 PIN 光敏二极管。由于增大了内建电场的区域，减少了光生载流子的渡越时间，因此减少了 PN 结的结间电容，提高了工作频率。PIN 光敏二极管的光电转换效率高，频率响应特性高，可用于光纤传输系统。

2.3.5　雪崩光敏二极管

雪崩光敏二极管（APD）是在 PIN 光敏二极管基础上加大结间电压，使内建电场的强度加大，光生电子空穴对在内建电场的作用获得较大动能，与晶格碰撞，产生二次电子发射，因此 APD 也具有很大的内在增益，同时具有响应速度高等优点，可广泛用于微弱光信号检测、长距离光纤通信、激光测距、激光制导等。雪崩光敏二极管的原理与实物图如图 2.24 所示。

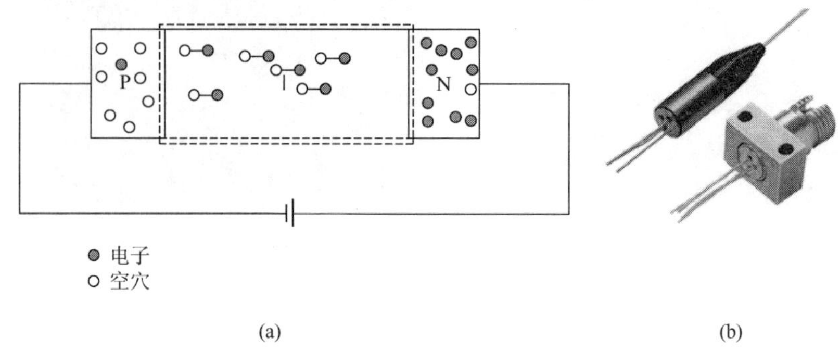

(a) (b)

图 2.23 PIN 光敏二极管的原理与实物图

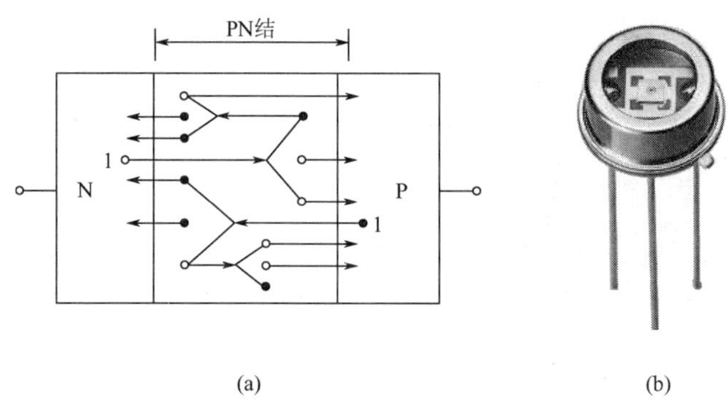

(a) (b)

图 2.24 雪崩光敏二极管的原理与实物图

2.4 热释电器件

2.4.1 热释电器件的原理

【热释电器件】

热释电效应是指某些极化材料的极化强度随着温度变化而变化，从而释放表面吸附的部分面电荷。晶体接受辐射照射，由于温度的改变使自发极化强度发生变化，结果垂直于自发极化方向的晶体的两个外表面出现感应电荷，利用感应电荷的变化可测量光辐射能量。在恒定光辐射下，晶体的温度恒定，表面极化电荷的数量也很恒定，其表面极化电荷被空气中的自由电荷中和，而不呈现电性。由于自由电荷的中和作用需要很长的时间，从几秒到数小时，在交变的辐射功率下，自由电荷来不及中和，从而在晶体表面呈现出与温度变化的面电荷变化。因此热释电探测器只能探测变化的辐射功率，且电信号正比于探测器温度随时间的变化率。

热释电探测器具有光谱响应平坦、可以从红外一直到可见光、在室温下工作不需制冷、可以有大面积均匀的光敏面、不需要偏压、使用方便等优点，特别适用于对人体和运动目标的检测与跟踪，因此得到广泛应用。

热释电探测器的外形和内部结构如图 2.25 所示。实用的热释电探测器由敏感元件、场效应管、高阻电阻、滤波片等组成，并向壳内充入氮气封装起来。敏感元件用红外热释电材料制成很小的薄片，再在薄片两面镀上电极。热释电材料以压电陶瓷和陶瓷氧化物最多。热释电探测器的输出需要进行阻抗变换和信号放大。

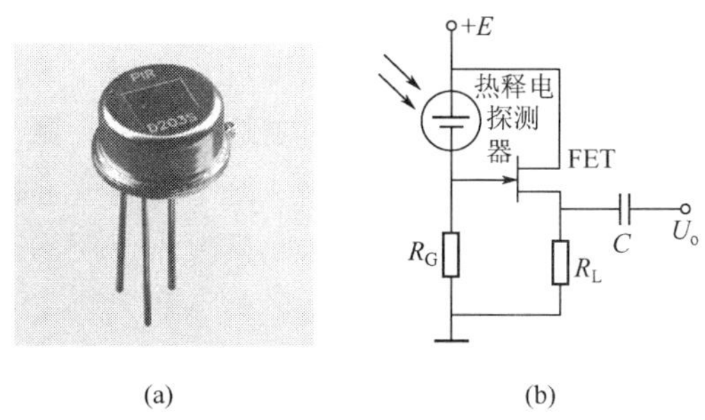

图 2.25　热释电探测器及输出电路

特别提示：热释电探测器只能探测交变的辐射功率。

2.4.2　菲涅尔透镜

菲涅尔透镜（图 2.26）多是由聚烯烃材料注压而成的薄片，镜片表面一面为光面，另一面刻录了由小到大的同心圆。菲涅尔透镜在很多时候相当于红外线及可见光的凸透镜，效果较好，但成本比普通的凸透镜低很多。菲涅尔透镜可按照光学设计或结构进行分类。菲涅尔透镜的作用有两个：一是聚焦作用；二是将探测区域内分为若干个明区和暗区，使进入探测区域的移动物体能以温度变化的形式在 PIR 上产生变化热释红外信号。

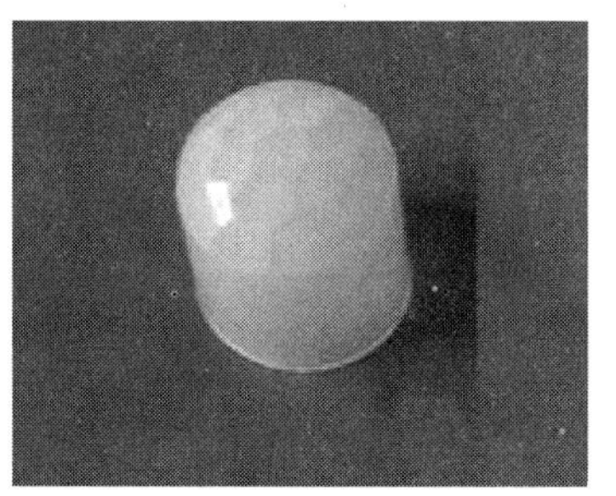

【菲涅尔透镜】

图 2.26　菲涅尔透镜

菲涅尔透镜简单来说就是在透镜的一侧有等距的齿纹，通过这些齿纹，可以达到对指定光谱范围的光带通（反射或者折射）的作用。传统的打磨光学器材的带通光学滤镜造价昂贵。菲涅尔透镜可以极大地降低成本。典型的例子就是被动红外线探测器（PIR）。PIR

广泛地应用在警报器上。仔细观察会发现在每个PIR上都有个塑料的小帽子。这就是菲涅尔透镜。小帽子的内部都刻上了齿纹。这种菲涅尔透镜可以将入射光的频率峰值限制在10μm左右（人体红外线辐射的峰值）。

菲涅尔透镜可以把透过窄带干涉滤光镜的光聚焦在硅光电二极探测器的光敏面上，由于菲涅尔透镜由有机玻璃制成，因此不能用任何有机溶液（如酒精等）擦拭，除尘时可先用蒸馏水或普通净水冲洗，再用脱脂棉擦拭。

1. 菲涅尔透镜的分类

从焦点和透镜是否在同一侧划分，菲涅尔透镜可分为正菲涅尔透镜和负菲涅尔透镜。

正菲涅尔透镜：光线从一侧进入，经过菲涅尔透镜在另一侧出来聚焦成一点或以平行光射出。焦点在光线的另一侧，并且是有限共轭。这类透镜通常设计为准直镜（如投影用菲涅尔透镜、放大镜）及聚光镜（如太阳能用聚光聚热用菲涅尔透镜）。

负菲涅尔透镜：和正焦菲涅尔透镜刚好相反，焦点和光线在同一侧，通常在其表面进行涂层，作为第一反射面使用。

从结构上划分，菲涅尔透镜还可分为圆形菲涅尔透镜、菲涅尔透镜阵列、柱状菲涅尔透镜、线性菲涅尔透镜、衍射菲涅尔透镜、菲涅尔反射透镜、菲涅尔光束分离器和菲涅尔棱镜。

2. 菲涅尔透镜的应用

菲涅尔透镜可应用于多个领域，包括以下几个方面：

投影显示：菲涅尔投影电视机、背投菲涅尔屏幕、高射投影仪、准直器。

聚光聚能：太阳能用菲涅尔透镜、摄影用菲涅尔聚光灯、菲涅尔放大镜。

航空航海：灯塔用菲涅尔透镜、菲涅尔飞行模拟。

科技研究：激光检测系统等。

红外探测：无源移动探测器。

照明光学：汽车头灯、交通标志、光学着陆系统。

2.5 光电位置传感器

2.5.1 光电位置传感器的工作原理

【光电位置传感器】

光电位置传感器（Position Sensitive Detector，PSD）是一种对其感光面上入射光斑重心位置敏感的光电器件。即当入射光斑落在器件感光面的不同位置时，PSD将对应输出不同的电信号，通过对此输出电信号的处理，即可确定入射光斑在PSD上的位置。入射光的强度和尺寸大小与PSD的位置输出信号均无关。PSD的位置输出只与入射光的“重心”位置有关。

PSD可分为一维PSD和二维PSD。一维PSD可以测量光点的一维位置坐标，二维PSD可测量光点的平面位置坐标。由于PSD是非分割型元件，对光斑的形状无严格的要求，光敏面上无象限分隔线，所以对光斑位置可进行连续测量从而获得连续的坐标信号。

实用的一维 PSD 为 PIN 三层结构，其截面如图 2.27 所示。表面 P 层为感光面，两边各有一信号输出电极。底层的公共电极是用来加反偏电压的。当入射光点照射到 PSD 光敏面上某一点时，假设产生的总的光生电流为 I_0，由于在入射光点到信号电极间存在横向电势，若在两个信号电极上接上负载电阻，光电流将分别流向两个信号电极，从而从信号电极上分别得到光电流 I_1 和 I_2，显然 I_1 和 I_2 之和等于光生电流 I_0，而 I_1 和 I_2 的分流关系取决于入射光点位置到两个信号电极间的等效电阻 R_1 和 R_2。如果 PSD 表面层的电阻是均匀的，则 PSD 的等效电路为图 2.27(b) 所示的电路。由于 R_{sh} 很大，而 C_j 很小，故等效电路可简化成图 2.27(c) 的形式，其中 R_1 和 R_2 的值取决于入射光点的位置。

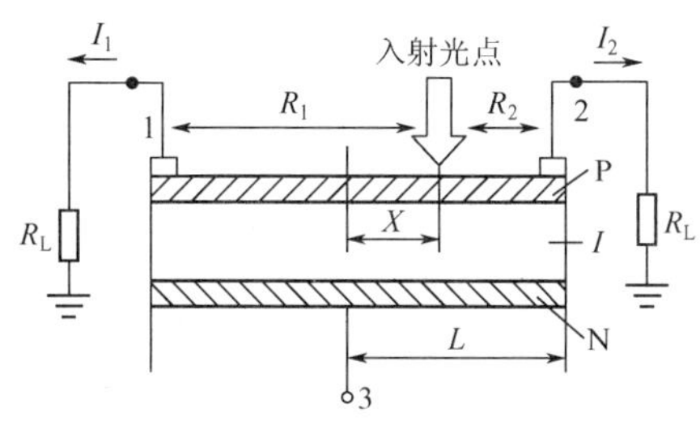

(a) 截面电路

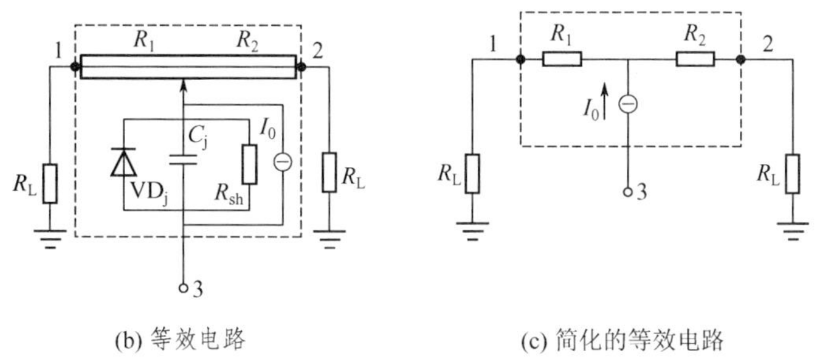

(b) 等效电路

(c) 简化的等效电路

图 2.27　一维 PSD 的结构及等效电路

假设负载电阻 R_L 阻值相对于 R_1 和 R_2 可以忽略，则有

$$\frac{I_1}{I_2}=\frac{R_2}{R_1}=\frac{L-x}{L+x} \tag{2-11}$$

式中，L 为 PSD 中点到信号电极的距离；x 为入射光点距 PSD 中点的距离。

式(2-11) 表明，两个信号电极的输出光电流之比为入射光点到该电极距离之比的倒数。将 $I_0=I_1+I_2$ 与式(2-11) 联立，得

$$I_1=I_0\ \frac{L-x}{2L} \tag{2-12}$$

$$I_2=I_0\ \frac{L+x}{2L} \tag{2-13}$$

从式(2-12) 和式(2-13) 可以看出，当入射光点位置固定时，PSD 的单个电极输出电流与入射光强度成正比。而当入射光强度不变时，单个电极的输出电流与入射光点距 PSD 中心的距离 x 呈线性关系。若将两个信号电极的输出电流做如下处理：

$$P_x=\frac{I_2-I_1}{I_2+I_1}=\frac{x}{L} \tag{2-14}$$

则得到的结果只与光点的位置坐标 x 有关，而与入射光强度无关，此时 PSD 就成为仅对入射光点位置敏感的器件。P_x 称为一维 PSD 的位置输出信号。

2.5.2 光电位置传感器的信号处理电路

根据 PSD 的工作原理可知，要得到入射光位置值必须要经过电流-电压转换电路、加减法电路、除法电路，其基本的实现原理如图 2.28 所示。

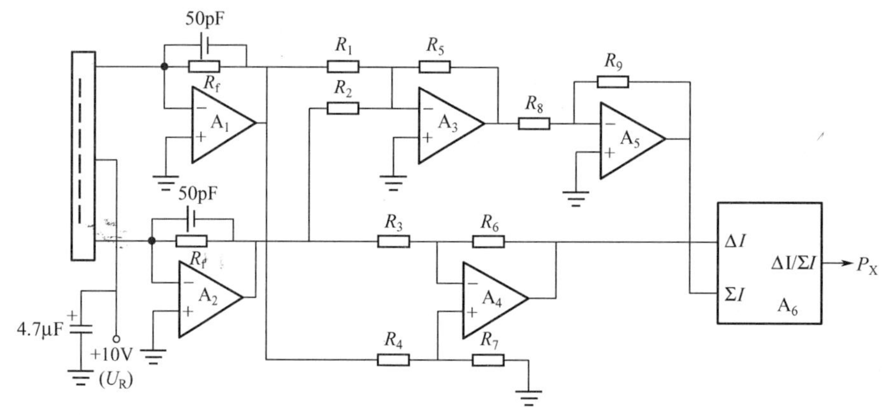

图 2.28 一维 PSD 信号处理电路

图 2.28 中，运放 A_1 和 A_2 用作电流转电压电路，将光电流 I_1、I_2 转化为对应的电压值。由于 PSD 输出光电流很微弱，因此要选用低输入失调电流、低温漂和低噪声的运放。运放 A_3 为反向比例加法器，A_5 为反向比例放大器，调节电路参数，使 A_5 的输出正比于 I_1+I_2。运放 A_4 用作减法器，其输出正比于 I_2-I_1，最后通过除法电路得到与式(2-14)对应的输出。

上述 PSD 信号处理电路中的前置放大、加法器、减法器和除法器都是模拟电路，电路的噪声、温漂等都会给电路的精度带来很大的影响，这种处理电路通常在不需要处理器进行信息处理与控制时采用。很显然，电路中的加法、减法和除法功能完全可以采用软件编程来实现，从而简化系统，提高测量精度。基于软件编程实现的信号处理电路如图 2.29 所示。

图 2.29 中，PSD 输出光电流通过电流-电压转换电路得电压输出信号，然后经过数据采集器将两路模拟信号转化成数字信号，送入处理器通过软件编程实现加法、减法和除法的运算，最后得到入射光点在 PSD 上的位置。

光电位置传感器使用注意事项如下。

(1) 入射光的强度和光斑尺寸大小对位置探测影响小。PSD 的位置探测输出信号反映的是入射光光斑的"重心"，与入射光点强度、光斑尺寸大小都无关。入射光光强增大有利于提高输出信号的信/噪比，从而有利于提高位置分辨率。但入射光光强也不可以太大，否则会引起器件的饱和。入射光光强太小则输出电流信号太弱，不利于检测电路的设计，甚至无法检测。

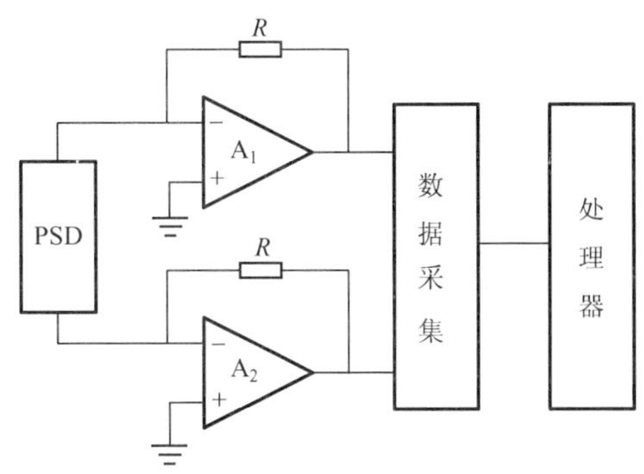

图 2.29　基于软件编程实现的信号处理电路

(2) 反偏电压对 PSD 的影响。反偏电压有利于提高感光灵敏度和动态响应速度，但会使暗电流有所增加。应该折中考虑，加适当大小的反偏电压。

(3) 背景光的影响。背景光强度变化会影响位置输出误差，消除背景光影响的方法有两种，即光学法和电学法。光学方法是在 PSD 感光面前加上一片透过波长与信号光源匹配的干涉滤光片，滤掉大部分的背景光。电学法可以先检测出背景光产生的电流，将检测出的输出信号减去背景光的成分；或者采用调制脉冲光作光源，用同步检波的办法滤去背景光的成分。

2.6　光电组合器件

2.6.1　光耦合器

光耦合器（Optical Coupler，OC）也称光电隔离器，简称光耦。光耦合器以光为媒介传输电信号。它对输入、输出电信号有良好的隔离作用，所以在各种电路中得到广泛的应用，已成为种类较多、用途较广的光电器件之一。光耦合器一般由两部分组成：光的发射、光的接收。输入的电信号驱动 LED，使之发出一定波长的光，被光探测器接收而产生光电流，再经过进一步放大后输出。这就完成了电—光—电的转换，从而起到输入、输出、隔离的作用。由于光耦合器输入、输出间互相隔离，电信号传输具有单向性等特点，因而具有良好的电绝缘能力和抗干扰能力，又由于光耦合器的输入端属于电流型工作的低阻元件，因而具有很强的共模抑制能力；所以，它在长线传输信息中作为终端隔离元件可以大大提高信噪比。光耦合器在计算机数字通信及实时控制中作为信号隔离的接口器件，可以大大增加计算机工作的可靠性。

六引脚封装的光耦合器如图 2.30 所示，它将 LED 和光敏晶体管密封在一个对外隔光的封装之内，LED 发射的光可以通过内部空间传输到光敏晶体管的入射面，所避免其他杂散光的干扰。光敏晶体管的基极被引到了封装外面，在平常使用中，基极可以开路不接，在此情况下，光耦合器具有 300kHz 的有效带宽。如果将 4 引脚与 6 引脚短接，光敏晶体管就充当光敏二极管使用，损失了电流增益，但有效带宽可以提高到 30MHz。

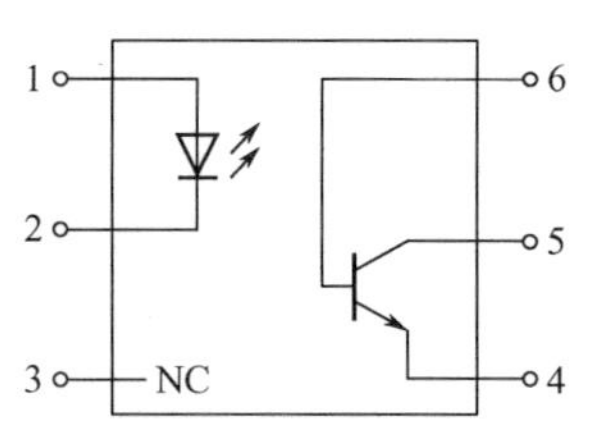

【光电耦合器一些应用】

图 2.30 光耦合器外形及结构

光耦合器的主要优点是：信号单向传输，输入端与输出端完全实现了电气隔离，输出信号对输入端无影响，抗干扰能力强，工作稳定，无触点，使用寿命长，传输效率高。光耦合器是70年代发展起来的新型器件，现已广泛用于电气绝缘、电平转换、级间耦合、驱动电路、开关电路、斩波器、多谐振荡器、信号隔离、级间隔离、脉冲放大电路、数字仪表、远距离信号传输、脉冲放大、固态继电器（Solid State Relay，SSR）、仪器仪表、通信设备及微机接口中。在单片开关电源中，利用线性光耦合器可构成光耦反馈电路，通过调节控制端电流来改变占空比，达到精密稳压的目的。

在微机控制系统中，大量应用的是开关量的控制，这些开关量一般经过计算机的I/O口输出，而I/O的驱动能力有限，一般不足以驱动一些点磁执行器件，需加接驱动界面电路，为避免计算机受到干扰，须采取隔离措施。例如，晶闸管所在的主电路一般是交流强电回路，电压较高，电流较大，不易与计算机直接相连，可应用光耦合器将计算机控制信号与晶闸管触发电路进行隔离。电路实例如图 2.31 所示。

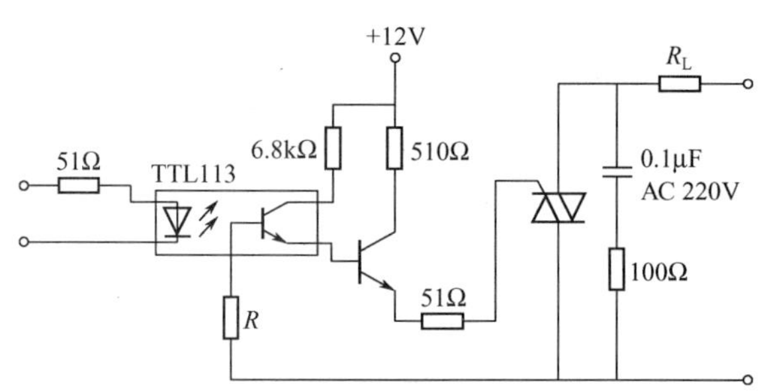

图 2.31 光耦隔离

在电动机控制电路中，也可采用光耦来把控制电路和电动机高压电路隔离开。电动机靠功率场效应管或绝缘栅双极晶体管提供驱动电流，功率管的开关控制信号和大功率管之间需隔离放大级。在光耦隔离级—放大器级—大功率管的连接形式中，要求光耦具有高输出电压、高速和高共模抑制。

光耦合器的使用注意事项：

（1）在光耦合器的输入部分和输出部分必须分别采用独立的电源，若两端共用一个电源，则光耦合器的隔离作用将失去意义。

（2）当用光耦合器来隔离输入/输出通道时，必须对所有的信号（包括数位信号、控制量信号、状态信号）全部隔离，使得被隔离的两边没有任何电气上的联系，否则这种隔离是没有意义的。

2.6.2　光电编码器

光电编码器的结构如图 2.32 所示。光电编码器能将角位移或线性位移转换成数字量，具有分辨率高、可靠性好、抗干扰能力强等优点。根据输出代码的不同，光电编码器主要分为增量式与绝对式两大类。增量式编码器是将位移转换成周期性的电信号，再把这个电信号转变成计数脉冲，用脉冲的个数表示位移的大小。绝对式编码器的每一个位置对应一个确定的数字码，因此它的示值只与测量的起始位置和终止位置有关，而与测量的中间过程无关。

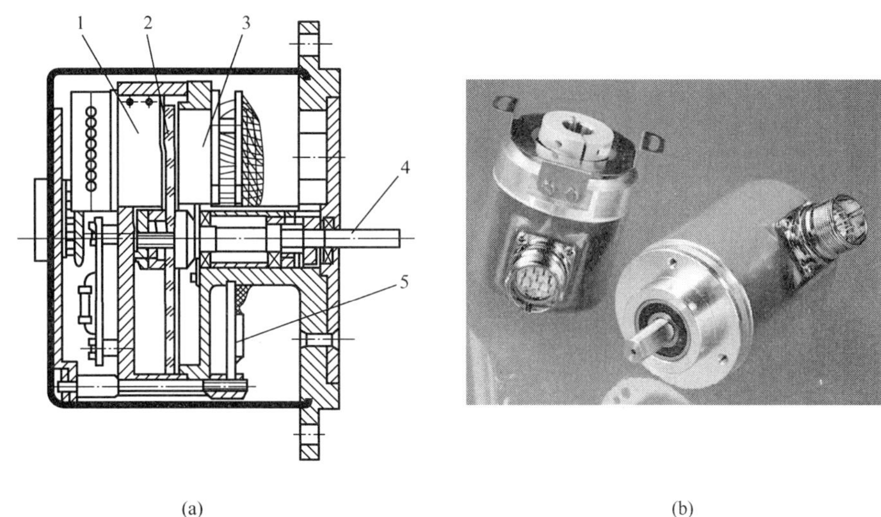

(a)　　　　(b)

图 2.32　光电编码器的结构及外形

本小节主要介绍绝对式光电编码器的工作原理，增量式光电编码器的工作原理参见 2.7.3 小节。

原理：将光电码盘进行绝对式编码，用透光和不透光表示二进制代码的“1”和“0”，编码方式按二进制码或循环码等规律进行。

将码盘加工成数个码道，每个码道有黑白分明的码字组成，外层码道代表二进制的最低位，最里面的码道代表二进制的最高位，码字的排列按二进制规律进行，图 2.33 是由 5 个码道组成的 5 位二进制码盘，图 2.34 是编码表及展开图。

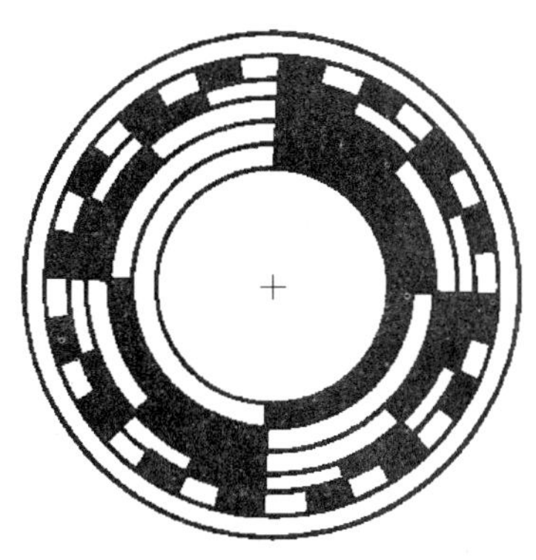

图 2.33　由 5 个码道组成的二进制码盘

十进制	二进制编码表	码道展开
0	00000	■■■■■
1	00001	■■■■□
2	00010	■■■□■
3	00011	■■■□□
4	00100	■■□■■
5	00101	■■□■□
6	00110	■■□□■
7	00111	■■□□□
8	01000	■□■■■
9	01001	■□■■□
10	01010	■□■□■
11	01011	■□■□□
12	01100	■□□■■
13	01101	■□□■□
14	01110	■□□□■
15	01111	■□□□□
16	10000	□■■■■
17	10001	□■■■□
18	10010	□■■□■
19	10011	□■■□□
20	10100	□■□■■
21	10101	□■□■□
22	10110	□■□□■
23	10111	□■□□□
24	11000	□□■■■
25	11001	□□■■□
26	11010	□□■□■
27	11011	□□■□□
28	11100	□□□■■
29	11101	□□□■□
30	11110	□□□□■
31	11111	□□□□□

图 2.34　编码表及展开图

二进制码盘的码道数 n 和码道编码容量 M 之间的关系为

$$M=2^n \tag{2-15}$$

角度分辨率 γ 与码道数 n 之间的关系为

$$\gamma=360°/M=360°/2^n \tag{2-16}$$

对应于 5 个码道，$\gamma=360°/M=360°/32=11.25°$，对于 12 个码道，$\gamma=0.09°$。

2.7　综合实训

2.7.1　实训一　人体感应光控开光的制作

【实训目标】

掌握光敏电阻和热释电探测器的工作原理、结构和特性；学会公共照明控制电路的设计方法。

【实训要求】

公共照明系统广泛应用于各种场合，如楼道、走廊等，为了保证公共照明的节能效果，需要根据环境光照度与公共场合人员通行情况来实现对照明灯的开光控制。本实训需要的功能有：白天时，不管有无人员通行，灯都处于关闭状态。夜晚或环境光比较昏暗时，当有人员通过时能自动点亮灯，且延迟一段时间后自动关闭，延迟时间可调。

【实训分析】

1. 系统总体方案

根据实训的要求，本实训设计的照明灯控制系统需要能对环境光照度与人体运动情况实时检测，主控制器能根据检测到的信号决定照明灯是否开启。其实现的原理如图 2.35 所示。

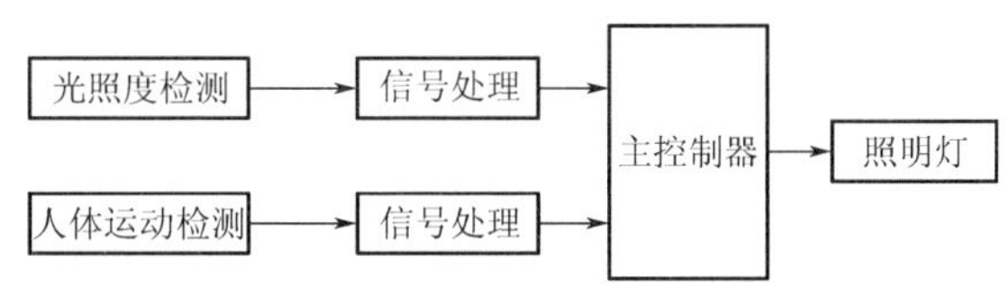

图 2.35　照明灯系统框图

在实训实施前首要确定核心器件的选型，主要核心器件有光照度检测传感器、人体运动探测器及照明灯的主控制器。

2. 元器件的选择

1）光照度检测传感器的选择

方案一：采用光电池。光电池可以将光强度转化为对应的电压，但其输出电压与光照强度成非线性，如采用线性输出电压法，则需要额外运算放大器电路，会增加系统的成本与复杂性。光电池价格也较光敏电阻要高。

方案二：采用光敏电阻。光敏电阻的阻值随光照强度的变化而变化，它没有极性，使用方便，此外它具有灵敏度高、动态范围大、价格便宜等优点。在本项目中拟采用光敏电阻实时监测环境光的强度。

2）人体运动探测器的选择

方案一：采用高灵敏度的拾音探头。人走路时会产生振动，拾音器可根据声音信号来判断，但额外的噪声，如雷声、报警声、其他碰撞声都会产生误操作，影响系统工作。

方案二：采用红外热释电探测器。热释电探测器能感应人体的红外辐射，而且它只能探测交变的辐射功率，因此它能有效探测人体的运动。此外，它受外界噪声干扰小，在本项目中拟采用该探测器。

3）主控制器的选择

方案一：采用通用的单片机来实现，如现在市场上用得较多的 51 单片机。采用单片机可以实现各种功能，扩展性强，但会增加系统的成本。

【BISS001 芯片使用说明】

方案二：采用专用集成电路。采用专用的集成电路具有外围电路少、成本低、性能稳定的优点，同时用于红外人体灯的专用传感器芯片也很多，选择性也较大。

综合上述分析，本项目拟采用光敏电阻检测环境光照度，采用热释电探测器检测人体运动状态，采用热释电红外传感信号处理集成电路 BISS0001 来实现主控制器。

光控人体感应台灯的核心器件及主要特性如表 2-4 所示。

表 2-4　光控人体感应台灯的核心器件

主要器件	主要特性
光敏电阻	峰值波长：540nm； 最大耐压：100V； 工作环境温度：－30～＋70℃； 亮电阻为 5～10kΩ，暗电阻大于 1MΩ； 响应时间：30ms； 最大功耗：50mW
热释电探测器	热释电探测器是利用温度变化的特征来探测红外线的辐射，采用双灵敏元互补的方法抑制温度变化产生的干扰，提高了感测器的工作稳定性。其有关参数如下： 光谱响应宽：4～15μm； 灵敏度高：≥3300V/W； 窗口尺寸：4mm×3mm 工作环境温度：－30～＋70℃； 工作电压：3～15V
热释电红外传感信号处理集成电路 BISS0001	BISS0001 是一款具有较高性能的传感信号处理集成电路，它配以热释电探测器和少量外接元器件构成被动式的热释电红外开关，具有以下特点： 是 CMOS 数/模混合专用集成电路； 具有独立的高输入阻抗运算放大器； 可与多种传感器匹配，进行信号处理； 具有双向鉴幅器，可有效抑制干扰； 内设延迟时间定时器和封锁时间定时器，结构新颖，稳定可靠，调解范围宽； 内置参考电压； 工作电压范围为 2～6V； 采用 16 引脚 DIP 和 SOP 封装

【实训方案】

1. 电路原理图

结合人体红外感应专用芯片 BISS0001 的公共照明灯控制电路如图 2.36 所示，它主要由热释电信号处理电路、环境光强检测电路和延时控制电路组成。

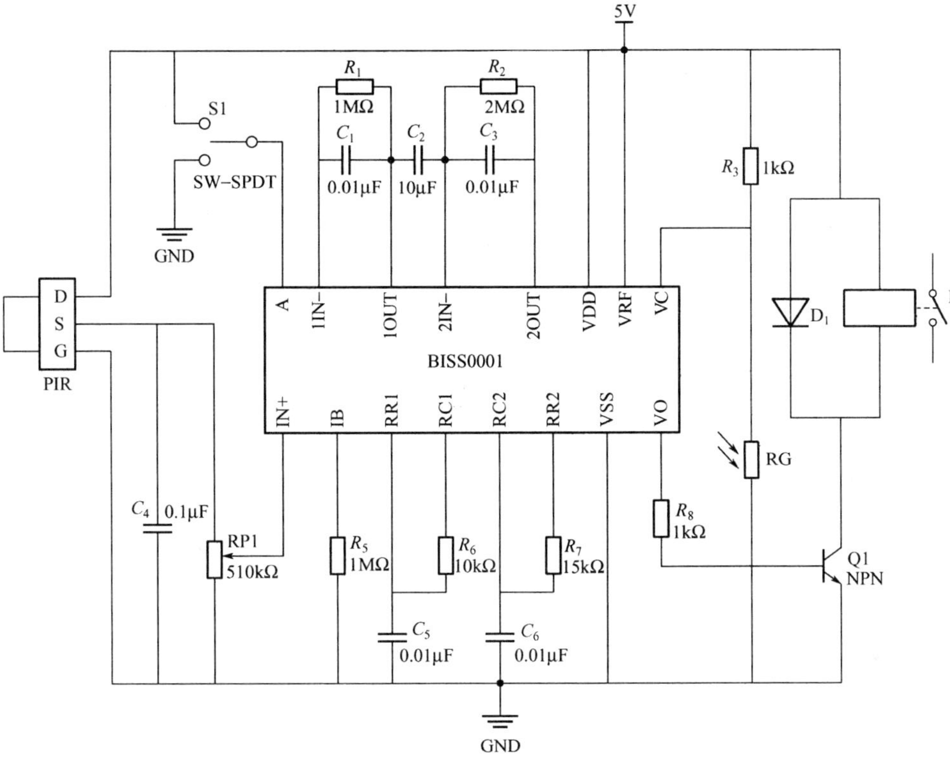

(a)

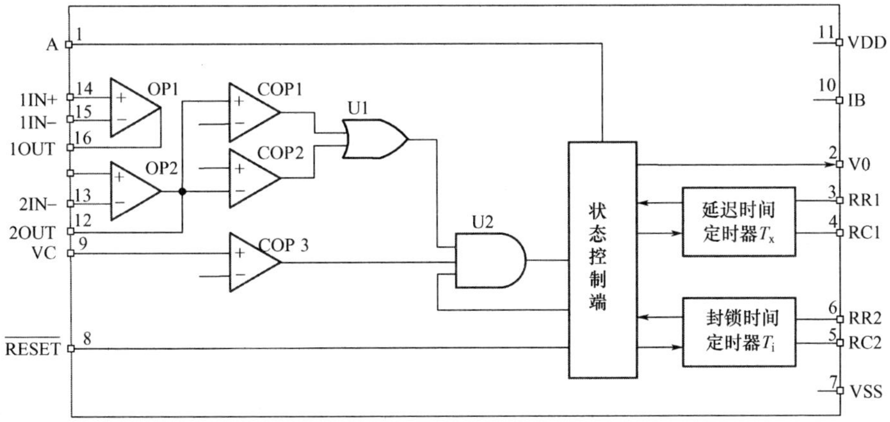

(b)

图 2.36 光控开关的电路原理图

人体红外感应专用芯片 BISS0001 如图 2.36(b) 所示，其主要由运算放大器、电压比较器、状态控制器、延迟时间定时器以及封锁时间定时器等构成。

环境光强检测电路是由 R_3 与光敏电阻 RG 组成的，白天光敏电阻 RG 受自然光照射呈现低电阻，芯片第 9 脚电平 VC 小于设定电压值时，比较器 COP3 输出低电平，与门 U2 输出为低电平，后续电路不工作。晚上或环境光线较暗时，RG 阻值增大，VC 大于设定电压值时，比较器 COP3 输出高电平，BISS0001 处于监控状态。

当无人进入热释电传感器监控范围时，热释电红外传感信号处理集成电路 BISS0001 处于复位状态，控制信号输出端（第 2 脚）Vo 输出低电平，电子开关 VT 处于截止状态，固态继电器关断，照明灯不亮，控制器处于监控状态。

当有人进入热释电传感器监控范围并移动时，它可将人体散发出的红外线变化转换为电信号输出，输出信号频率为 0.1～10Hz 送入芯片内部独立高输入阻抗运算放大器 OP1 的输入端 11N＋（第 14 脚），经 OP1 前置放大后，由第 16 脚输出，经 C2 耦合到芯片内部第 2 级运算放大器 OP2 进行放大，然后比较器 COP1 和 COP2 组成的双向鉴幅器，检出有效触发信号 Vs 输入与门 U2，从触发后续的延时电路。

后续延时电路有两种触发方式，通过第 1 引脚 A 来选择。当 A 端接 0 电平时，为不可重复触发工作方式，在延时时间内，任何输入信号的变化都被忽略。当延时时间结束时，同时启动封锁时间定时器而进入封锁周期。在封锁时间内，输入信号继续被屏蔽，可有效抑制负载切换过程中产生的各种干扰。

当 A 端接高电平时，电路处于可重复触发模式，即在延时时间内，只要人稍微移动一下，电路就重新被触发，再输出一个延时信号。只有人离开后，执行完一个延时周期后，电路复位，照明灯熄灭。

2. 电路制作

（1）按原理图选择并检查元器件的好坏。

（2）设计、制作印制电路板。

（3）焊接电路。

3. 电路调试

用黑色的套子将光敏电阻挡住，模拟夜晚的场景，这时当人靠近照明灯时就会点亮，然后人体保持不动或或者远离，过一会儿灯就会关闭，记下灯的延迟时间，根据需要通过调节电阻来改变延迟时间。接下来测试红外热释电探测器的有效感应范围，通过调节人体热释电探测器的灵敏度实现。最后，将黑色的套子拿掉，不管有无人员在场，灯均不会亮。

2.7.2 实训二 太阳能充电器的制作

【实训目标】

通过本实训的学习，掌握太阳能充电器的基本原理、太阳电池板的结构、类型及常用

太阳电池的特点、使用方法和注意事项以及在使用过程中常见故障的处理。要求学生通过实际设计和动手制作，能正确选择太阳电池板、并按要求设计接口电路，完成电路的制作与调试，实现太阳能充电器的制作。

【实训分析】

1. 需求分析

随着环境污染、生态破坏及资源枯竭的日趋严重，近年来世界各国竞相实施了可持续发展的能源政策，其中利用太阳提供能量的光伏发电最受瞩目。光伏发电因其具有安全可靠、无污染、无须消耗燃料、不需要机械转动部件、故障率低、维护方便等独特优点，正受到各国的普遍重视。迫于全球性日益严重的资源短缺和环境污染，使得光伏产业的发展不仅仅是一个经济问题，更是一个环境保护和能源替代的问题。目前，光伏电池主要应用在并网和未联网的大规模发电领域，而消费类产品的应用实例非常少，如目前还没有真正有效的利用太阳能充电的手机电池。因此，太阳能作为一种没有任何污染的、易取的绿色能源，若能应用到消费类产品中，对于改善地球的整体的能源状况和环境有着非常重要的意义。

图 2.37　太阳电池充电器

太阳电池板是一种利用光生伏特效应将太阳能直接转换成电能的设备。本文以太阳电池板为核心，利用充电管理集成电路，设计并制作一款可以对手机电池进行充电的充电器，它使用太阳电池板，经充电管理电路进行直流电压变换后给手机电池充电，并能在电池充电完成后自动停止充电，对提高人民生活水平、产品质量、节约能源有着非常重要的意义。

2. 核心器件选型

1）太阳电池选型

商用的太阳电池板主要是以硅作为原材料，分为单晶硅太阳电池板、多晶硅太阳电池板和非晶硅太阳电池板三种。

（1）单晶硅太阳电池。

单晶硅太阳电池是当前开发得最快的一种太阳电池，这种太阳电池以高纯的单晶硅棒为原料，纯度要求为 99.9999%。目前，市场上的单晶硅太阳电池的光电转换平均效率为 19%左右，实验室成果普遍在 23%以上。这是目前所有种类的太阳能电池中光电转换效率最高的，但制作成本很大，以至于它还不能被广泛和普遍地使用。由于单晶硅一般采用钢化玻璃以及防水树脂进行封装，因此其坚固耐用，使用寿命一般可达 15 年，最高可达 25 年。

（2）多晶硅太阳电池。

多晶硅太阳电池的制作工艺与单晶硅太阳电池差不多，但是多晶硅太阳电池的光电转换效率则要降低不少，其光电转换效率约 12%，最高不超过 18%。从制作成本上来讲，比单晶硅太阳电池要便宜一些，材料制造简便，节约电耗，总的生产成本较低，因此得到大量发展。此外，多晶硅太阳电池的使用寿命也要比单晶硅太阳电池短。从性能价格比来讲，单晶硅太阳电池略好。

（3）非晶硅太阳电池。

非晶硅太阳电池是1976年出现的新型薄膜式太阳电池，它与单晶硅和多晶硅太阳电池的制作方法完全不同，工艺过程大大简化，硅材料消耗很少，电耗更低，它的主要优点是在弱光条件也能发电。但非晶硅太阳电池存在的主要问题是光电转换效率偏低，目前国际先进水平为10%左右，且不够稳定，随着时间的延长，其转换效率衰减。

综合上述分析，考虑能量转换效率和价格等综合性能发面，本实训拟采用多晶硅太阳能电池板作为光电转换器件。

2）主控制器的选择

方案一：选用单片机方案实现，利用如51、MSP430、STM32单片机，结合ADC模数转换芯片检测电压，MAX472检测电流等构成充电方案。该方案的优点是灵活性强，可以实现更多的拓展功能，但是增加了系统的复杂度和成本。

方案二：采用锂电池充电管理集成电路CN3705，该芯片构成充电电路时具有外围器件少、封装小、使用简单等特点。同时拥有涓流、恒流、恒压充电模式，非常适合手机锂电池的充电。

综合成本、稳定性等因素，本实训中拟采用CN3705充电管理集成电路构成整体太阳充电器。

该实训中要用到的主要器件及特性如表2-5所示。

表2-5 主要器件

主要器件	主要特性
多晶硅太阳电池	高的转换效率，可达18%； 良好的弱光效应； 采用高透光率优质环氧树脂封装，硬度好； 输出为12V，输出功率为2W，可采用串联与并联的方式增加输出功率
锂电池充电管理芯片  	专用锂电池充电管理芯片，能够对单节或多节锂电池或磷酸铁锂电池进行完整的充电管理，具备恒流恒压充电模式，恒压充电电压由外部电阻分压网络设置，恒流充电电流由外部电阻设置，能对深度放电的电池进行涓流充电； 宽的输入电压范围：7.5～28V； 具有电池温度监测、自动再充电、过压保护等功能； 工作环境温度：－40～＋85℃

【实训方案】

1. 电路原理图

采用锂电池充电管理集成芯片 CN3705 构成的太阳能充电器电路如图 2.38 所示。

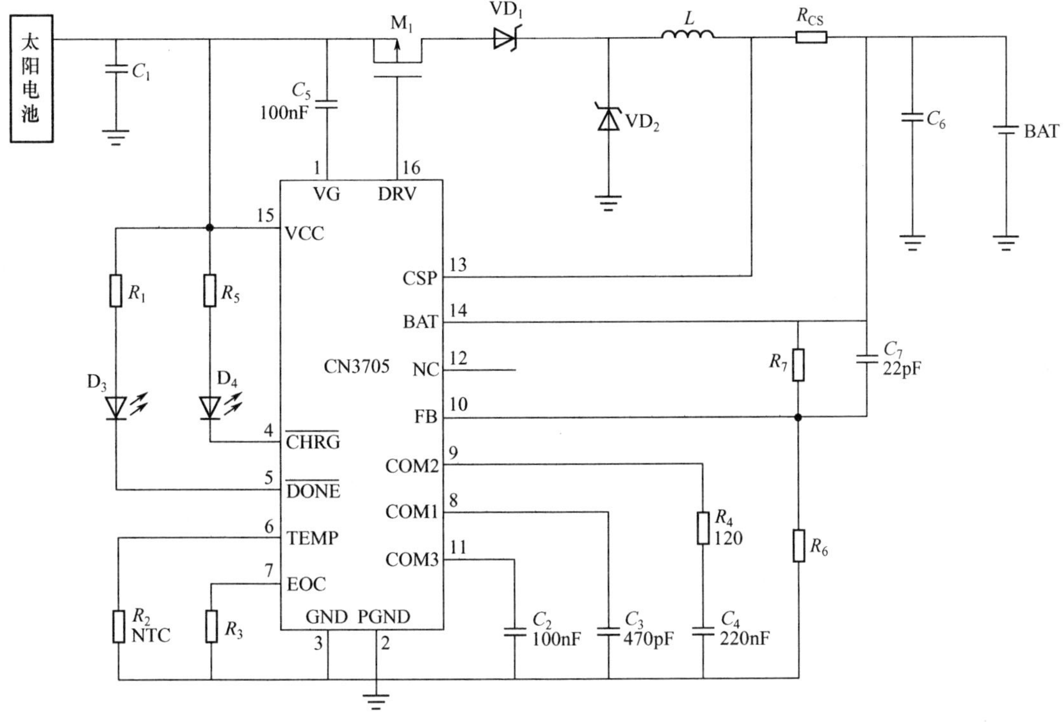

图 2.38　太阳能充电器电路

图 2.38 中，C_1为输入端的滤波电容，P 沟道场效应管 M_1、肖特基二极管 D_2、电感 L 和电容 C_6组成了一个 Buck 降压充电电路。当输入引脚 VCC 电压大于低压锁存阈值，并且大于电池电压时，充电器正常工作，对电池充电。CN3705 有两个漏极开路状态指示输出端：引脚 CHRG 和引脚 DONE。在充电状态，CHRG 引脚被内部晶体管下拉到低电平，即发光二极管 D_4 被点亮，发光二极管 D_3灭。在充电结束状态，引脚 DONE 被内部晶体管下拉到低电平，引脚 CHRG 为高阻态，即发光二极管 D_3被点亮，发光二极管 D_4灭。第 6 引脚（TEMP）接温度传感器 NTC，用于检测充电电池的温度，为了防止温度过高影响电池的质量与寿命，第 10 引脚（FB）通过电阻 R_6和 R_7分压检测充电电池的电压，来选择其充电模式。

此外，为了保证电流调制回路和电压调制回路的稳定性，从引脚 COM1 到地之间接一个 470pF 的电容；从 COM2 到地之间串联连接一个 120Ω 的电阻和一个 220nF 的瓷片电容；从 COM3 到地之间连接一个 100nF 的瓷片电容。

2. 充电过程分析

充电过程中电压与电流的关系如图 2.39 所示，充电过程可以分为涓流充电、恒流充电、恒压充电、充电结束四个环节。

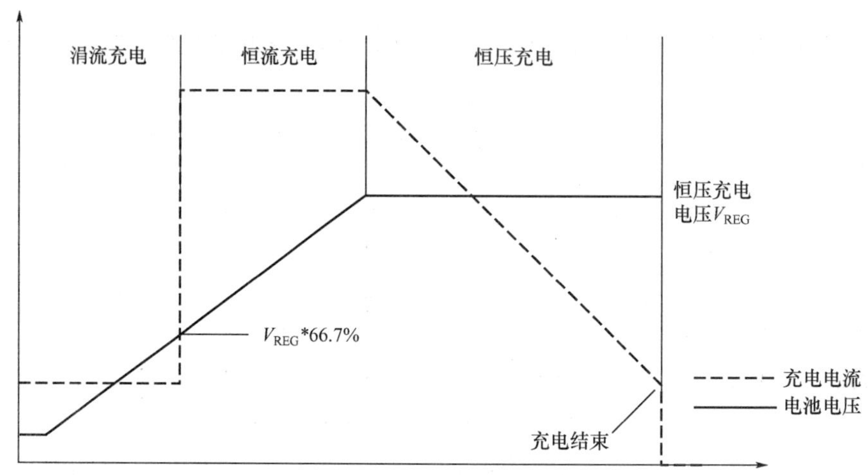

图 2.39　充电过程示意图

1）涓流充电

在充电状态下，如果从引脚 FB 检测到的电池电压低于设置恒压充电电压的 66.7％，说明电池处于过度放电状态。为保护电池，将进入涓流充电模式。此时电路将以很小的电流对电池进行充电，其电流为设置恒流充电电流的 15％。

2）恒流充电

充电时，如果检测到电池电压大于所设置的恒压充电电压的 66.7％时，充电器进入恒流充电模式，此时充电电流由内部的 200mV 基准电压和外部电阻 R_{CS}设置，充电电流公式为

$$I_{CH}=\frac{0.2}{R_{CS}} \tag{2-17}$$

3）恒压充电

若检测到引脚 FB 的电压接近芯片内部设定的电压 2.416V 时，充电器将会进入恒压充电模式。在此模式下，充电电压恒为设定值，电流将快速减小。充电电压由式(2－18)确定：

$$V_{BAT}=2.416\times\left(1+\frac{R_7}{R_6}\right)+I_B\times R_7 \tag{2-18}$$

式中，V_{BAT}是设定的充电电压值，2.416V 为引脚 FB 的参考电压。I_B是偏置电流，其典型值为 50nA。从式(2－18) 可以看到，偏置电流将会导致电阻 R_6和 R_7构成的分压结果存在误差，其误差值为 R_7I_B。此芯片可以设定 3～25V 的充电范围。由于电阻 R_6和 R_7会在充电时消耗一定的电流，故 R_6和 R_7的值不能太小，否则会因为损耗太大影响效率。

4）充电结束

恒压充电模式充电，充电电流将逐渐减小，当充电电流减小到 EOC 引脚的电阻所设置的电流时，充电结束。充电结束电流由下式决定：

$$I_{EOC}=\frac{1.278\times(14350+R_3)}{R_{CS}\times10^6} \quad (2-19)$$

式中，I_{EOC}是充电结束电流，R_3是从引脚 EOC 到地之间连接的电阻，单位为 1Ω，R_3的电阻值不能大于 100kΩ，否则充电将不能正常结束。R_{CS}是在引脚 CSP 和引脚 BAT 之间的充电电流检测电阻。

充电结束以后，如果输入电源和电池仍然连接在充电器上，由于电池自放电或者负载的原因，电池电压逐渐下降，当电池电压降低到所设置的恒压充电电压的 91.1%时，将开始新的充电周期，这样可以保证电池的饱满度在 80%以上。

3. 电路调试

本太阳能充电器系统的调试较为简单，电路连接无误后，首先测试太阳电池板的输出电压即充电管理电路的输入是否足够，接着查看待充电手机的充电电流和电压，根据上述分析公式，计算并选取合适阻值的电阻，确定恒压充电的电压、恒流充电的电流、充电结束电流，最后接通手机充电端口，就能对手机进行充电。充电时，发光二极管 D_4点亮，充电结束后，发光二极管 D_3点亮。

【知识链接】

【一张图看懂光伏产业链】

光伏产业的发展趋势

1. 国外光伏产业发展现状及趋势

以往光伏市场主要由欧洲市场主导，以德国为首。随着能源安全、环境保护以及未来可持续能源战略等考量，中国、日本、美国对光伏产业进行了不同程度上的补贴政策。光伏装机容量增速迅猛。

此外，目前光伏行业已由过去单一欧洲国家主导，逐步扩大到中国、美国、日本等大国主导、多轮驱动的全球化大市场。从市场集中度来看，全球前五大光伏市场集中度已从 2006 年的 90%下降到 70%左右，分散化趋势明显。新兴国家如印度、智利、南非、墨西哥等国家没有电力过度投资负担，在新能源投资上有较强的动力。在整个市场分散化趋势下，单一市场（欧盟、中国）带来的周期性波动波幅更小，利于行业的发展。

2015 年 12 月美国将太阳能投资税收抵免政策延长 5 年至 2022 年。联邦政府提供 30%的退税补贴给安装太阳能电的住宅或商用建筑。除此之外，美国日照多的州也施行更多的优惠政策。

日本光伏占可再生能源发电的 90%。一方面降低光伏收购价格、取消太阳能税收优惠；另一方面，推进能源效率和储能技术补贴，部署更多的电池系统来提高光伏整体利用率。

整体来看，全球光伏产业在下个五年仍有快速增长趋势。2018 年后，全球年装机量预计将超过 100GW/年。

2. 国内光伏产业发展现状及趋势

光伏生产成本下降、转化效率提高、储能技术跟进刺激行业进入快速发展期。“十二五”期间，我国光伏进入高速增长期，在西部地区光伏电站形成较大规模，青海、甘肃、新疆等地的光伏电站装机达到 300 万 kW 以上；中东部人口密度较高地区重点发展屋顶分布式光伏系统，并利用荒山、农业大棚、渔业养殖等建设分布式光伏电站。截至 2015 年年底，中国光伏发电累计并网装机 3712 万 kW。

未来五年中国光伏进入快速、高效的发展期。根据《“十三五”光伏发电意见稿》，到 2020 年底，我国太阳能发电装机容量达 1.6 亿 kW。年发电量达到 1700 亿 kW·h；年度总投资额约 2000 亿元。其中，光伏发电总装机容量达到 1.5 亿 kW。分布式将显著扩大，形成西北部大型集中式电站和中东部分布式光伏发电系统并举的发展格局。太阳能热发电总装机容量达到 1000 万 kW。太阳能热利用集热面积保有量达到 8 亿 m^2，年度总投资额约 1000 亿元。

3. 光伏行业技术水平不断提升

光伏效率稳步提升：过去五年，无论单晶还是多晶电池，都保持了每年约 0.3%的效率提升。我国 2015 年单晶及多晶电池产业化效率分别达到了 19.5%和 18.3%。当前单晶硅实验室转化效率已达到 25%，为未来产业化效率提高奠定基础。

单晶硅逐步走向上风：当前市场上单晶硅造价 0.38 美元/W，多晶硅 0.34 美元/W。75%的产量是多晶硅，其中超过 70%在中国。但单晶硅的平均效率超过多晶硅 3 个百分点左右，能源输出效率则比多晶硅高出 4%～8%。细分到种类，单晶硅在分布式太阳能市场的占有率已经超过多晶硅。中国“十三五”计划中分布式太阳能装机量年化增速要超过 60%，美国、英国、德国、日本等国对分布式太阳能发展也都加大了政策力度。未来 5 年单晶硅片将更多受益于分布式太阳能装机。

光伏成本显著下降：平价上网速度超市场预期。全球光伏成本近年来显著下降。随着技术进步原料价格下降以及市场规模化效应逐步显现，近年来光伏发电成本持续下降，部分国家和地区已实现“平价上网”，光伏产业正逐步摆脱对政策补贴的依赖性，未来政策因素带来的行业周期性也会随之减弱。

到 2020 年，世界主要光照国家公用项目均可达到平价上网的水平。目前来看，已经实现公用项目平价上网的国家包括美国、中东地区以及一部分南美国家。对于居民屋顶系统，美国前十大日照强度州，日本、德国、澳大利亚等国也已实现平价上网。未来至 2020 年，将会有更多发达和发展中国家达到平价上网的要求。

未来 5 年光伏行业进入成熟发展期。光伏发展经历了政府补助、提高转换效率、原料价格的历程。未来将继续提高转换效率，降低原料价格，并减少对政府补助的依赖。同时，新兴市场扩大以及平价竞争上网将成为未来新的趋势。分布式光伏发电具有就近发电、就近并网、就近使用的特点，即有效提高能源利用率，又能够解决新增高压线路以及长途运输损耗等问题，将成为世界各国主要的发展方向。

【光电编码器测速】

2.7.3 实训三　光电编码器测速

【实训目标】

掌握光电编码器的组成，了解光电对管的结构、类型及常用光电对管的特点，掌握基于

光电编码器测速的基本原理和测量方法。要求同学们通过实际设计和动手制作，能正确选择光电对管的类型，并按要求设计接口电路，完成电路的制作与调试，实现对速度的测量。

【实训分析】

1. 任务分析

在随动控制系统中，电动机速度的反馈与控制占有很大的比重，实现速度反馈的方式与手段，对系统的稳态误差及动态响应性能都有着十分重要的影响。对于一个高精度的控制系统，要求能在较大速度范围内实现高分辨率的稳定而准确的速度反馈。传统的以模拟量作为速度反馈参数的系统，由于受非线性、温度变化和元件老化等因素的影响，很难满足控制过程的快速性和准确性的要求。因此，一种具有高性能的以数字量完成反馈的器件旋转式光电编码器便应运而生。光电式测速系统具有低惯量、低噪声、高分辨率和高精度的优点，常用于高精度力矩电动机的速度反馈，它可以与微机直接接口。光电编码器测速装置是一类使用非常广泛的设备，它利用单片机和光电编码器实现对运动的物体进行脉冲的实时计数，然后转换成相应的速度值，最终实现测速的目标，最后将速度显示在液晶上。光电对管采用红外光的发射和接收，利用阻光完成高低电平的切换，同时利用单片机进行脉冲的测量。光电编码器测速装置要求能够实现表 2－6 所列功能。

表 2－6　光电编码器测速装置任务要求

检测范围/(r/min)	测量精度要求/%	刷新时间间隔/s	显示方式
1～9999	1	1	液晶显示

2. 主要器件选用

该实训中要用到的主要器件及特性如表 2－7 所示。

表 2－7　主要器件

主要器件	主要特性
光电对管 MGK10	对射式、反射式、镜面反射式光电开关都有防止相互干扰的功能，安装方便； 可随时接受计算机或可编程控制器的中断或检测指令，外诊断与自诊断的适当组合可使光电开关智能化； 响应速度快，高速光电开关的响应速度可达到 0.1ms，每分钟可进行 30 万次检测操作，能检出高速移动的微小物体； 采用专用集成电路和先进的表面安装工艺，具有很高的可靠性； 体积小（最小仅 20mm×31mm×12mm）、质量轻，安装调试简单，并具有短路保护功能

（续）

主 要 器 件	主 要 特 性
 电压比较器 LM393	LM393 芯片是双电压比较器集成电路； 工作电源电压范围宽，单电源、双电源均可工作，单电源：2～36V，双电源：±1～±18V； 消耗电流小，I_{cc}=0.4mA； 输入失调电压小，V_{IO}=±1mV；共模输入电压范围宽，V_{ICR}=0～V_{cc}－1.5V；输出与 TTL、DTL、MOS、CMOS 等兼容； LM393 比较器的所有没有用的引脚必须接地，偏置网络确立了其静态电流与电源电压范围 2.0～30V 无关，通常电源不需要加旁路电容
 STC89C51	增强型 1T 流水线/精简指令集结构 8051 CPU； 相当于普通 8051 的 0～420MHz，实际工作频率可达 48MHz； 用户应用程序空间为 12KB、10KB、8KB、6KB、4KB、2KB； 片上集成 512B 的 RAM； 通用输入/输出口（27/23 个），复位后为：准双向口/弱上拉（普通 8051，传统输入/输出口）； 可设置成 4 种模式：准双向口/弱上拉、推挽/强上拉、仅为输入/高阻、开漏
 NOKIA 5110	带中文字库的 12864 是一种具有 4 位/8 位并行、2 线或 3 线串行的多种接口方式的模块； 内部含有国标一级、二级简体中文字库的点阵图形液晶显示模块； 显示分辨率为 128×64 像素，内置 8192 个 16×16 点汉字和 128 个 16×8 点 ASCII 字符集； 利用该模块灵活的接口方式和简单、方便的操作指令，可构成全中文人机交互图形界面

【实训方案】

1. 系统方案

光电编码器测速装置原理图如图 2.40 所示。系统由光电编码器、脉冲整形电路、单片机和液晶显示模块构成。光电编码器将电动机转换为脉冲信号输出，通过脉冲整形电路转化为标准的（Transistor－Transistor Logic，TTL）TTL 电平方波，最后通过单片机计数，实现对转速的测量。

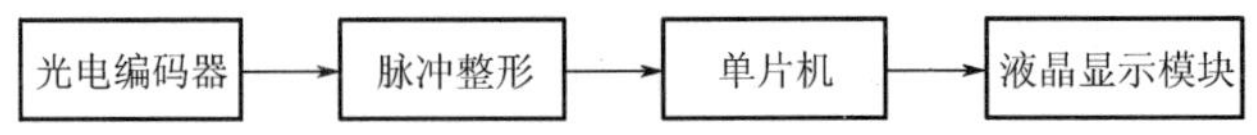

图 2.40　基于光电编码器的测速装置原理图

2. 测量原理

本实训中采用的是增量式光电编码器，它主要是由光电码盘与光电对管组成的。光电码盘如图 2.41 所示，它一般是由玻璃、金属等制成，在上面刻有同心码道，码道上都有按一定规律排列的透光和不透光部分。码道上的轮辐数称为该码盘的线数，对应于转动一周形成的脉冲数量，它将决定码盘的测量精度。光电对管如图 2.42 所示，它是由一个发光二极管（LED）和光敏二极管（或晶体管）组成的，将光电码盘置于光电对管的槽中，当码盘随电动机转动时，在接受管上就会出现周期性的有光与无光信号，从而形成电脉冲信号输出。

【等精度频率测量的方法】

图 2.41　光电码盘

图 2.42　光电对管

脉冲整形放大电路如图 2.43 所示，光敏晶体管的串联电阻将光电流转化成电压用于驱动后续晶体管放大电路，实现脉冲放大整形。当光被码盘挡住时，光敏晶体管没有光照，也没有光电流，光敏晶体管截止，8050 的基极为低电平，晶体管截止，输出为高电平。当接受光照时，光敏晶体管导通，8050 的基极为高电平，该管导通，输出为低电平。这样，就可以将电动机转动转化为一个周期可变的脉冲信号，转速将决定脉冲的周期，或单位时间出来的脉冲个数。

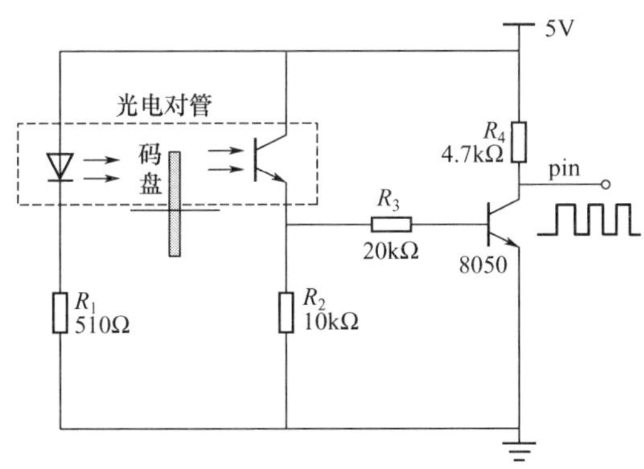

图 2.43　脉冲整形放大电路

【脉冲整形放大电路】

对于图 2.43，假设码盘的线数为 N_1，在单位闸门时间内（1s）内的脉冲个数为 N，则电动机的转速可表示为

$$V=60\frac{N}{N_1} \tag{2-20}$$

【光电编码器测速参考程序】

3. 硬件电路

光电编码器测速装置硬件电路图如图 2.44 所示。电路主要由两部分组成：光电对管与光电编码器输出地电压变化，通过 LM393 电压比较器产生的脉冲信号输出；由单片机 STC89C52 捕获脉冲信号值，通过相应的转换生成对应的速度值，在液晶显示器 5110 上显示。

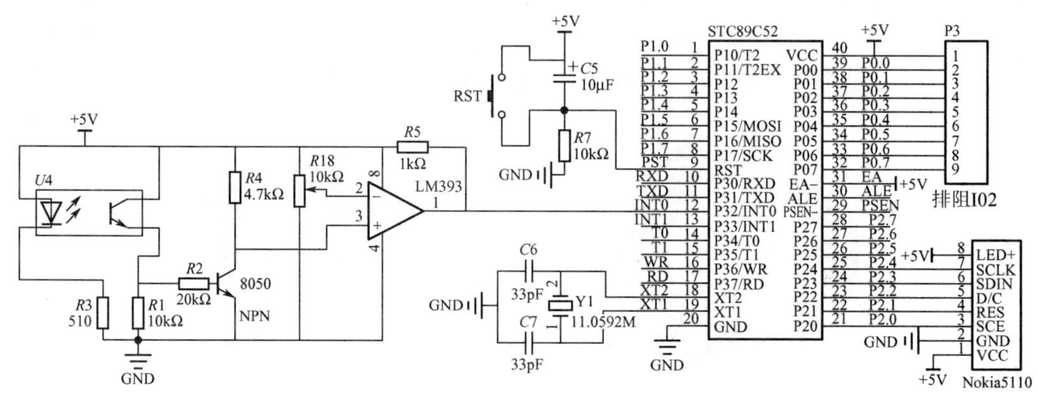

图 2.44　光电编码器测速装置硬件电路图

4. 电路调试

系统制作完成后，要对系统进行调试，包括硬件调试和软件调试及软、硬件联调。硬件调试和软件调试分别独立进行，可以先调硬件再调软件。在调试中找出错误、缺陷，判断各种故障，并做出软硬件的修改，直至没有错误。

在硬件调试过程中，接通电源后，通过示波器观察电压信号值，从而逐渐调整电压比较器的基准电压，从而将光电对管的输出电压生成较好的脉冲信号。然后对于电动机转速进行调整，继续观察示波器的脉冲信号。测试结果填入表 2-8 中。

表 2-8　光电编码器测速装置测试数据

实际速度/(r/min)	测得速度/(r/min)	误　差	实际速度/(r/min)	测得速度/(r/min)	误　差

5. 应用注意事项

光电对管、光电码盘是一种简单、常用的测速装置，其结构和连接电路都较简单。光电对管的结构虽然简单，但在使用中仍然会出现一些问题，若在使用时不注意，也会引起较大测量误差。因为光电对管通过光电码盘测量脉冲的频率有一定的范围，速度过快或者过慢都会存在较大的误差。为了减小测量的误差，可根据不同的速度范围选择测周或者测频的方法。

【应用拓展】

正反转的区分

EPC－755A 光电编码器具备良好的使用性能，在角度测量、位移测量时抗干扰能力很强，并具有稳定可靠的输出脉冲信号，且该脉冲信号经计数后可得到被测量的数字信号。因此，我们在研制汽车驾驶模拟器时，对转向盘旋转角度的测量选用 EPC－755A 光电编码器作为传感器，其输出电路选用集电极开路型，输出分辨率选用 360 脉冲/圈，考虑到汽车转向盘转动是双向的，既可顺时针旋转，也可逆时针旋转，需要对编码器的输出信号鉴相后才能计数（图 2.45）。图 2.46 给出了光电编码器实际使用的鉴相与双向计数电路，鉴相电路用一个 D 触。

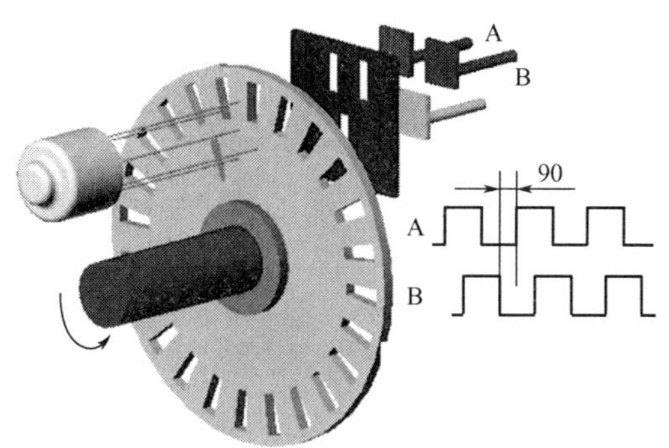

【正反向的区分】

图 2.45　正反向的区分

当光电编码器顺时针旋转时，通道 A 输出波形超前通道 B 输出波形 90°，D 触发器输出 Q（波形 W1）为高电平，Q（波形 W2）为低电平，上面与非门打开，计数脉冲通过（波形 W3），送至双向计数器 74LS193 的加脉冲输入端 CU，进行加法计数；此时，下面与非门关闭，其输出为高电平（波形 W4）。当光电编码器逆时针旋转时，通道 A 输出波形比通道 B 输出波形延迟 90°，D 触发器输出 Q（波形 W1）为低电平，Q（波形 W2）为高电平，上面与非门关闭，其输出为高电平（波形 W3）；此时，下面与非门打开，计数脉冲通过（波形 W4），送至双向计数器 74LS193 的减脉冲输入端 CD，进行减法计数。

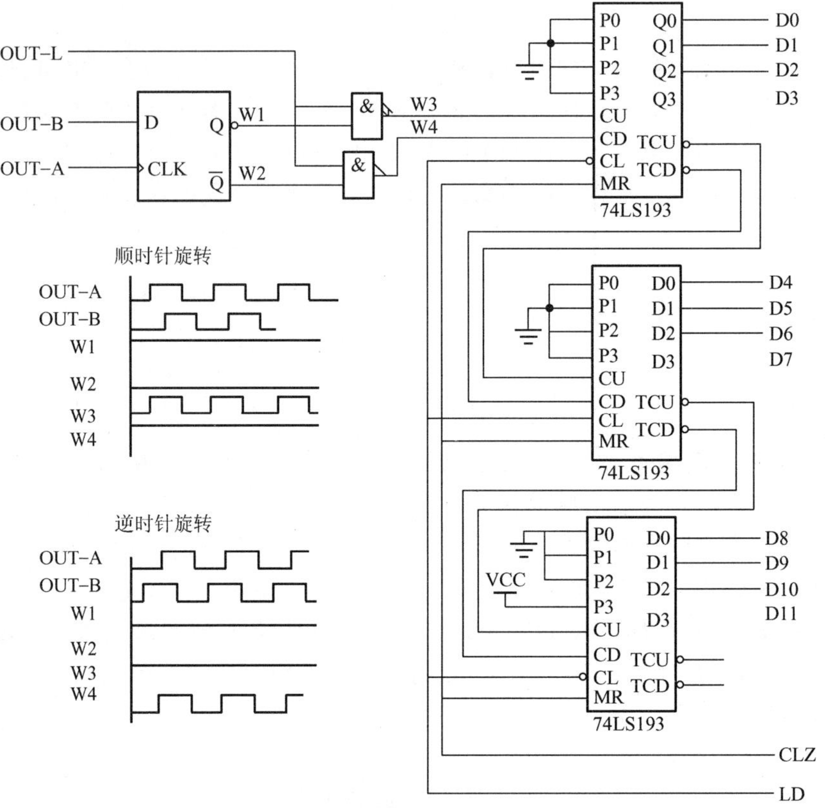

图 2.46　光电编码器实际使用的鉴相与双向计数电路

思　考　题

1. 什么是光电倍增管的增益特性？光电倍增管各倍增极的发射系数 δ 与哪些因素有关？最主要的因素是什么？

2. 为什么在光照度增大到一定程度后，硅光电池的开路电压不再随入射照度的增大而增大？硅光电池的最大开路电压为多少？为什么硅光电池的有载输出电压总小于相同照度下的开路电压？

3. 光生伏特器件有几种偏置电路？各有什么特点？

4. 举例说明光耦合器可以用在哪些方面？为什么计算机系统常采用光耦合器？

第3章 光电成像器件及其应用

【教学目标】

本章介绍了典型的光电成像器件——电荷耦合器件（CCD）的工作原理、分类及其工程技术应用。通过对线阵 CCD 图像传感器件的研究，从实训目的、实训原理到系统测试，逐步设计了一个电线直径测量系统。同时在知识拓展中介绍了不同尺寸物体线径的测量方法及利用单片机驱动线阵 CCD 的方法。利用面阵 CCD 搭建了一个 PCB 缺陷检测系统。同时在知识拓展中介绍了 PCB 缺陷的分类及目前企业采用的 PCB 缺陷检测方法。

通过本章内容的学习，掌握 CCD 的基本工作原理，了解线阵 CCD 图像传感器件与面阵 CCD 图像传感器的区别及应用；通过设计线阵 CCD 图像传感器的驱动电路，学会非接触测量物体外形尺寸的基本原理和方法；通过搭建 PCB 缺陷检测系统，了解常见的数字图像处理方法。

【教学要求】

相关知识	能力要求
电荷耦合器件（CCD）	（1）理解并掌握 CCD 的结构及基本工作原理； （2）掌握 CCD 的分类； （3）了解 CCD 的工程技术应用。
线阵 CCD	（1）熟悉线阵 CCD TCD1206 SUP 的性能指标，设计其驱动电路，会用双踪示波器测量脉冲信号的频率、幅度、周期等； （2）分析复位脉冲 RS、转移脉冲 SH 与驱动脉冲 Φ1、Φ2 之间的相位关系； （3）掌握利用线阵 CCD 非接触测量小尺寸物体参数的基本原理和方法； （4）通过实际测量电线的直径，研究影响测量速度及测量精度的主要因素。
面阵 CCD	（1）掌握线阵 CCD 与面阵 CCD 的结构关系； （2）了解常见的面阵 CCD 器件及产品。
CCD 的典型应用	（1）设计线阵 CCD 驱动及测量电路，根据设计任务要求，能完成硬件电路相关元器件的选型，能正确分析、制作与调试相关电路； （2）学会利用面阵 CCD 进行工件质量检测，了解数字图像处理的基本方法。

【光电成像器件】

光电成像器件是指能利用光电效应或光热效应将可见或者不可见的辐射图像转换或增强，以供观察、记录、传输、存储及处理的功能器件，它有效弥补了人类眼睛在灵敏度、响应波段、细节上的可视能力，以及视力受到空间、时间上的局限无法实现观测等的不足。光电成像器件发展历史悠久，种类较多。其中电荷耦合器件（Charge Coupled Device，CCD）作为一种典型的光电成像器件，自从发明到现在一直都是研究的热点。本章重点研究电荷耦合器件的结构、基本工作原理、分类及工程技术应用。

CCD是一种新型的光电成像器件，光照射在光电转换单元（光敏单元）上产生信号电荷并存储，对CCD施加特定的时序脉冲，其存储的信号电荷可在CCD内部定向转移，可用来记录和传输图像。一个完整的CCD由光敏单元、转移栅、移位寄存器、输入/输出电路构成。作为一种典型的固体图像传感器，它将许多基本独立的光敏单元排列在一个平面上，纵横排列的单元集成了成千上万个光敏二极管及译码寻址电路。这些基本光电转换单元就是像素，像素的数量越多，则CCD成像的清晰度越高，所获取的图片质量就越高。鉴于CCD的光敏单元尺寸越来越小，图像分辨率也逐步提高，CCD图像传感器件的集成度也越来越高，功耗也越来越小。如图3.1所示，目前CCD已经在摄像、工业检测、质量检测、图像处理与存储等领域得到了广泛的应用。

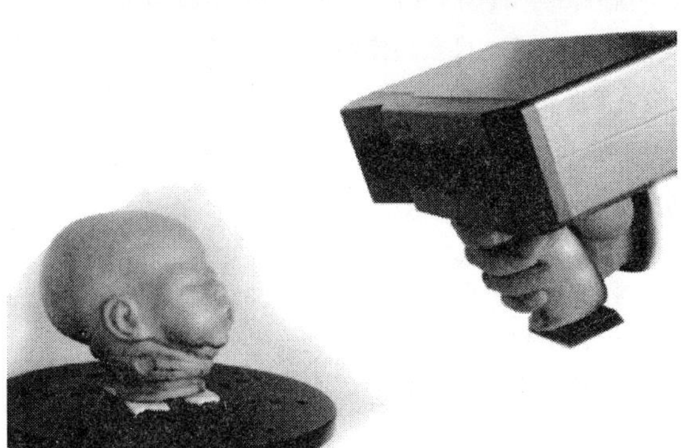
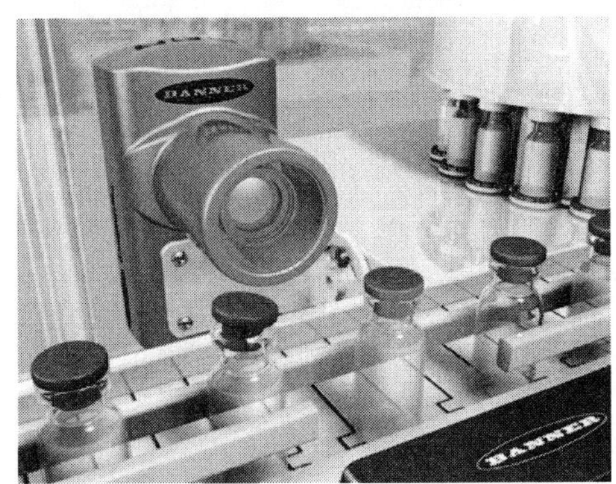

图3.1 CCD的典型应用

3.1 CCD的发展历程

早在1934年，科学家便成功地研制出光电摄像管并将其用于室内外的广播电视摄像。但是其灵敏度与信噪比较低，需要高于10000lx的照度才能获得较为清晰的图像，其应用受到限制。1947年，科学家们研制出超正析像管，在灵敏度方面有一定提高，但最低照度仍然要求2000lx以上。1954年高灵敏摄像管投入市场，它成本低、体积小、结构简单，在广播电视事业和工业电视事业中有一定的应用。1965年推出的氧化铅摄像管，使彩色广播电视摄像机的发展产生了一次飞跃，诞生了1in、1/2in，甚至1/3in八面的彩色摄像机。然而氧化铅摄像管抗强光的能力低，余晖效应影响其采样速率。之后人们又相继研究出灵敏度更高、成本更低的硒靶管和硅靶管，以满足人们对光电成像器件日益增长的需要。

1969年，美国贝尔研究所的维拉博伊尔（Willard S. Boyle）和乔治史密斯（George E. Smith）发明了CCD，并于1970年对外发表。鉴于CCD具有信号电荷产生、存储、传输的功能，可广泛应用于显示器、内存、延迟元件等。1971年，贝尔研究所的研究员研发并发表了FT-CCD，作为第一代CCD，它采用最简单的线性构造，帧转移的方式来获取影像。快捷半导体（Fairchild Semiconductor）、美国无线电公司（RCA）和德州仪器（Texas Instruments）等知名公司也着手进一步的研究工作。

1974年美国RCA公司采用512×320像素的CCD阵列制造出世界上第一台达到广播级水平的固体电视电影设备。从此，全球各知名摄像机生产企业相继推出各种类型的CCD摄像机。

在20世纪80年代，以NHK高清电视节目的开播为契机，推动了CCD图像传感器的高分辨率化，加上宽屏幕电视节目开始播放，出现了可用16∶9广角摄影的CCD图像传感器。然而伴随着CCD像素尺寸变小，每个像素的受光面积减少，感光度降低。为改善这个问题，索尼在每一个感光二极管之前加装了聚光透镜，使用聚光透镜后，受光面积不再因为感测器的开口面积而决定，而是以聚光透镜的表面积来决定。在20世纪80年代初期，索尼将HAD技术领先使用在INTERLINE方式的可变速电子快门产品中，即使在拍摄快速移动的物体也可获得清晰的图像。

进入20世纪90年代后，CCD的单位面积也越来越小，1989年开发的聚光透镜技术已经无法再提升感光度，如果将CCD组件内部放大器的放大倍率提升，将会使噪声也被提高，图像质量会受到明显的影响。索尼在CCD技术的研发上又更进一步，将之前的加装聚光透镜技术改良，提升光利用率，开发将镜片的形状最优化技术，即索尼SUPER-HAD CCD技术，这也为目前的CCD基本技术奠定了基础。1995年数字照相机登场，人们开始了静止图像用的CCD开发，至今永无止境的分辨率竞争随之展开。

蜂窝式CCD技术在2000年公诸于世，它能有效提高静止图像的分辨率，也是最适合连续扫描的像素构造。富士公司独家推出的SUPER CCD技术如图3.2所示。它并没有采用常规正方形二极管，而是采用了一种八边形的二极管，像素以蜂巢形式排列，且单位像素的尺寸比传统的CCD像素大。将像素旋转45°排列，可以缩小无用空间，光线集中效率较高，感光性、信噪比、动态范围等性能都有所提高。富士公司宣称，SUPER CCD可实现相当于 ISO 800 的高感光度，信噪比增加 30%左右，颜色再现功能也大幅改善，功耗大幅降低。SUPER CCD 打破了以往 CCD 有效像素小于总像素的金科玉律，可在 240 万像素的 CCD 上输出 430 万像素的图像。因此，SUPER CCD 一经推出，便在业界引起了广泛关注。

【SUPER CCD 技术】

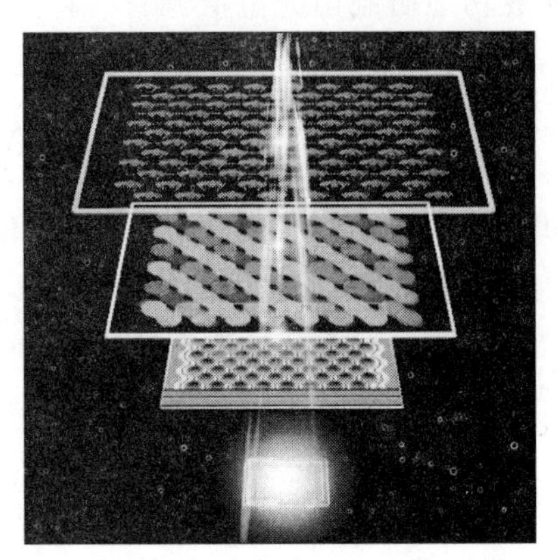

图 3.2 SUPER CCD 技术

【CCD 发展趋势】

2006 年，波义耳和史密斯获颁电动机电子工程师学会（IEEE）颁发的 Charles Stark Draper 奖章，以表彰他们对 CCD 发展的贡献。2009 年，维拉博伊尔和乔治史密斯因发明了电荷耦合器件——CCD 图像传感器获得了诺贝尔物理学奖。

【2017—2022 年中国 CCD 发展调研及未来走势预测报告】

CCD 图像传感器件经过近 40 年的发展，各项技术已经成熟并实现了商品化。CCD 图像传感器件从最初简单的 8 像素移位寄存器发展到现在的上百万像素。鉴于 CCD 图像传感器件潜在市场较大，应用前景广阔，利用它进行显示、存储、检测等方面的研究一直是国际上的研究热点。美国、日本、英国、荷兰、德国、加拿大、俄罗斯、韩国等国家均投入了大量的人力、物力和财力，并在 CCD 图像传感器件的研究和应用方面取得了令人瞩目的成果。美国和日本的器件和整机系统已进入了商品化阶段。

3.2 CCD 的基本工作原理

如图 3.3 所示，CCD 作为一种半导体器件，在 N 型或者 P 型硅衬底生长一层很薄的 SiO_2，再在 SiO_2 薄层上依次沉积金属电极，这种规则排列的 MOS（金属-氧化物-半导体）电容阵列再加上两端的输入及输出二极管，构成了 CCD 芯片。CCD 可以把光信号转换成电脉冲信号。每一个脉冲反映一个光敏单元的受光情况，当光照射到 CCD 硅片上时，光电转换产生的电荷经由 CCD 存储及转移，最终传输到计算机处理系统进行检测。

CCD 图像传感器主要有两种基本类型：一种是信号电荷存储在半导体与绝缘体之间的界面且沿着界面转移的器件，称为表面沟道 CCD；另一种是信号电荷存储在距离半导

体表面一定深度的半导体内部，并在体内沿着一定方向进行转移的器件，称为体沟道或埋沟道 CCD。下面我们以表面沟道 CCD 为例来讨论 CCD 的基本工作原理。

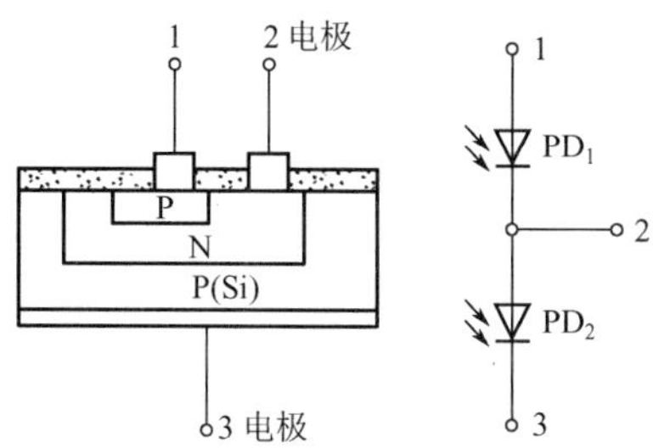

图 3.3　CCD 芯片构造

1. 电荷的存储

如图 3.4 所示，CCD 的基本构成单元为典型的半导体 MOS 结构，P 型半导体上面是氧化物构成的氧化层，氧化层上覆盖着金属栅电极 G。如图 3.4(a) 所示，在对栅电极 G 端施加之前，P 型半导体中的空穴是均匀分布的。当对栅极 G 施加电压 U_G 且小于半导体的阈值电压时（即 $U_G < U_{th}$），P 型半导体内的空穴被排斥，在 P 型半导体中产生如图 3.4(b) 所示的耗尽区。电压不断增大，耗尽区继续向 P 型半导体内部延伸。当电压大于半导体的阈值电压时（即 $U_G > U_{th}$），如图 3.4(c) 所示，耗尽区的深度与 U_G 成正比。P 型半导体与绝缘体表面的电势很高，使得 P 型半导体内的电子被吸引到表面，然后形成一层反型层，这种反型层的电荷浓度很高但是很薄。

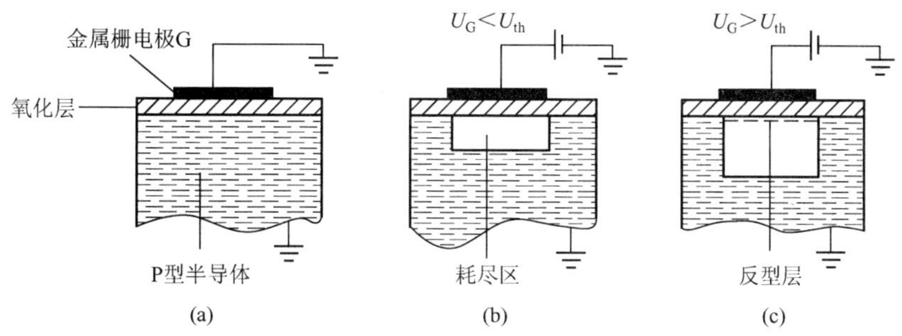

图 3.4　电荷的存储示意图

信号电荷是由光照射 CCD 硅片时，电子空穴对产生后少数载流子的变化所形成的。电子空穴对产生在栅极附近的半导体内，栅极电压排开多数载流子，势阱收集少数载流子进而形成信号电荷。其产生数量直接受硅片曝光时间和光照射时入射光的强度所影响。

2. 电荷的耦合

如图 3.5 所示为在 MOS 结构势阱中，4 个彼此相邻的电极在加上不同电压的情况下，势阱与电荷的运动规律。当电荷从一个电极向另一个电极移动时，这个移动的过程就被称为电荷的耦合。

如图 3.5(a) 所示，假设在初始时刻 t_0，有一些电荷存储在栅极电压为 10V 的电极下面的深势阱中，其他电极上均施加大于阈值的低电压（2V）。经过时间 t_1 后，各电极上的电压如图 3.5(b) 所示，第二电极电压依然为 10V，而第三电极电压由 2V 变为 10V。这两个电极靠得很近（间隔不大于 3μm），势垒很小，两个势阱将耦合在一起。如图 3.5(c) 所示，第二、三电极下的势阱耦合的同时，初始时刻只存储在第二电极下的势阱的电荷也被耦合势阱共享。如图 3.5(d) 所示，在 t_2 时刻，第二电极电压由原来的 10V 降为 2V，其余电极电压不发生改变。而电极电压的改变，使得第二、三电极下势阱的共有电荷开始向第三电极下的势阱中转移，图 3.5(c) 中的耦合势阱开始收缩。如图 3.5(e) 所示，电荷包已经完全从第二电极下的势阱中转移到了第三电极下的势阱中，势阱及内部电荷向右移动了一个位置。

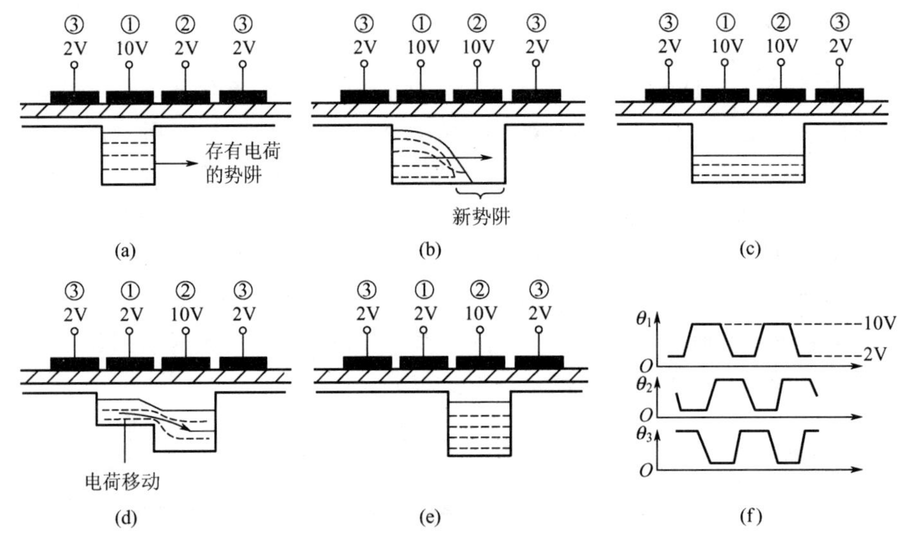

图 3.5　三相 CCD 中电荷的转移过程

从上述电荷包转移的整个过程中可以看出，将一定规律变化的电压加到 CCD 各电极上，电极下的信号电荷就能按照其在 CCD 中的空间排列顺序，串行地转移出去。人们通常把 CCD 电极划分为三组，一组为一相，然后施加三相 CCD 需要的时钟驱动脉冲，可以完成电荷在势阱中的转移。CCD 正常工作所需要的相数由其内部结构决定。如图 3.5 所示的结构需要三相时钟脉冲，其驱动脉冲的波形如图 3.5(f) 所示。这样的 CCD 称为三相 CCD。

三相 CCD 的电荷，必须在三相交叠驱动脉冲的作用下，才能沿特定方向逐单元转移。此结构中 CCD 电极之间的间隙必须足够小，电荷才能不受阻碍地从一个电极下的势阱中转移到相邻电极下的势阱中。如果电极间隙较大，两电极之间的势阱将被势垒隔开，不能耦合，电荷也不能实现从一个电极下的势阱向另一个电极下的势阱完全转移，CCD 也不能在外部驱动脉冲的作用下有规律地转移电荷。能够产生完全转移的最大间隙一般由具体电极结构、表面态密度等因素决定。理论计算和实验表明，为了两相邻电极下不出现阻碍电荷转移的势垒，间隙的长度应该不大于 3μm。

以电子为信号电荷的 CCD 称为 N 型沟道 CCD，简称为 N 型 CCD。而以空穴为信号

电荷的 CCD 称为 P 型沟道 CCD，简称为 P 型 CCD。由于电子迁移率远大于空穴的迁移率，因此 N 型 CCD 比 P 型 CCD 的工作频率高很多。

3. CCD 的电极结构

CCD 电极的基本结构应该包括转移电极结构、转移沟道结构、信号输入单元结构和信号检测单元结构。本章主要讨论转移电极结构。如图 3.6 所示，最早的 CCD 转移电极是用金属（一般为铝）制成的。鉴于近年来 CCD 技术发展很快，到目前为止，常见的 CCD 转移电极结构不下 20 种，但它们都必须满足使电荷定向转移和相邻势阱耦合的基本要求。

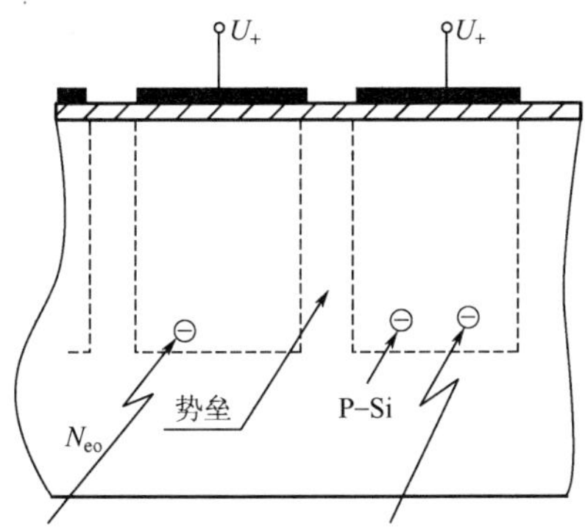

图 3.6　背面照射式光注入示意图

4. 电荷的注入

CCD 的电荷注入方式主要分为光注入、电注入两类。其中光注入是指光线照射到 CCD 硅片上后，在半导体的栅极附近产生电子-空穴对，多数载流子被栅极电场排斥到底部，少数载流子被收集在势阱中形成信号电荷。

CCD 接收光的方式根据照射角度不同分为正面照射式与背面照射式。鉴于 CCD 的正面有很多电极，电极的反射和散射作用使得正面照射的光敏灵敏度比背面照射时低。即使是透明的多晶硅电极，也会因为电极的吸收以及在整个 Si - SiO_2 界面上的多次反射而引起某些波长的光产生干涉现象，出现若干个明暗条纹，从而使光谱响应曲线出现若干个峰与谷，即发生起伏。因此 CCD 常采用如图 3.6 所示的背光照射式的光注入方式，外界光辐射直接照射在半导体上，使之产生光电子。利用 CCD 摄像器件拍摄光学图像时，光敏单元阵列通过光电/光热效应，把按照一定照度分布的光学图像转换成电荷分布，再把电荷注入相应栅极下面的深势阱中，也属于光注入方式。当 CCD 摄像器件的光敏单元为光注入方式时，则光注入电荷 $Q_{in}=\eta qN_{eo}At_c$，其中，η 为材料的量子效率，q 为电子电荷量，N_{eo}为入射光的光子流速率，A 为光敏单元的受光面积，t_c为光的注入时间。

当 CCD 器件的光敏材料、结构、时钟脉冲都确定时，η、q、A 等参数均为常数，注入到势阱中的信号电荷 Q_{in} 与入射光的光子流速率 N_{eo}及注入时间 t_c成正比。注入时间 t_c

由 CCD 驱动器转移脉冲的周期 T_{sh} 决定。当设计的驱动器能够保证其注入时间稳定不变时，注入 CCD 势阱中的信号电荷只跟入射辐射的光子流速率成正比。

因此，在单色入射辐射时，入射光的光子流速率 N_{eo} 与入射光谱辐通量的关系为

$$N_{eo}=\frac{\Phi_{e,\lambda}}{hv} \tag{3-1}$$

式中，h，v 均为常数。光注入的电荷量与入射的光谱辐通量呈线性关系。该线性关系是应用 CCD 检测光谱强度和进行多通道光谱分析的理论基础。原子发射光谱的实测分析验证了光注入的线性关系。

电注入是指 CCD 在存储及处理信息时，通过输入端的输入二极管和输入栅极，对信号电压或电流进行采样，然后将信号电压或电流转换为信号电荷注入相应的势阱中。电注入的方法较多，常用的有电流注入法和电压注入法。

电流注入法如图 3.7(a) 所示，由 N^+ 扩散区和 P 型衬底构成注入二极管。IG 为 CCD 的输入栅，加上适当的电压以保持开启并作为基准电压。模拟输入信号加在输入二极管 ID 上。当 Φ2 为高电平时，可将 N^+ 区（ID 极）看作 MOS 晶体管的源极，IG 为其栅极，而 Φ2 为其漏极。当它工作在饱和区时，输入栅下的沟道电流为

$$I_s=\mu\frac{W}{L_g}\frac{C_{ox}}{2}(U_{in}-U_{ig}-U_{th})^2 \tag{3-2}$$

式中，W 为信号沟道宽度，L_g 为注入栅 IG 的长度，U_{ig} 为输入栅的偏置电压，U_{th} 为硅材料的阈值电压，μ 为载流子的迁移率，C_{ox} 为输入栅 IG 的电容。

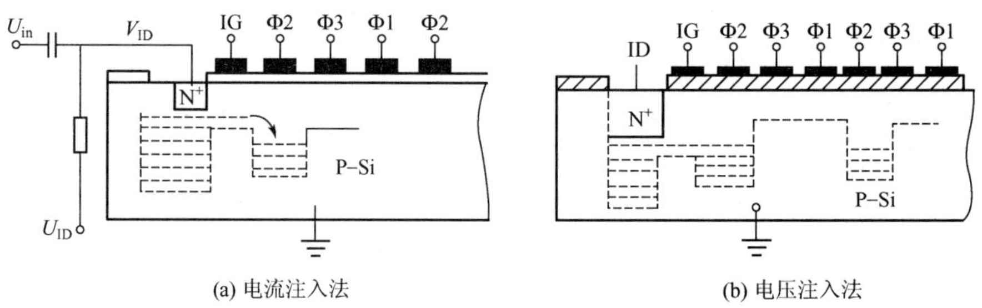

图 3.7　电注入方式

经过 T_c 时间注入后，Φ2 下势阱的信号电荷量为

$$Q_s=\mu\frac{W}{L_g}\frac{C_{ox}}{2}(U_{in}-U_{ig}-U_{th})^2 T_c \tag{3-3}$$

可见，这种注入方式的信号电荷 Q_s，不仅依赖于 U_{in} 和 T_c，而且与输入二极管所加电压的大小有关。因此 Q_s 与 U_{in} 没有线性关系。

5. 电荷的检测

在 CCD 中，有效地收集和检测电荷是一个极其重要的问题。信号电荷是由光照射到 CCD 硅片上时势阱收集少数载流子而形成的。在势阱中形成的电荷由 CCD 尾端外存储器

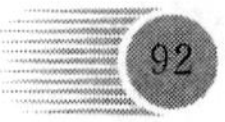

接受，再由电荷计数后转换为电压和电流信号，最后形成数据由计算机接收并存储。CCD的重要特性之一就是信号电荷在转移过程中与时钟脉冲没有任何电容耦合，而在输出端则不可避免。因此，选择适当的输出电路，尽可能减小时钟脉冲对输出信号的容性干扰。目前 CCD 的主要输出方式有浮置扩散放大器和浮置栅放大输出、电流输出等。

电流输出方式电路如图 3.8 所示，它由检测二极管、二极管偏置电阻 R、源极输出放大器和复位场效应管 V_R等构成。当信号电荷在转移脉冲 Φ1、Φ2 的驱动下向右转移到最末一级转移电极（图中 Φ2 电极）下的势阱中后，Φ2 电极上的电压由高变低时，由于势阱的提高，信号电荷将通过输出栅（加有恒定的电压）下的势阱进入反向偏置的二极管（图中 N^+ 区）中。由电源 U_D、电阻 R、衬底 P 和 N^+ 区构成的输出二极管反向偏置电路，它对于电子来说相当于一个很深的势阱。进入到反向偏置的二极管中的电荷（电子）将产生电流 I_d，且 I_d的大小与注入二极管中的信号电荷量 Q_s成正比，而与电阻的阻值 R 成反比。电阻 R 为 CCD 内部的固定电阻，阻值为常数。所以，输出电流 I_d与注入二极管中的电荷量 Q_s呈线性关系，且 $Q_s = I_d \mathrm{d}t$。

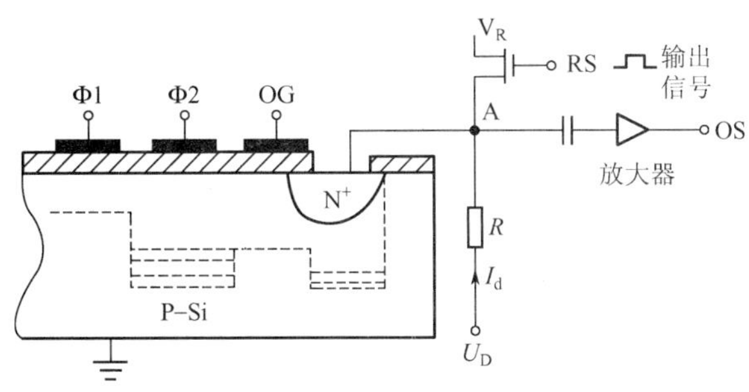

图 3.8 电流输出方式电路

由于 I_d的存在，使得 A 点的电位发生变化。注入二极管中的电荷量 Q_s越大，I_d也越大，A 点电位下降得越低。所以，可以用 A 点的电位来检测注入输出二极管中的电荷 Q_s。隔直电容是用来将 A 点的电位变化取出，使其通过场效应放大器的 OS 端输出。在实际的器件中，通常用绝缘栅场效应管来取代隔直电容，并兼顾放大器的功能，它由开路的源极输出。

图 3.8 中的复位场效应管 V_R用于对检测二极管的深势阱进行复位。它的主要作用是在一个读出周期中，注入输出二极管深势阱中的信号电荷通过偏置电阻 R 放电，偏置电阻太小，信号电荷很容易被放掉，输出信号的持续时间很短，不利于检测。增大偏置电阻，可以使输出信号获得较长的持续时间，在转移脉冲 Φ1 的周期内，信号电荷被卸放掉的数量不大，有利于对信号的检测。但是，在下一个信号到来时，没有卸放掉的电荷势必与新转移来的电荷叠加，破坏后面的信号。为此，引入复位场效应管 V_R，使没有来得及被卸放掉的信号电荷通过复位场效应管卸放掉。复位场效应管在复位脉冲 RS 的作用下，使复位场效应管导通，它导通的动态电阻远远小于偏置电阻的阻值，以便使输出二极管中的剩余电荷通过复位场效应管流入电源，使 A 点电位回复到起始的高电平，为接收新信号电荷做准备。

3.3 CCD 特性参数

CCD 的特性参数主要有电荷转移效率、驱动频率、暗电流、噪声、分辨率、动态范围等。

1. 电荷转移效率

电荷转移效率指在一定的时钟脉冲下，电荷经过一次转移后到达下一个势阱中的电荷量与原势阱中的电荷量之比，是表征 CCD 性能好坏的重要参数。电荷转移过程中损失的部分电荷并非消失，而是在时间上滞后，叠加到后面的电荷包上，从而引起传输信息的失真。

如果在 t_0 时刻，注入某个电极下的电荷为 $Q(0)$，在 t 时刻，大部分电荷在电场作用下向下一个电极转移，但总有部分电荷会滞留在原电极下。若被留下来的电荷为 $Q(t)$，则电荷转移效率为

$$\eta=\frac{Q(0)-Q(t)}{Q(0)}=1-\frac{Q(t)}{Q(0)} \tag{3-4}$$

则电荷转移损失率为

$$\varepsilon=1-\eta=\frac{Q(t)}{Q(0)} \tag{3-5}$$

理想情况下，$\eta=1$，但实际上电荷在转移过程中多少总有一定的损失，导致 $\eta<1$。一个电荷量为 $Q(0)$ 的电荷包，经过 n 次转移后，剩下电荷量为

$$Q(n)=Q(0)\eta^n \tag{3-6}$$

此时，电荷 n 次转移后，剩下电荷量与初始电荷量之间的关系为

$$\frac{Q(n)}{Q(0)}=\eta^n \tag{3-7}$$

若 $\eta=0.99$，经过 22 次电荷转移后，转移前后的电荷量关系 $\frac{Q(22)}{Q(0)}=80\%$；而经过 120 次电荷转移后，转移前后的电荷量关系 $\frac{Q(120)}{Q(0)}=30\%$。由此可见，信号电荷的衰减比较严重。若 $\eta=0.999$，则经过 22 次电荷转移后，$\frac{Q(22)}{Q(0)}=97.8\%$；经过 120 次电荷转移后，$\frac{Q(120)}{Q(0)}=88.7\%$。因此，电荷转移效率 η 是判断 CCD 器件是否实用的重要因素。如何提高电荷转移效率是 CCD 器件研发制造中的关键技术。

2. 驱动频率

CCD 图像传感器件必须在驱动脉冲信号的作用下才能完成信号电荷的转移并输出信号电荷。驱动频率则是指施加在转移栅上的脉冲 Φ1 或 Φ2 的频率。

在信号转移过程中，为了避免由于热激发少数载流子对注入信号电荷的干扰，注入信号电荷从一个电极转移到另一个电极所用的时间 t 必须小于少数载流子的平均寿命 τ_i。在

正常工作条件下，对于三相 CCD 而言，$t=\frac{T}{3}=\frac{1}{3f}\leqslant\tau_i$，即 $f\geqslant\frac{1}{3\tau_i}$。

由此可见，CCD 图像传感器件的驱动频率下限与少数载流子的寿命有关。少数载流子的寿命由 CCD 器件的工作温度决定，温度越高，热激发少数载流子的平均寿命越短，驱动脉冲频率的下限越高。

驱动频率上升时，驱动脉冲驱使电荷从一个电极转移到下一个电极的时间 t 应大于电荷从一个电极转移到另一个电极的固有时间 τ_g，才能保证电荷的完全转移。否则信号电荷跟不上驱动脉冲的变化，将会使转移效率大大降低。即 $t=\frac{T}{3}=\frac{1}{3f}\geqslant\tau_g$，即 $f\leqslant\frac{1}{3\tau_g}$。

由于电荷转移快慢与载流子迁移率、电极长度、衬底杂质的浓度和温度等因素有关，因此对于相同的结构设计，N 沟道 CCD 要比 P 沟道 CCD 的工作频率高。一般的体沟道或者埋沟道 CCD 的驱动频率略高于表面沟道 CCD 的驱动频率。伴随着半导体材料科学和制造工艺的发展，更高速率的体沟道线阵 CCD 最高驱动频率已经超过了几百兆赫兹。提高驱动频率的上限，为 CCD 器件在高速成像系统中的应用提供了技术保障。

3. 暗电流

在没有光注入和电注入的情况下，CCD 输出的信号称为暗电流。暗电流总是加入信号电荷中，不仅仅引起附加的散粒噪声，还占据了一定的势阱容量。由于 CCD 制作工艺过程不甚完美，使用材料分布不均匀等因素的影响，暗电流的分布是不均匀的。其不均匀性会导致背景图像的不均匀性。为了减轻暗电流的影响，需要从缩短信号电荷的储存和转移时间方面考虑。但 CCD 器件的工作频率下限也因此会受到限制。

4. 噪声

CCD 作为一种低噪声器件，其噪声主要来源于信号电荷产生、转移和检测过程。CCD 的噪声主要包括三种：散粒噪声、转移噪声、热噪声。散粒噪声是指信号电荷产生时有一定不确定性，是一种白噪声，与工作频率无关。转移噪声主要是由电荷转移过程中的转移损失引起，它在转移过程中逐渐累积，与转移次数成正比，并且相邻电荷的转移噪声有一定的相关性。热噪声由固体中载流子的无规则热运动引起，无论有无外加电流通过，都会产生热噪声。它对信号电荷注入与输出影响最大。

5. 分辨率

由于 CCD 器件是由成千上万个独立的光敏单元组成，根据奈奎斯特定律，CCD 器件的极限分辨率是其空间采样频率的一半。如果在 CCD 器件的某一个方向上，相邻像素间距为 d，则在此方向上的空间采样频率为$\frac{1}{d}$(lp/mm)，极限分辨率则小于$\frac{1}{2d}$。

分辨率作为 CCD 器件最重要的参数之一，表征了 CCD 器件对物像中明暗细节的分辨能力。目前，CCD 器件的分辨率是由一定尺寸内的像素个数来表示，像素越多则分辨率越高。线阵 CCD 器件的分辨率已经有 7200 像素，可分辨最小尺寸 7μm；面阵 CCD 器件分辨率已经超过 400 万像素。

6. 动态范围

CCD图像传感器件的动态范围是指光敏单元的满阱电荷容量（势阱可容纳最大电荷量）状态下噪声的峰值电压与暗场（无光信号）情况下噪声的峰值电压之比，表征了CCD器件正常工作时的照度范围。最大照度值受势阱满阱电荷容量限制，最小照度值受器件的噪声信号限制。增大CCD器件的动态范围主要途径是降低暗电流，尤其是控制暗电流尖峰。

3.4 CCD分类

【CCD摄像机的分类】

CCD图像传感器具备分辨率和灵敏度高、体积小、质量轻、功耗低、寿命长、自扫描及信号处理方便等优点，其应用范围远远超过光学式、电磁式及机械式测量仪。根据不同的测量环境和要求，我们选取不同种类的CCD图像传感器。一般来说，按照接收光谱波长可分为红外CCD、可见光CCD、X光CCD、紫外CCD。在民用领域主要应用的是工作于可见光的CCD。根据成像色彩不同可分为黑白CCD、彩色CCD。根据结构不同，CCD图像传感器可分为线阵CCD和面阵CCD两种。

【CCD分类】

常见的线阵CCD图像传感器件和面阵CCD图像传感器件如图3.9所示，它们都是由成千上万的光敏单元（像素）组成，经光学系统处理后，待测目标的光信号在CCD的光敏单元上成像，这些光信号再经由CCD器件转换成电荷，转换后的电荷量与光强成正比。对CCD施加具有一定频率的时间脉冲信号，就可以在CCD输出端得到待测物体的视频信号。CCD光敏元件对光强的接收决定着它所对应的视频信号中离散信号的大小，且CCD光敏元件的位置顺序与信号输出时序相对应。

(a)

(b)

图3.9 常见的CCD图像传感器件

3.4.1 线阵CCD图像传感器

如图3.9(a)所示，常见的线阵CCD图像传感器将光敏单元阵列排列成一行，属于单行扫描输出的基本成像单元，如果与被扫描物体形成相对运动就能够扫描出图像。它的工作原理简单，单排光敏单元可以排列较多，在同等测量精度的前提下，其测量范围可以做得较大。线阵 CCD 实时传输光电变换信号和自扫描速度快、频率响应高，能够实现动态测量，并能在低照度下工作。

如图 3.10 所示，线阵 CCD 图像传感器件广泛地应用在产品尺寸测量和分类、非接触尺寸测量、条形码扫描等许多领域。在本章的实训一里，我们研究了线阵 CCD 图像传感器件 TCD1206SUP 的基本工作原理、驱动特性及其应用。从实训目的、实训原理、主要器件到系统测试，逐步设计了一个电线直径测量系统。同时在知识拓展中介绍了不同尺寸物体线径的测量方法及利用单片机驱动线阵 CCD 的方法。

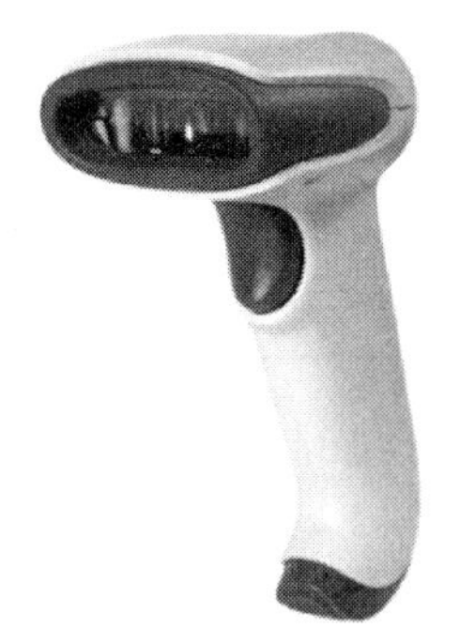

图 3.10　常见的线阵 CCD 应用

线阵 CCD 获取二维图像，必须配以扫描运动，线阵 CCD 在电动机驱动下水平前移，待测物与线阵 CCD 形成相对运动，按照固定的时间间隔采集一行图像。从理论上讲，电动机运动速度应该是匀速的，CCD 采集图像的时间间隔主要取决于光积分时间，也应该是相等的，因此行距应该是相等的。但由于电动机运动产生的振动、启停过程中速度的变化，特别是机械传送部分的误差都会影响采集行距的一致性，同时，线阵 CCD 自身光积分时间也会影响采集行距。常见的几种线阵 CCD 及其主要性能参数如表 3-1 所示。

表 3-1　几种线阵 CCD 及其主要性能参数

型号 性能参数	TCD1209D	TCD1206SUP	IL-P1	TCD1500C	DL1288D	RL2048DKQ
沟道类型	单沟道	双沟道	双沟道	双沟道	双沟道	双沟道
时钟相数	2	2	2	2	2	2
光敏像素数	2048	2160	4096	5340	1024	2048
像素尺寸/μm^2	14×14	14×14	10×10	7×7	18×18	13×26
像素间距/μm	14	14	10	7	18	13
总转移效率/%	98	92	99	92	92	—
灵敏度/[V/(lx·s)]	31	45	—	4.8	—	—

（续）

型号 性能参数	TCD1209D	TCD1206 SUP	IL－P1	TCD1500C	DL1288D	RL2048DKQ
饱和输出电压/V	2.0	1.7	0.9	1.5	1.5	1.3
暗信号电压/mV	1.0	1.0	0.5	2.0	0.5	0.5
饱和曝光量	0.06 lx·s	0.037 lx·s	75nJ/cm^2	0.3 lx·s	0.7μJ/cm^2	0.24μJ/cm^2
动态范围	2000∶1	1700∶1	3200∶1	1500∶1	1500∶1	2600∶1
光谱响应范围/nm	400～1100	250～1100	400～1000	300～1000	200～1100	200～1100
峰值波长/nm	550	550	660	550	750	750
特殊功能	—	—	曝光时间可调	具有采样保持电路	分段并行高速输出	高性能光谱探测

3.4.2 面阵 CCD 图像传感器

面阵 CCD 图像传感器件是将一维线阵 CCD 的光敏单元及移位寄存器按照一定的方式排列成二维阵列，可直接获取一维或者二维的光学图像信息。图 3.9(b) 给出了一种常见的面阵 CCD。根据电荷转移方式不同，面阵 CCD 可分为帧转移方式、隔列转移方式、线转移方式、全转移方式等。

如图 3.11 所示，面阵 CCD 图像传感器件广泛应用在高清监控、影像记录、图像处理与存储、工业检测、3D 面形测量等领域。在本章的实训二里，我们研究了利用面阵 CCD 检测 PCB 缺陷的方法，从实训目的、实训原理、主要器件到系统测试，逐步设计了一个 PCB 缺陷检测系统。同时在知识拓展中介绍了 PCB 缺陷的分类及目前企业采用的 PCB 缺陷检测方法。

图 3.11　常见的面阵 CCD 应用

面阵 CCD 的优点是可以直接获取二维图像信息，测量图像直观。缺点是像元总数多，而每行的像元数一般较线阵 CCD 少，帧幅率受到一定限制。常见的面阵 CCD 及其主要性能参数如表 3－2 所示。

表 3-2　几种面阵 CCD 及其主要性能参数

性能参数＼型号	DL32	TCD5130AC	IA-D4	IA-D9-2048	IA-D9-5000
转移方式	帧转移	帧转移	帧转移	帧转移	帧转移
时钟相数	3	4	4	3	3
光敏像素数	256×320	754×583	1024×1024	2056×2056	5000×5000
像素尺寸/μm^2	24×36	12×11.5	12×12	12×12	12×12
电荷转移效率	99.995%	—	99.9995%	99.9999%	99.9995%
灵敏度	0.14V/(lx·s)	80mV/lx	10V/(μJ/cm^2)	2.5V/(μJ/cm^2)	2.0V/(μJ/cm^2)
饱和输出电压/V	—	0.9	1.0	0.5	0.5
饱和曝光量（饱和等效电子数）	0.025 lx·s	—	100nJ/cm^2	200000 电子数	120000 电子数
噪声等效曝光量（噪声等效电子数）	—	—	35pJ/cm^2	43 电子数	60 电子数
动态范围	500：1	—	2850：1	3000：1	2000：1
像元不均匀性	16%	—	2%	8%	8%
光谱响应范围/nm	400～1100	—	400～1000	—	—
峰值波长/nm	860	—	560	—	—
驱动频率	—	—	50MHz，40f/s	60MHz，14f/s	60MHz
工作温度	—	—	—	−60～+70	−60～+70

从表 3-1 和表 3-2 中所述的常见线阵、面阵 CCD 光电成像器件的性能参数，我们可以看出，现有的 CCD 图像传感器件主要在如下几个方面需要改进。

（1）CCD 分辨率仍然需要提高。实际的应用要求光电成像器件在器件体积和面积尽量小的前提下实现尽可能高的分辨率。在不考虑几何光学成像条件和波动光学衍射极限的情况下，要求 CCD 的传感单元尽量小型化；在传感单元小型化的过程中，需要新单元保持或者提高现有单元的信噪比和灵敏度，目前主要发展方向是提高光电成像器件的开口率和通过改变单元形状以提高器件的表面积利用率。

（2）动态范围需要增强，提升光电成像器件的灵敏度。现有的 CCD 成像器件对入射光的动态获取远不如传统的胶片感光方式，灵敏度在低照度的情况下也不能满足使用需求。同构在同一器件上集成对不同光强动态范围敏感的传感器可以实现高动态范围，但此种技术的不足之处是多种光敏范围的传感器相互挤占彼此空间，阻碍了进一步提高器件上集成的传感单元数量，从而限制了分辨率的提高。

（3）提高 CCD 对颜色的还原能力。现有的彩色 CCD 一般采用并列的 RGB 三色传感元件来实现彩色捕捉。但是传统方式制造的传感器中，蓝色和绿色波段的颜色传感器捕捉能力较弱，而信号放大过程中也难以弥补这一缺陷，因此要求提高 CCD 对这些颜色的还原能力。

3.5 工程技术应用

CCD 技术近 20 年来得到了迅速的发展，这致力于它所拥有的独特性能和现今高速发展的 IC 工艺制造。CCD 发展至今，已经拥有各种类型和功能。CCD 的独特性能使得它广泛地应用在多个领域，如信号处理、光电传感和光电成像等。CCD 图像传感器具有广泛的运用价值，它可应用于以下几个方面：

【CCD 在计量检测中的应用】

【CCD 在机械装备电子制造业领域的应用实例】

【两个 CCD 应用的具体实例】

(1) 制作小型化的黑白、彩色电视机与摄像机是面阵 CCD 应用最广泛的领域。例如，日本松下 CDT 型微型 CCD 彩色摄像机，直径 17mm、长 18mm，使用超小型的镜头，质量仅 54g；典型电视机用的图像传感器尺寸为 7mm×9mm，480×380 像素。

(2) 制作现代通信用的电视传真机的扫描器。用 1024～2048 像素的线阵 CCD 来制作传真机，扫描 A4 尺寸的稿件，可在不到 1s 内完成。

(3) 在光学文字识别机中做图像、文字识别及数据的读取。图像传感器代替人眼，把字符变成电信号，进行数字化，再用计算机识别。

(4) 广播 TV。采用固态图像传感器（Solid State Imaging Sensor，SSIS）来取代光导摄像管。1986 年伊士曼柯达公司推出了 140 万像素的图像传感器，尺寸为 7mm×9mm。该图像传感器信号比当时电视机图像信号强 4 倍以上。

(5) 用作工业监视、检测与自动控制，这是图像传感器应用量很大的一个领域，统称为机器视觉应用；用于钢材、木材、纺织、粮食、医药、机械等领域做零件尺寸的动态监测，以及产品质量、包装、形状识别、表面缺陷及粗糙度监测。

(6) 用于装备医疗器械，可进行标本检查分析、数字化 X 射线摄像及应用于五官整形。

(7) 在天文应用上，可用来装备空间望远镜、陆基天文望远镜和天文摄像观测；在航天、航空高技术领域中，可用作光谱机载与卫星遥感，例如，美国曾用 5 个 2048 位 CCD 拼成 10240 位，取代 125mm 宽侦察胶卷，作为地球卫星传感器；用于航空遥感、卫星侦察，例如，1985 年欧洲空间局首次在 SPOT 卫星上使用大型线阵 CCD 扫描，地面分辨率提高到 10m；此外还有在现代军事应用夜视技术上，可作微光夜视系统中的图像传感。

3.6 综合实训

3.6.1 实训一　基于线阵 CCD 的电线直径测量系统

在现代工业生产中，经常会遇到线材和棒材加工，如电缆、电线、钢丝、裸铜线、轧钢、纤维、橡胶、小钻头、灯丝的生产加工。这些线材和棒料往往都是在自动化生产线上加工，加工速度快，生产效率高，其加工水平的提高往往与测量技术的不断提高密切相连，产品质量在很大程度上是由监测仪器的精度决定的。目前国内很多企业依然采用人工使用千分尺测量直径。这种传统的接触测量速度较慢、精度低、静态测量。因此，研制新的自动测量系统，对电线的直径进行连续的动态测量和质量监控势在必行，以实现速度快、精度高、非接触、动态和自动化的测量。

【实训目的】

设计一个基于线阵 CCD 的电线直径测量系统。具体要求如下：

（1）设计 TCD1206SUP 的驱动电路，利用双踪示波器测试并分析各路驱动脉冲之间的相位关系。

（2）用纸片遮住一部分 CCD 像元，观察输出波形的变化。

（3）电线直径测量系统的测量范围为 0.5～8mm。

（4）采用液晶 LCD1602 实时显示结果。

【实训原理】

用线阵 CCD 图像传感器件对电线直径进行测量，一般有 3 种方法，分别为衍射法、放大成像法和平行光成像法。我们采用平行光成像法实现简单准确地测量电线的直径。利用线阵 CCD 测量电线直径的原理图如图 3.12 所示。该系统由光学系统、被测电线、CCD 图像传感器件、控制电路及单片机组成。因此电线直径测量系统需要解决以下几个问题：①线阵 CCD 的选择；②光学系统的搭建；③驱动电路的设计及测试；④二值化电路的设计；⑤液晶实时显示结果。

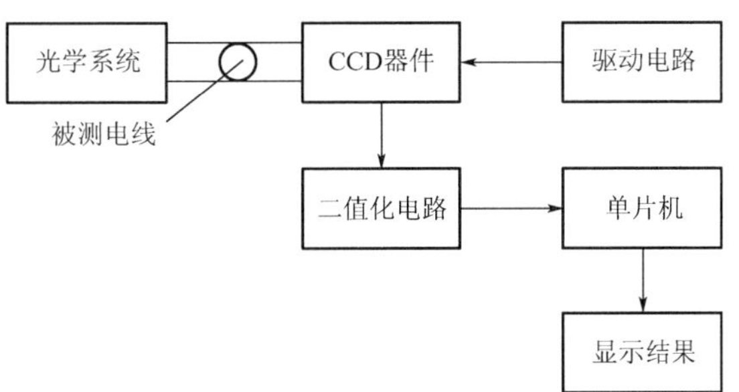

图 3.12　利用线阵 CCD 测量电线直径的原理图

1. 线阵 CCD TCD1206SUP

按照任务要求，基于线阵 CCD 的电线直径测量系统的核心是线阵 CCD 图像传感器，我们选择了 TCD1206SUP。它由 2236 个 PN 结光敏二极管构成光敏单元阵列，其中前部 64 个和后部 12 个被遮蔽，用来做暗电流检测，中间的 2160 个光敏二极管是感光像元，每个像元大小为 14μm×14μm，相邻像元中心距离为 14μm，光敏单元阵列总长为 30.24mm，属于典型的二相双沟道线阵 CCD。

TCD1206SUP是一种性能优良的线阵CCD，其引脚分布如图3.13所示。由图可知，TCD1206SUP共有22个引脚，其中符号为NC的引脚为空引脚，所以实际有用的引脚共有8个，分别为2个电源引脚（OD和V_{SS}）、4个驱动脉冲输出引脚（Φ1、Φ2、RS、SH）和2个信号输出引脚（OS和DOS），引脚功能如表3-3所述。

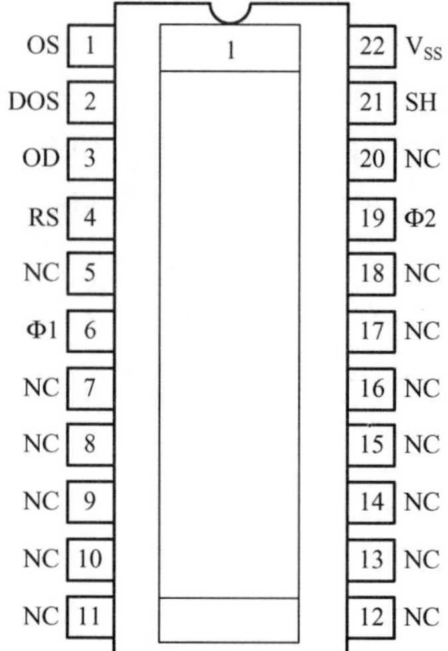

【TCD1206SUP使用说明】

图3.13 TCD1206SUP的引脚分布图

表3-3 TCD1206SUP引脚功能表

符　号	功　能	引脚号	符　号	功　能	引脚号
OS	信号输出	1	Φ1	时钟信号1输入	6
DOS	补偿输出	2	Φ2	时钟信号2输入	19
OD	电源（+12V）	3	RS	复位信号输入	4
V_{SS}	接地	22	SH	转移信号输入	21

2. 光学系统

光学系统的工作原理如图3.14所示，点光源经透镜后产生一束平行光照射在被测电线上，在CCD图像传感器件上成像。

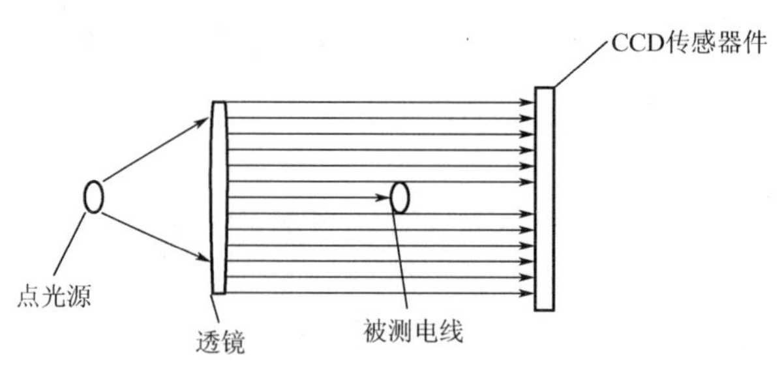

图3.14 光学系统的工作原理

3. 驱动电路

1）驱动脉冲产生电路

驱动脉冲产生电路如图 3.15 所示，我们采用现场可编程逻辑器件（CPLD）进行设计。R_1、R_2、G_1、G_2 和石英振荡器构成振荡器产生主时钟脉冲，经过分频器整形后输出所需频率 f，送入双 4 位二进制计数器 74LS393 的输入端，产生 RS、Φ_1 和 Φ_2 脉冲信号。将 RS 送入 N 位二进制计数器的输入端，利用其第 j 位与第 p 位输出端相与，产生转移脉冲 SH。

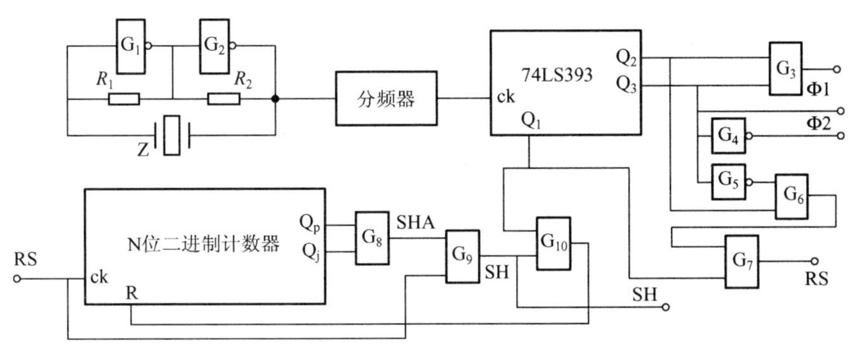

图 3.15　驱动脉冲产生电路

2）驱动电路

TCD1206SUP 的驱动电路如图 3.16 所示，转移脉冲$\overline{\mathrm{SH}}$、驱动脉冲$\overline{\Phi1}$与$\overline{\Phi2}$、复位脉冲$\overline{\mathrm{RS}}$这四路驱动脉冲可以由图 3.15 所示的电路图产生。经过六反相器 74HC04 反相后加到 TCD1206SUP 对应管脚上。在这四路脉冲的作用下，线阵 CCD 图像传感器 TCD1206SUP 将输出 OS 信号及 DOS 信号。其中 OS 信号含有经过光积分的有效光电信号，DOS 输出为补偿信号。

4. 输出信号放大电路

线阵 CCD 的输出信号使用差分放大电路进行放大，常用的差分放大电路如图 3.17(a) 所示，差分放大电路的电压放大倍数为

$$V_o = \frac{R_F}{R_1}(V_{i2} - V_{i1}) \tag{3-8}$$

TCD1206SUP 输出两路信号（OS 和 DOS），其中 OS 作为 V_{i1} 输入，补偿信号 DOS 作为 V_{i2} 输入，由于 CCD 输出信号包含高频脉冲，所以放大之前需要加小电容进行滤波处理。实现差分放大可以使用集成芯片 UA741。UA741 的常用的单运放芯片，其引脚分布如图 3.17(b) 所示。

5. 二值化电路

用线阵 CCD 测量物体尺寸等实际应用中，需要将 CCD 的输出信号转化为二值信号，

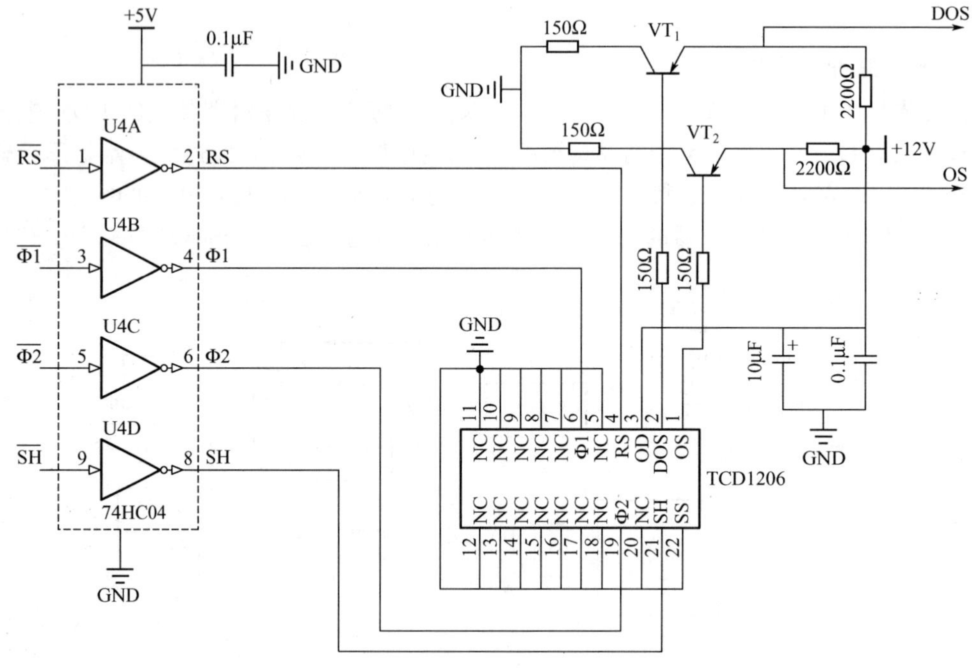

图 3.16　TCD1206SUP 驱动电路

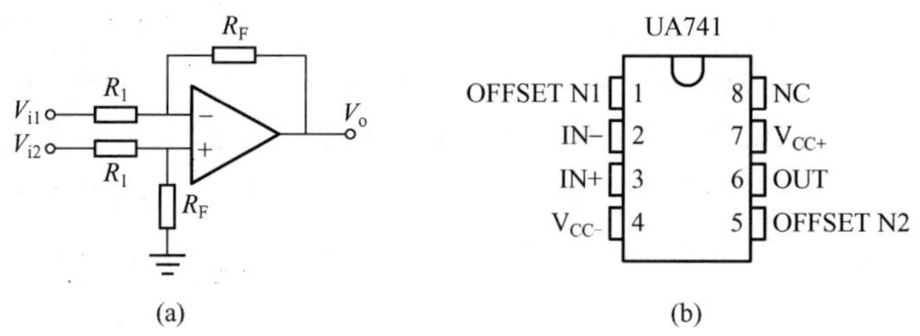

图 3.17　差分放大电路

即只输出“1”和“0”的高低电平。本实例中采用同相单限比较的方法对信号进行二值化处理，同相单限比较电路如图 3.18(a) 所示，当信号电压 V_i 大于参考电压 V_R 时输出高电平，反之输出低电平，电路输出特性如图 3.18(b) 所示。比较参考电压可以通过分压电路获得，且参考电压的大小通过电位器可调。

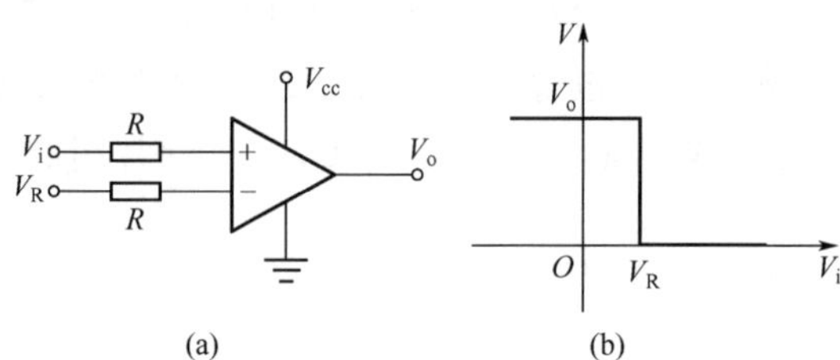

图 3.18　单限比较电路

需要注意的是，如果比较器使用 LM339，其输出端需要加上拉电阻以提高其输出能力。

6. 测量输出电路

利用单片机驱动 LCD 液晶工作，对比较器输出的低电平进行计数，实验结果通过 LCD 液晶显示给用户。

【系统测试】

(1) 本系统硬件部分主要由 CCD 驱动电路、二值化电路、单片机计数及显示电路等 3 部分组成。TCD1206SUP 驱动电路的原理图如图 3.19 所示，线阵 CCD 图像传感器件在驱动脉冲的作用下正常工作。CCD 输出信号放大和二值化电路的原理图如图 3.20 所示，系统采集到被测物体在 CCD 上成像信息后，对输出信号进行放大及二值化处理。测量系统原理图如图 3.21 所示，通过单片机计数操作，最终将实验结果显示给用户。

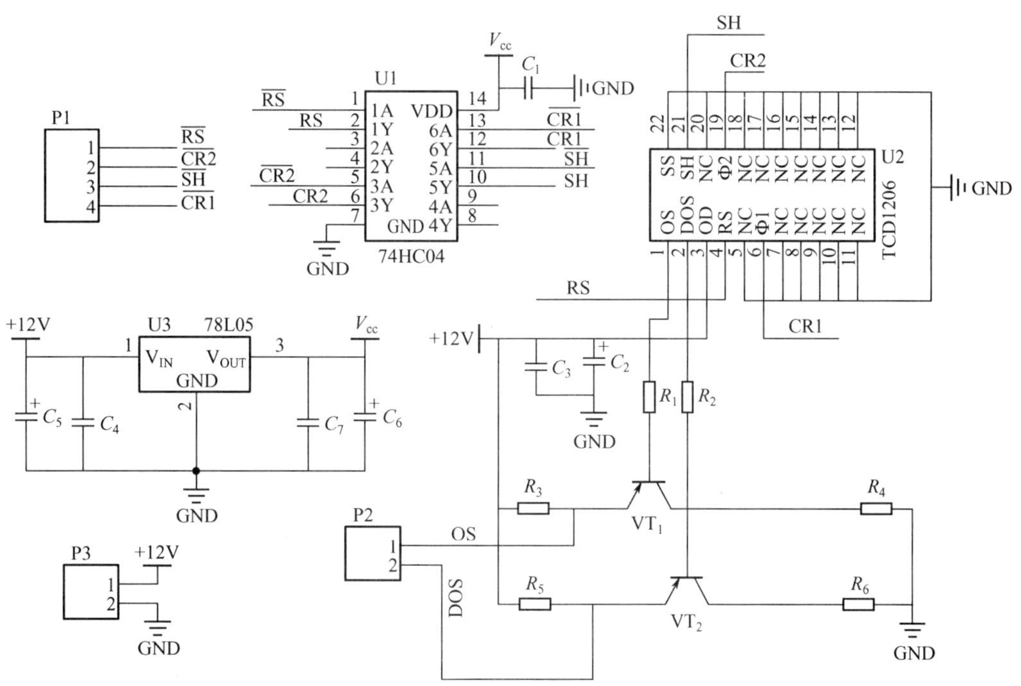

图 3.19　驱动电路原理图

(2) 在调试之前，首先对电路进行检查，确认电路是否存在虚焊或漏焊的现象、电路板腐蚀过程中有无断路或短路、元器件安装是否正确等，最后确保上述问题不存在后，再进行通电调试。

(3) 系统制作完成后，先调试驱动电路，CCD 芯片先不接入系统，用示波器测量 CCD 接口中电源引脚的电平和驱动脉冲波形是否正确，具体可以按如下方法进行检测：

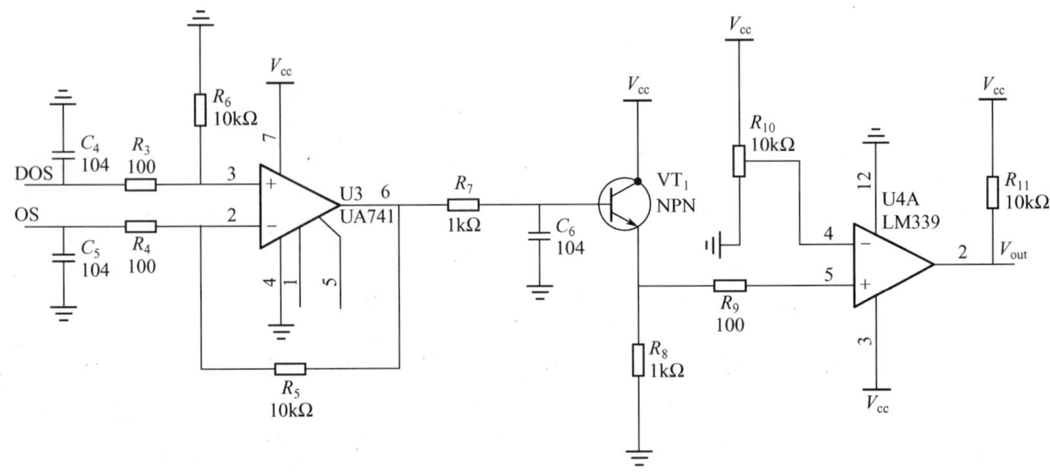

图 3.20　输出信号放大及二值化电路原理图

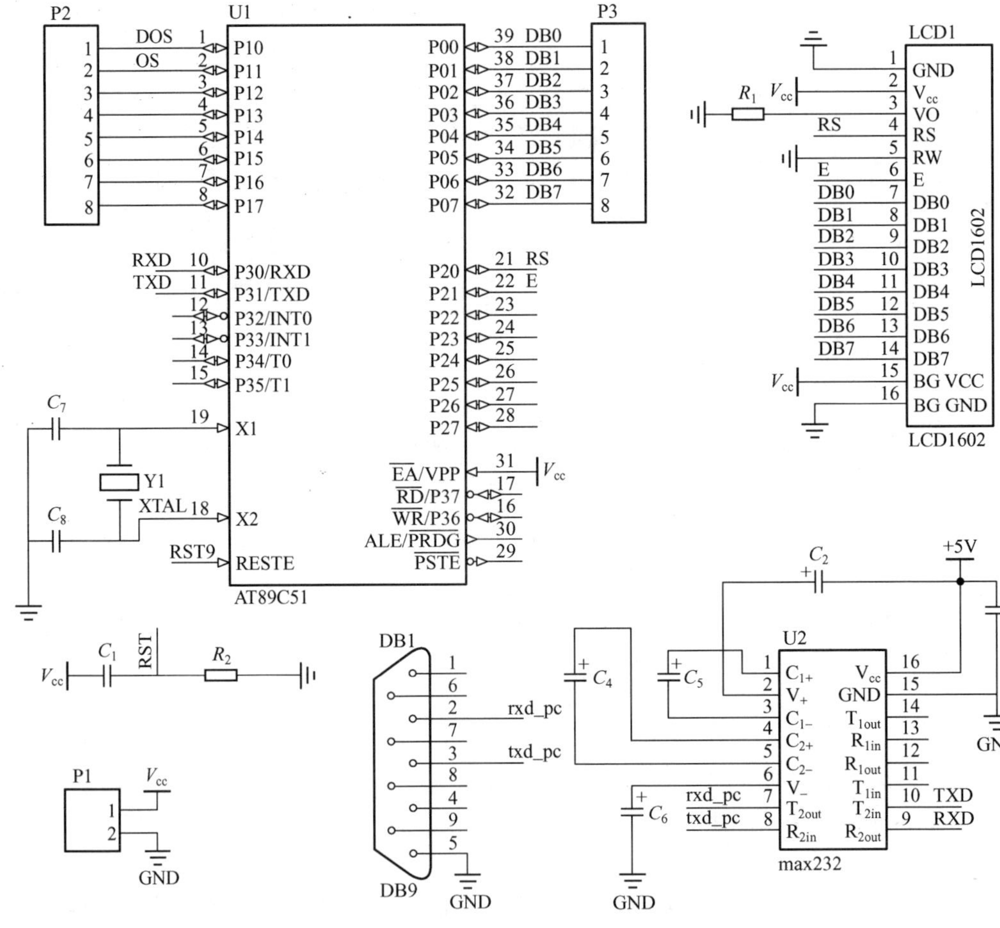

图 3.21　测量系统原理图

① CCD 的 OD 引脚上为+12V 的直流电压。

② 实际 CCD 驱动脉冲波形如图 3.22 所示，图中从上到下分别是 SH、Φ1、Φ2 和 RS。

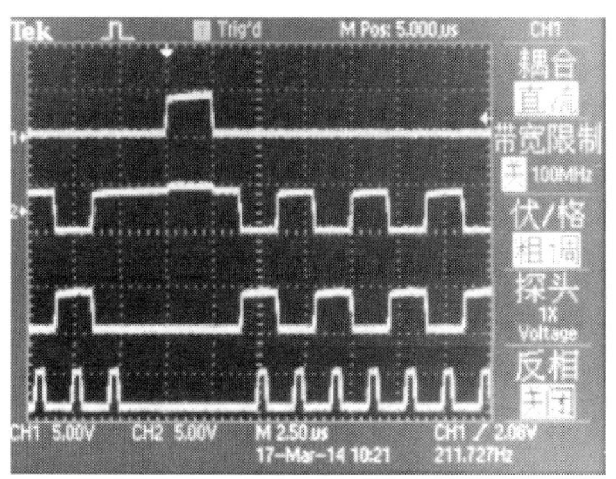

图 3.22 TCD1206SUP 实际驱动脉冲

③ SH 为短脉冲信号，脉冲宽度为 2.5μs，周期为 4.717ms（为了保证 CCD 信号完整输出及相位关系的稳定，本实验实际计时初值设为 9434）。

④ Φ1 和 Φ2 的周期为 4μs（频率为 250MHz），脉冲宽度为 2μs，幅度为 5V。SH 高电平时 Φ1 也是高电平，Φ2 是 Φ1 的反相信号。

⑤ RS 的频率是 Φ1（或 Φ2）的两倍，高电平脉冲宽度为 0.5μs。若测量结果正确，则继续下一步。若电源引脚电平不正确，则检查电路连接是否正确可靠。若驱动信号波形不正确，则检查脉冲信号产生电路输出波形是否正确；若脉冲信号产生电路输出波形正确，则检查 74HC04 电路连接是否正确可靠，芯片是否有效。

(4) 测试并记录数据。

① 利用示波器测试转移脉冲 SH、驱动脉冲 Φ1 或 Φ2，观测 SH 与 Φ1、Φ2 的相位关系。

② 改变驱动频率，观察并记录不同频率时，驱动脉冲 Φ1、Φ2 和复位脉冲 RS 的周期、频率等参数，分别填入表 3-4。

表 3-4 测试结果

驱动频率	测试项目	Φ1	Φ2	RS
	周期/μs			
	频率/kHz			
	周期/μs			
	频率/kHz			
	周期/μs			
	频率/kHz			
	周期/μs			
	频率/kHz			

(5) 接入CCD并用纸片遮住一部分CCD像元(图3.23),用示波器检查CCD的输出端(OS和DOS)有无信号输出。测试时,可以用手遮挡CCD,看输出波形有无变化,注意光照太强时CCD输出会饱和。若输出波形有变化,则继续下一步。若输出波形无变化,则按步骤(3)检查CCD的电源和驱动脉冲是否正确,CCD是否有效。

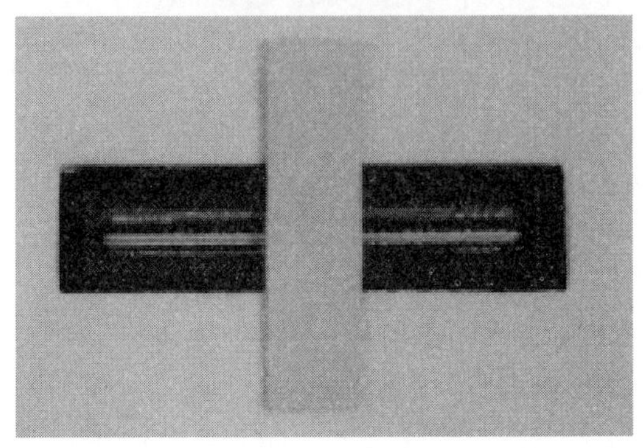

图3.23 用纸片遮挡部分CCD像元

(6) 当CCD工作正常且光照强度合适时,可检测到CCD输出信号,如图3.24所示,图中CH1(图中上面的信号)为SH信号,作为示波器的触发信号;CH2(图中下面的信号)为OS输出信号,波形中两个矩形脉冲是CCD的开始信号和结束信号,两个矩形脉冲中间的"小山峰"是CCD中被纸片遮挡的像元输出的信号。

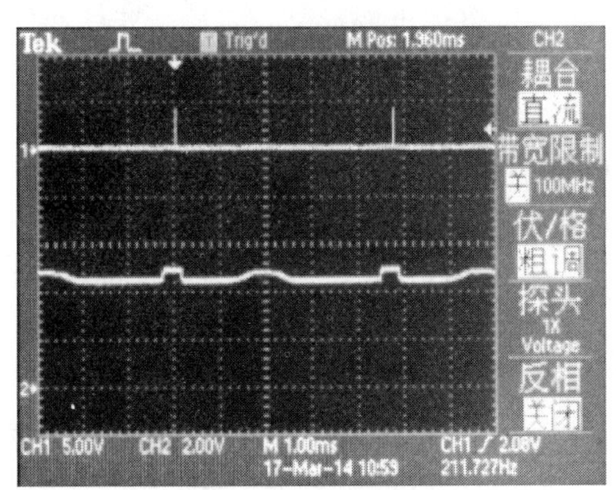

图3.24 实测OS信号

(7) 在UA741芯片的输出引脚(第6引脚)可检测到放大信号,若无放大信号,则检测UA741电路连接是否正确可靠。

(8) 在比较器LM339的第5引脚可检测到类似放大信号的波形,如图3.25中CH1所示,若不正确,则检查该引脚到UA741输出引脚之间的电路连接是否正确可靠,直至排除故障;检查并设置比较器第4引脚输入的参考电压,调节电位器使参考电压值约在"小山峰"的中间。

(9) 在LM339的第2引脚可检测到二值化后的输出信号,如图3.25中的CH2所示,

原放大信号波形中的“小山峰”通过二值化处理后变为矩形脉冲。该矩形脉冲的宽度可反映遮挡CCD像元的纸片的宽度。

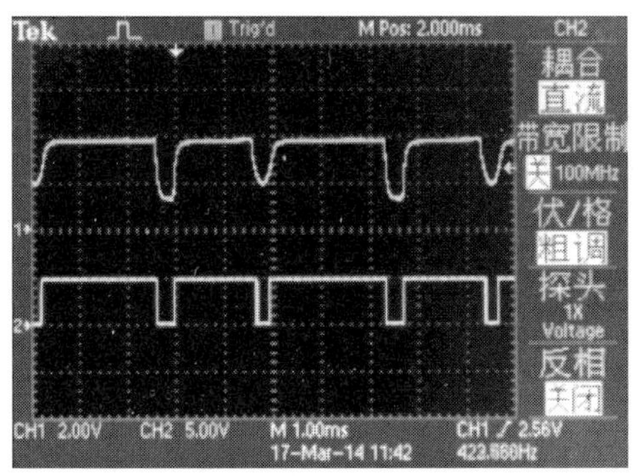

图3.25　放大信号和二值化后的信号

（10）液晶显示模块上电后，观察LCD液晶显示是否正常，有无闪烁或亮度不均匀等不稳定现象。若显示无误，且字符无乱码，则说明液晶显示模块完好；否则需要重新设置软件的延时程序。调用显示程序时，为了配合人眼的频率，要在返回时加上屏蔽附加值的子程序命令。

（11）整个系统进行测试时，通过单片机对二值化后的低电平进行计数并通过LCD液晶显示给用户。将电线垂直于线阵CCD放置再次测量，在表3-5中记录被遮挡的像素数。

（12）测量并记录数据。

① 物体直径的实际尺寸为

$$L_x = KN_x + b$$

式中，N_x是对应遮挡的像元数；K为像素与实际物体尺寸的比例因子；即系统的像素转换系数；b为测量值的系统误差。

② 取不同规格的标准电线进行测量，根据测试结果，多次测量，求出系统的像素转换系数K，标定出系统的测量误差b。

③ 选取不同直径的电线进行测试，同一根电线多次测量求平均，将测试结果填入表3-5中。

表3-5　测试结果

实际直径	遮挡像素个数	测得直径	误　差

【应用拓展】

1．物体检测方法

根据实际测量物体参数的尺寸，我们将不同尺寸物体参数的检测方法分为微小尺寸检测、小尺寸检测和大尺寸检测 3 种。

1）微小尺寸检测

当待测物体为钢丝、铜丝等微细材料时，常见的线径测量方法有如表 3－6 所示的几种。

表 3－6　常用的微细线径测量方法及原理

方　　法	原　　理
光杠杆法	在被测物体上安装一个反射镜，标尺经反射镜反射被望远镜接收，则被测物体上的微小位移都会通过反射光形成运动而得到放大。根据公式 $\Delta l=\frac{b}{2D}\Delta n$ 求出微小长度改变量，找出线径与改变量的比例关系
干涉法	将两块光学玻璃板叠在一起，在一端插入一个薄片或细丝，则在两块玻璃板间形成一空气劈尖。当用单色光垂直照射时，在劈尖薄膜上、下表面反射的两束光发生干涉，产生的干涉条纹是明暗相间平行于交线的直线，若在薄片处呈现 N 级条纹，则待测物体线径为 $d=N\cdot\frac{\lambda}{2}$，式中，$\lambda$ 为入射光波长
衍射法	用 He－Ne 激光束垂直入射细丝，则在远处的屏上出现衍射花样，细丝直径为 $d=\frac{2\lambda D}{\Delta x}$。式中，$D$ 为细丝到屏幕的距离，Δx 为＋1 级和－1 级两暗纹间的距离
CCD 法	平行光照射在待测物体上，成像在 CCD 光敏像元，则物体线径的实际尺寸 $L_x=KN_x+b$。式中，N_x 是对应遮挡的像元数，K 为像素转换系数，b 为测量值的系统误差，通过两次标定，求出 K 与 b 的值
电测法	利用光敏元件，使长度的微小变化引起电参量的明显改变，用电参量代替位移进行测量。将来自图像传感器的信号放大后进行测量，根据各种不同的转换方法有各种不同形式的测量仪器，如电阻式、霍尔元件式等
密度法	查出金属丝的密度，测出细丝的长度，根据公式 $\rho=\frac{4m}{\pi d^2 l}$ 计算出细丝的直径 d

2）小尺寸检测

当待测物体的待测尺寸较小，如检测钢珠的直径、小轴承内外径、孔径、玻璃管直径等物理量时，待检测尺寸几乎可以与光电器件尺寸相比拟，此时我们采用小尺寸检测原理来进行检测。其原理图如图 3.26 所示。

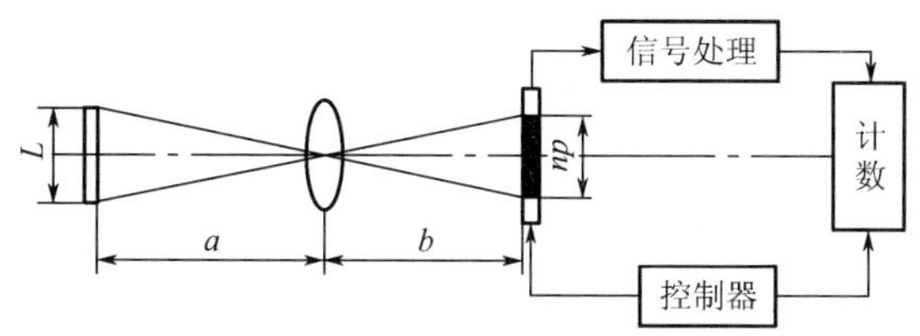

图 3.26　小尺寸检测原理图

待测物理 L 可表示为

$$L=\frac{np}{\beta}=\left(\frac{a}{f'}+1\right)np \tag{3-9}$$

式中，f' 为透镜焦距；a 为物距；b 为像距；β 为放大倍数；n 为像元数；p 为像元间距。

在信号处理过程中，对获取的信号采用二值化处理。光电图像传感器中被物体遮住和受到光照部分的光敏单元输出有着显著区别，可以把它们的输出看成二值化信号。通过对输出为“0”的低电平信号进行计数，即可以测出物体的实际宽度。

实际检测过程中，光强是连续变化的，但 CCD 摄像机受其结构限制，获取的是离散信号，物体成像的边缘多为明暗交界，而不是理想的阶跃跳变，此时通常采用阈值法和微分法，如表 3－7 所示。

表 3－7　常用的二值化处理方法

处理方法	阈值法	微分法
工作原理	比较整形法，将 CCD 输出的视频信号送入电压比较器的同相输入端，电压比较器的反相输入端加上可调的电平，构成了固定阈值二值化电路	被测对象边缘输出脉冲的幅度具有最大变化斜率，对低通信号进行微分处理，可得到微分脉冲峰值点坐标，即边缘点。将微分脉冲峰值点作为计数器控制信号，对峰值点间对计数脉冲计数，可测出物体宽度
原理图	图 3.27	图 3.28
工作过程	当 CCD 视频信号电压的幅度大于阈值电压时，比较器输出为“1”，即高电平；当 CCD 视频信号电压幅度不大于阈值电压时，比较器输出为“0”，即低电平。在低电平期间对计数脉冲进行计数，从而得 np	将 CCD 输出的调幅脉冲信号进行低通滤波，再将获取的连续视频信号经过微分电路Ⅰ微分，并送入绝对值电路，将微分电路Ⅰ输出的视频信号变化率变成同极性的脉冲信号，再送入微分电路Ⅱ再次微分。可得到微分脉冲峰值点坐标，即边缘点，将两个微分脉冲峰值点作为计数器控制信号，控制两个峰值点间对计数脉冲计数，可测出物体宽度
分类	固定阈值法、浮动阈值法	

3）大尺寸检测

当工件尺寸较大，或者系统要求测量精度较高时，我们采用如图 3.29 所示的“双目”测量系统，从而可以实现采用位数较低的图像传感器得到较高的测量精度。

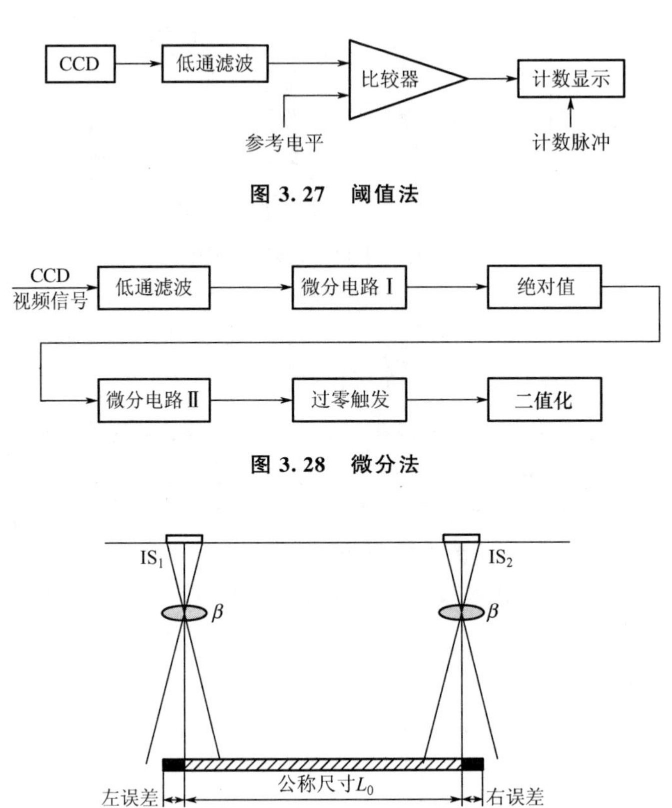

图 3.27　阈值法

图 3.28　微分法

图 3.29　"双目"测量系统

2. 单片机产生驱动脉冲信号设计

线阵 CCD 在驱动脉冲的作用下完成信号电荷的存储、转移和输出。TCD1206SUP 的驱动脉冲波形如图 3.30 所示，它由转移脉冲（SH）、时钟脉冲（Φ1，Φ2）和复位脉冲（RS）构成。当 SH 为高电平时，光敏单元的信号电荷转移到 CCD 的模拟移位寄存器；当 SH 为低电平时，模拟移位寄存器在时钟脉冲（Φ1，Φ2）的作用下，将信号电荷经电路转换后从 OS 端逐位输出。复位脉冲将末端移位寄存器中剩余的信号电荷去除。

由于结构上的安排，TCD1206SUP 工作时，输出端先输出 64 个无效信号（包含 13 个虚设单元信号、48 个哑元信号和 3 个过渡信号，其中虚设单元信号是指没有光敏单元对应的信号，哑元信号指被遮蔽的光敏单元信号，过渡信号是可能因光的斜射而产生的输出，这些都不能被用作信号），然后才连续输出 2160 个有效像素单元信号，之后又输出 12 个无效信号（包含 3 个过渡信号、6 个哑元信号、2 个奇偶检测信号和 1 个用于检测周期结束的检测信号），之后便是空驱动，空驱动的数目可以任意。因此，对于 TCD1206SUP 线阵 CCD，一个完整的信号周期至少包含 2236 个单元信号。由于该器件分奇、偶两列并行传输，因此在 1 个 SH 周期内至少要包含 1118 个时钟脉冲（Φ1 或 Φ2），才能将 CCD 信号全部输出。

TCD1206SUP 工作时重要的时序关系有：① SH 为周期很长的脉冲，低电平时间远

大于高电平时间，且低电平时间内至少要包含 1118 个时钟周期（Φ1 或 Φ2）；② SH 为高电平期间 Φ1 也必须为高电平，且必须 SH 的下降沿落在 Φ1 的高电平上；③ Φ2 是 Φ1 的反相信号；④ RS 的频率是 Φ1（或 Φ2）的 2 倍。

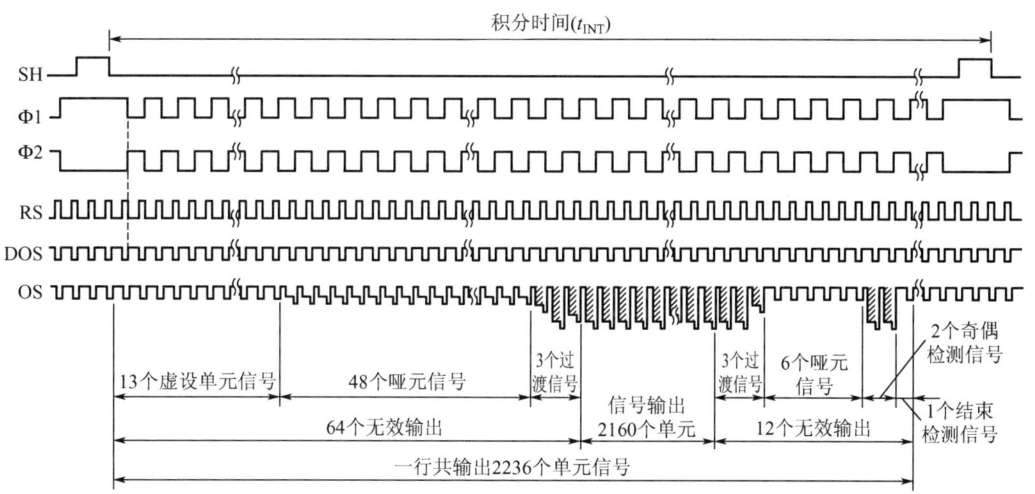

图 3.30　TCD1206SUP 驱动脉冲波形图

单片机产生驱动脉冲信号就是让单片机的一个 8 位锁存输入/输出口的其中 4 位按照波形要求变化输出数据，这 4 位是“1”或者“0”就决定了输出口是高电平还是低电平。实际中，单片机输出信号由 74HC04 反相后再输入 CCD 端口，因此，单片机实际产生的信号波形是 CCD 驱动信号的反相信号。将 TCD1206SUP 驱动信号取反，再提取与时钟信号前 3 个周期对应的信号进行横向放大并把一个周期分为 8 个状态，可得到如图 3.31 所示。

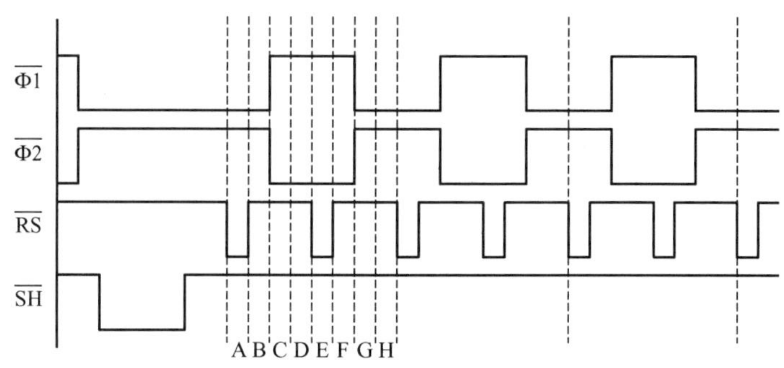

图 3.31　取反后前 3 个周期的驱动脉冲波形图

单片机产生脉冲信号驱动 CCD 还需要考虑单片机的输出脉冲频率与 CCD 工作频率是否匹配。TCD1206SUP 的时钟特性如表 3－8 所示。

表 3－8　TCD1206SUP 的时钟特性

特　　性	最小值	典型值	最大值
时钟脉冲频率/MHz	—	0.5	1.0

若单片机 AT89C51 的晶振频率为 24MHz，那么机器周期就是 0.5μs。使用单周期指令进行控制，根据图 3.31 所示关系可知，Φ1（或 Φ2）的一个周期有 8 个状态，每个状态需要一个机器周期的执行时间，则此时单片机端口输出 Φ1（或 Φ2）的周期为 4μs，即频率为 0.25MHz。这虽然不是 TCD1206SUP 时钟频率的典型值，但也符合要求，可以驱动 CCD 工作。由于 CCD 对时序的要求比较严格，所以具体控制程序要仔细推敲，合理安排。

分析图 3.31 所示时序关系，把一个周期内的状态与单片机 P1 口的输出相对应，可以得到表 3－9 所示对应关系。用单片机的位操作和转移指令的组合可以实现这 8 个状态的输出，用死循环程序可以实现这 8 个状态的连续输出，即产生$\overline{SH}$为高电平时的驱动脉冲信号，$\overline{SH}$的低电平可以通过计时中断来实现。因为$\overline{SH}$的两个低电平中间至少要包含 1118 个时钟周期（一个周期有 8 个状态，每个状态用一个机器周期），所以应使计时初值不小于 8894（1118×8），当计时结束后利用中断程序产生$\overline{SH}$的高电平。由此就可以得到 TCD1206SUP 的四路驱动脉冲信号（$\overline{\Phi1}$、$\overline{\Phi2}$、$\overline{RS}$和$\overline{SH}$）。

表 3－9　波形状态与 P1 口的对应关系

P1 口位序号		7	6	5	4	3	2	1	0	十六进制表示
驱动信号名		空	空	空	空	$\overline{SH}$	$\overline{RS}$	$\overline{\Phi2}$	$\overline{\Phi1}$	
波形状态	A	0	0	0	0	1	0	1	0	0AH
	B	0	0	0	0	1	1	1	0	0EH
	C	0	0	0	0	1	1	0	1	0DH
	D	0	0	0	0	1	1	0	1	0DH
	E	0	0	0	0	1	0	0	1	09H
	F	0	0	0	0	1	1	0	1	0DH
	G	0	0	0	0	1	1	1	0	0EH
	H	0	0	0	0	1	1	1	0	0EH

3.6.2　实训二　PCB 缺陷检测系统

【印制电路板 PCB】

【实训背景】

在现代电子及通信产品中，印制电路板（Printed Circuit Board，PCB）占有重要地位，其质量直接影响到电子产品的性能。随着光电、机械、计算机、材料等行业的飞速发展，PCB 行业也迅速发展起来。近年来，随着生产工艺的不断提高，PCB 正在向超薄型、小元件、高密度、细间距方向快速发展。这种趋势必然给质量检测工作带来了很多挑战和困难。

有调查显示，PCB 组装到仪器上再发现故障所耗费用是在生产或者装配时发现故障所耗费用的 10 倍，而将产品投入市场后发现故障的费用将是在装配 PCB 时发现故障所耗费用的 100 倍。此时，生产厂家要组织专门的维修队伍去维修这些产品，而且在大多数情况下，已制作为成品的电路板无法修理。因为现代的生产线是高度自动化，所生产的电子产品十分精细，人工难以修复，通常选择更换整块电路板。由于某一小缺陷而造成整张 PCB 报废，造成浪费。因此 PCB 的质量检验工作，尤其是 PCB 缺陷检测已经成为 PCB 制造过程中的一个核心问题，是电子产品制造厂商高度重视的问题。

如图 3.32 所示，目前电子产品制造商家所采取的 PCB 缺陷检测方法主要有人工目检、电气检测、红外热像仪检测、手动与光学检测相结合的体式显微镜等。

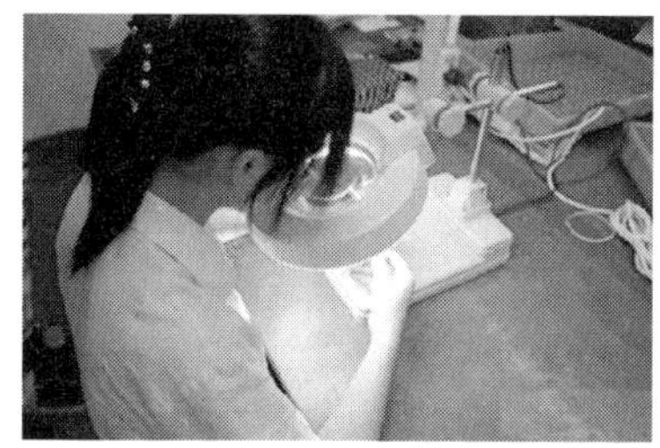

(a) 人工检测

(b) 在线检测

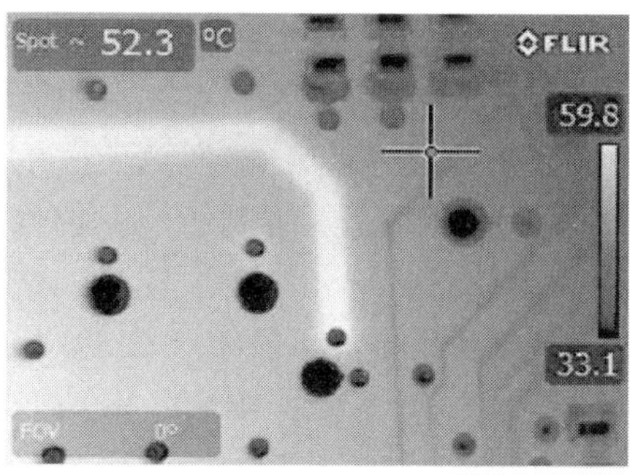

(c) 自动光学检测

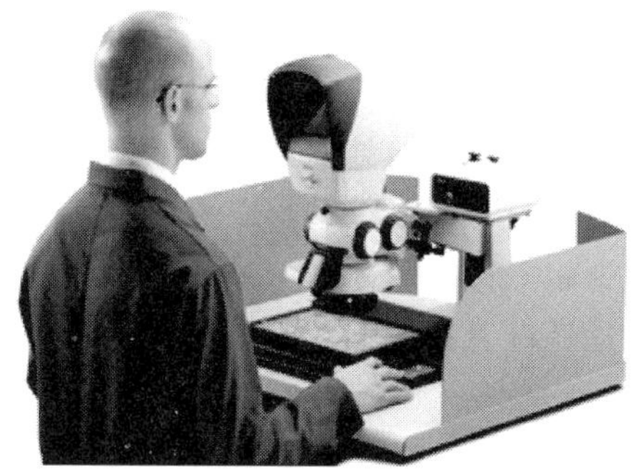

(d) 自动X射线检测

图 3.32　传统的 PCB 缺陷检测方法

【实训要求】

设计一套 PCB 缺陷检测系统，具体要求如下：

(1) 搭建系统，对 PCB 图像进行获取。

(2) 根据 PCB 图像特点，选择恰当的图像处理方法。

(3) 预设条件来判断 PCB 缺陷，及时将结果显示给用户。

【实训原理】

伴随着电子产业的飞速发展，人们对各种新型电子产品的质量要求也越来越高。目前

多数产品的故障都是由 PCB 缺陷而引起的。一些细微缺陷如果不能在生产线上及早、准确地发现，可能导致整块 PCB 报废，严重的甚至影响产品的可靠性，从而增加生产成本，降低产品合格率。若存在缺陷的 PCB 进入零件封装工序甚至组装到仪器上再发现故障，则会造成更为严重的后果。常见的 PCB 缺陷分类如图 3.33 所示。

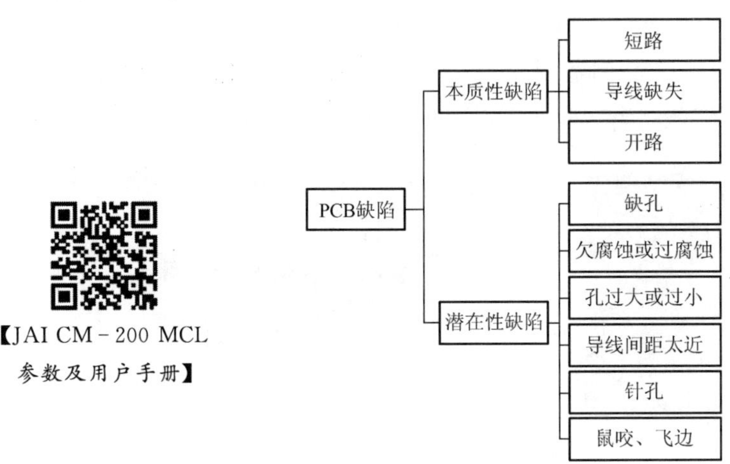

图 3.33 常见的 PCB 缺陷分类

针对上述常见的 PCB 缺陷，搭建一个 PCB 缺陷检测系统，分别包括光照单元、图像采集单元、计算机图像处理系统单元等，系统结构如图 3.34 所示。光照单元产生合适的照明及准确的物像位置关系，以保证得到的图像有合适的对比度和清晰度，是图像采集系统中的重要组成部分。CCD 图像传感器是感光设备，对光照单元的要求较高，光照的强弱与均匀性情况直接影响着所获取的图像的质量。图像采集单元采用 JAI CM－200 MCL 型黑白逐行扫描的 CCD 工业数字摄像机。其分辨率为 1620×1236 像素，即约 200 万像素；像元尺寸为 4.4μm × 4.4μm；摄像机尺寸为 44mm×29mm×66mm。图像采集卡采用 CCD 对应的供电型 Link（Power－over－Camera Link，PoCL），型号为 CM－200PMCL，用户只需要通过一条 Camera Link 线缆将照相机与图像采集卡连接，即可实现电源供给、图像数据传送和照相机控制。图像处理单元运用数字图像处理算法，对待测 PCB 进行必要的图像预处理及图像阈值分割。根据检测的目标对象，采用合适的算法检测出待测 PCB 的缺陷。

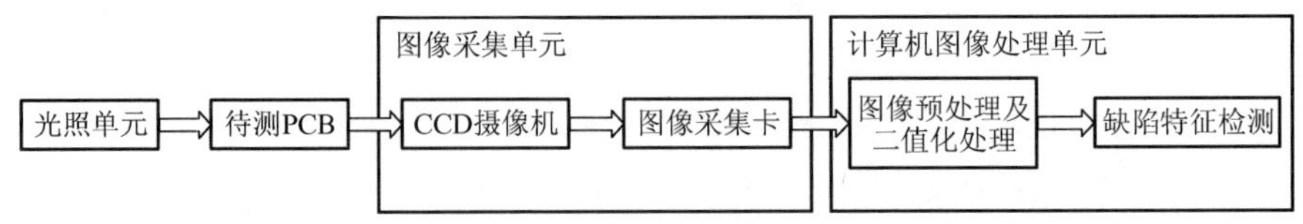

图 3.34 PCB 缺陷检测系统结构图

选用光照单元（适合的光源）给 PCB 提供高亮度的照明，使来自被摄 PCB 的反射光通过 CCD 图像传感器形成光学图像，由图像采集单元（CCD 摄像机）拍摄所需检测的

PCB局部，把采集到的图像信号通过图像采集卡传输到计算机，进行进一步放大后转换成相应的电信号输出而得到最终输出的图像。

将获取的图像进行预处理及二值化处理后，再送入图像缺陷识别模块进行处理，如此反复直至处理完毕。在缺陷识别处理时，利用待测模块和相应标准模块进行缺陷位置检出，再进行缺陷分析，将模块缺陷位置和缺陷分析结果及时显示给用户。

【数字图像处理的一些主要方法】

【系统测试】

1. 图像获取

PCB电路板缺陷检测系统主要是由图像采集单元，计算机图像处理单元，光照单元构成。其中图像采集单元面陈CCD摄像机、光学镜头。

(1) 如图3.35所示，利用高精度面阵CCD摄像机、高精度光学镜头、高亮度光源搭建出PCB缺陷检测系统。

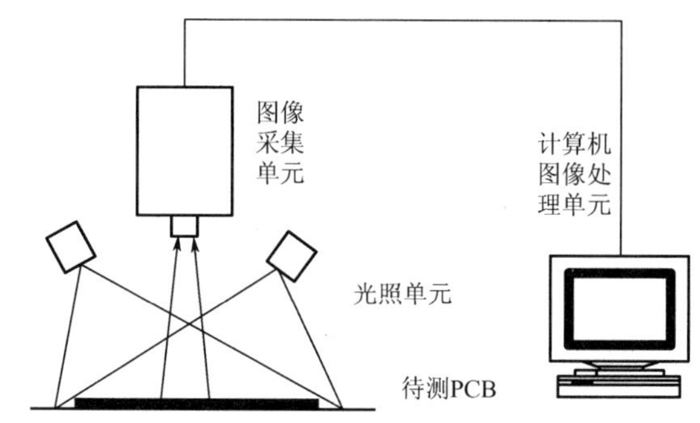

图3.35　PCB缺陷检测系统简图

(2) 通过改变光源的位置和角度来调整整个视场的亮度。

(3) 将PCB样板放在测试区域，在其4个定位孔处做标记，固定其位置信息。通过图像采集单元实时获取面阵CCD摄像机输出的图像数据，完成对检测PCB的图像采集，并通过图像采集卡输入到计算机图像处理单元。

(4) 根据定位孔的标记，将待测PCB固定在同一位置，通过图像采集单元获取图像并输入到计算机图像处理单元。

2. 图像处理及缺陷检测

(1) 图像处理单元的工作流程图如图3.36所示，根据PCB图像的特点，在预处理过程中，采用适当的算法对PCB样板先进行处理，将预处理后的图像进行阈值分割及二值化处理。利用中值滤波、灰度变换、拉布拉斯变换等方法对图像进行去噪声处理，同时增强图像的对比度。将处理结果存为标准板信息。

(2) 用同样的方法来处理待测PCB。

(3) 在缺陷识别模块中，二值化处理后的图像经过数学形态学处理得到伪标准图像。

(4) 将待测 PCB 处理结果和标准板信息进行异或处理，得到缺陷分布情况。

(5) 根据预设的条件来判断结果，及时将检测结果显示给用户。

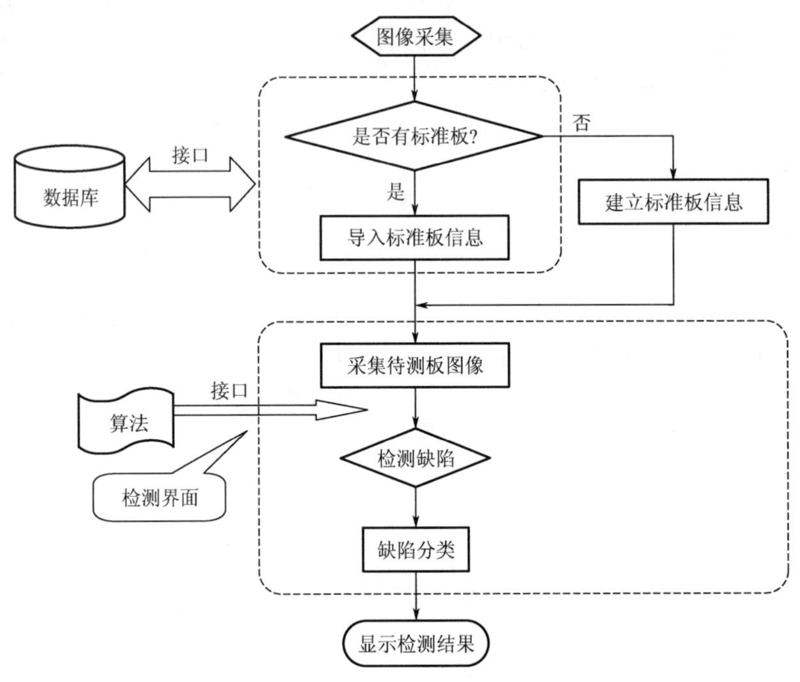

图 3.36　图像处理单元流程图

3. 注意事项

(1) 采用高亮度光源照射在待测 PCB 表面，使得其受光均匀，且无阴影。

(2) 将标准板信息处理并保存，与处理后的待测 PCB 信息进行异或处理，信息不同即标记，根据预设的条件来判断标记的结果是否为缺陷。

【应用拓展】

【常见的 8 种 PCB 缺陷】

1. PCB 缺陷分类

由 PCB 缺陷导致的功能损害可以根据其严重性分为本质性的功能不全和潜在性的功能不全。这样对应的 PCB 缺陷也可以依此分为本质性缺陷和潜在缺陷。本质性缺陷可以导致 PCB 完全不可使用，潜在性缺陷会导致 PCB 在正常使用过程当中出现可能的故障。在图 3.37 中是一块无缺陷的 PCB 示意图。图 3.38 即为与图 3.37 对应的包含多种缺陷的示意图。已经有文献研究显示，不同的缺陷检测算法在检测不同的缺陷种类上效果并不相同。

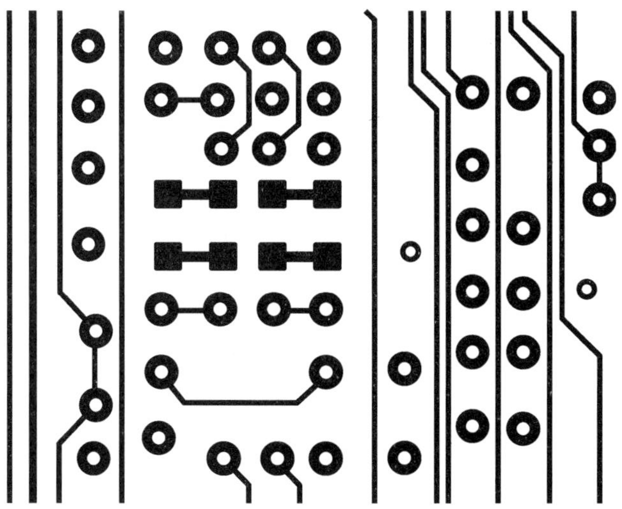

图 3.37　无缺陷的 PCB 示意图

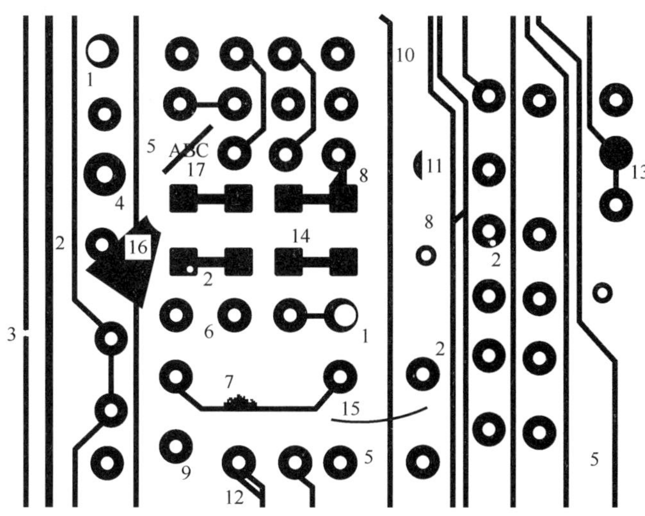

图 3.38　多种缺陷示意图

1—偏孔；2—针孔；3—开路；4—欠腐蚀；5—鼠咬；6—缺导线；7—飞边；8—短路；9—孔过小或过大；10—导线间距太近；11—误腐蚀；12—多余铜线；13—缺孔；14—过腐蚀；15—头发；16—遮蔽物；17—字符缺陷

2. 目前企业采用的 PCB 缺陷检测方法

随着生产与科学技术的迅速发展，对测量方法的精确度、测量效率及测量的自动化程度的要求也越来越高。传统的检测手段如表 3-10 所示，人工检测法、电气检测法已经在精确度和速度上满足不了高密度 PCB 缺陷检测的实际需要，研究高分辨率 PCB 图像的缺陷自动检测技术势在必行。

表 3-10 传统的 PCB 缺陷检测方法

检测方法	特点
人工检测法	通过人工操作放大镜来检测 PCB，检测时间较长，当导线宽度之间距离小于 0.2mm 时，漏检率较高
电气检测法	利用探针逐点、接触式检测，有可能损伤产品，对电路板尺寸有限制，仅适用于小批量 PCB 检测
红外检测法	通过探测表面温度来检测缺陷分布，实际只能检测裂纹缺陷，应用范围受限制
激光扫描检测法	检测系统结构复杂，对比度低时，此方法对缺陷的分辨能力不足
自动光学检测法	基于机器视觉的缺陷检测和非接触式检测，将光学系统与图像采集系统相结合，以获取电路板表面图像，通过图像处理算法检测瑕疵
自动 X 射线检测法	最新型的检测技术，采用分层原理和光束聚焦原理，将聚焦后可对多层重叠的焊点进行多层图像“切片”检测

国外这方面的研究工作开始得比较早，从 20 世纪的 70 年代到现在，PCB 缺陷检测的方法大致可分为以下 3 类。

(1) 参考比较法。将待检测 PCB 与标准 PCB 逐点比较或者是把待检 PCB 上提取出的特征与标准 PCB 上提取出的特征比较，任何差异均被认为是潜在的缺陷。参考比较法的优点是概念上直观，电路实现简单；缺点是要求待检测 PCB 和标准 PCB 空间位置的精确对准，否则检测的虚假报警较多。

(2) 非参考比较法。检测 PCB 是否满足设计规则，主要是进行尺寸校验，即检查导体和焊盘等尺寸是否满足设计标准所要求的宽度和间隙，任何与设计规则要求不符的，均被认为是潜在的缺陷。非参考比较法的优点是无须参考 PCB，因而它无须对准；缺点是不能检测出满足设计尺寸的缺陷，如 PCB 上丢失某条导线等。

(3) 混合型检测方法，它是参考比较法和非参考比较法的相互结合。利用非参考比较法对特征点进行检测，使得待检测 PCB 和标准 PCB 空间位置精确对准，再利用参考比较法把 PCB 缺陷检测出来。

从 20 世纪 80 年代开始，国际各大企业纷纷投入大量的人力、物力来研制 PCB 缺陷自动检测系统（图 3.39）。目前能够生产 PCB 缺陷自动检测系统，技术也比较成熟的主要制造厂商有以色列 Orbotech、Camtek 公司、Optrotech 公司、日本的日立制作所、英国 Tera dyne 公司的 5500 型、美国 ANGILENT 公司的 SDX（有 X 射线）、林肯激光公司、IBM 公司等。其中，以色列的 Camtek 公司的 2V30、2V50 型和 Optrotech 公司的 Vision105 型机，采用设计标准法和设计工作自动化系统参数比较法相结合的系统原理来分别检测大缺陷和小缺陷；美国林肯激光公司的 Inspctar/Verifier 型自动光学检测仪，也是基于设计标准法原理，可探测导线额定尺寸和线间距偏差、跨接和断线等缺陷；日本日立制作所研制的 MP 1000 型机利用在 PCB 的原材料中产生的荧光，结合图像识别技术，自动检测、判断 PCB 上的划伤、飞边、针孔、粘连和其他微细缺陷，具有极高的精度；该研究所研制的 LC－2C 型机不仅可检测基板上的穿孔位置，同时还可以检测孔径、塞孔、缺孔、多余孔及孔数，检测精度高、速度快并且检测时间与孔数无关；以色列 Orbotech 公司生产的 TRION－2000 系列采用了多摄像头技术，因此对于很多平常难以检测到的缺陷也可以发现，功能十分强大。

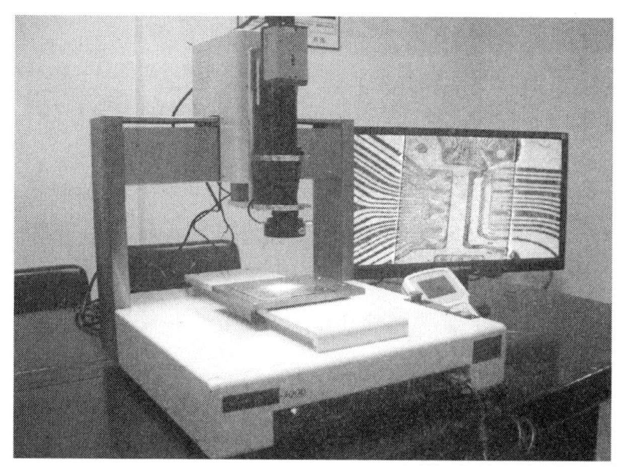

图 3.39　PCB 缺陷检测系统

【PCB 自动光学检测技术】

【PCB 制造中防止缺陷的方法案例】

目前，世界较大的制造厂商已开始将自动光学检测技术推广到 PCB 上的贴装元件的位置、方向的检测及带芯片的电路板的整体检测等领域。自动光学检测技术在国外研究较早，技术也相对成熟，研究出的产品也能检测出大部分的 PCB 缺陷，但大部分 PCB 缺陷自动检测系统售价昂贵，一般在 10 万～40 万美元，有的甚至高达 100 万美元。

思　考　题

1. 简述 CCD 电荷存储、转移、输出的基本工作原理，分析输出信号的特点。

2. 为什么说 N 型沟道 CCD 的工作速度高于 P 型沟道 CCD?

3. 将一维线阵 CCD 的光敏单元及移位寄存器按照一定的方式排列成二维阵列，是否能构成二维面阵的 CCD 图像传感器?

4. 试说明 TCD1206SUP 驱动脉冲中的 SH、RS 的作用，并分析 SH 脉冲若因故丢失，TCD1206SUP 的输出信号会如何变化。RS 脉冲丢失又会怎样?

5. CCD 工作时，由于 CCD 中的暗电流、材质结构不均匀及噪声等影响，各像素的光电响应特性为非线性，试分析如何进行校正以保证获取图像的质量。

第 4 章

光纤通信与传感

【教学目标】

本章主要介绍了光纤与光缆的结构与分类，光纤的导光原理及传输特性，光纤通信系统的组成及工作原理，光纤传感器的工作原理及应用。在内容安排上先介绍基本的概念与工作原理，然后通过光纤温度及应变传感与光纤光栅传感 2 个实训。

通过本章内容的学习，要求学生掌握光纤的结构、传输原理与特性，光纤通信与传感系统的组成及设计方法。

【教学要求】

相关知识	能力要求
光　　纤	(1) 了解光纤的产生及其发展； (2) 掌握光纤及光缆的结构、原理及其分类； (3) 掌握光纤的传输特性。
光纤通信系统	(1) 了解光纤通信系统的组成及其工作原理； (2) 掌握光发射机和光接收机的原理及实现方法； (3) 掌握光纤通信系统中的复用方法。
光纤传感系统	(1) 了解光纤传感器的应用及其发展； (2) 掌握光纤传感的基本原理和分类； (3) 了解光纤光栅传感器的原理、制作方法及应用； (4) 掌握光纤温度与应变传感的原理及测量方法。

4.1　光纤及其分类

光纤是光导纤维的简称，它是一种由石英或透明聚合物通过特殊工艺拉制而成的圆柱光波导。1966 年，英籍华裔学者高锟博士（K. C. Kao）在 PIEE（Proceedings of Institute of Electrical Engineers）杂志上发表论文《光频率的介质纤维表面波导》，从理论上分析证明了用光纤作为传输媒体以实现光通信的可能性，并预言了制造通信用的超低耗光纤的可能性。1970 年损失为 20dB/km 的光纤研制出来了，这一突破，引起整个通信界的震动，世界发达国家开始投入巨大力量研究光纤通信。1976 年，美国贝尔实验室在亚特兰大到华盛顿间建立了世界第一条实用化的光纤通信线路，速率为 45Mb/s，光纤通信系统开始显示出长距离、大容量的优越性。直至今日，光纤到户的实现，光纤为人类科技、生活的发展提供了不可估计的贡献，高锟博士也因此获得了 2009 年诺贝尔物理学奖。

【光纤之父高锟博士简介】

图 4.1　光纤之父高锟博士

4.1.1　光纤的结构

【光纤】

光纤一般是由纤芯、包层和涂覆层 3 部分组成，如图 4.2 所示。

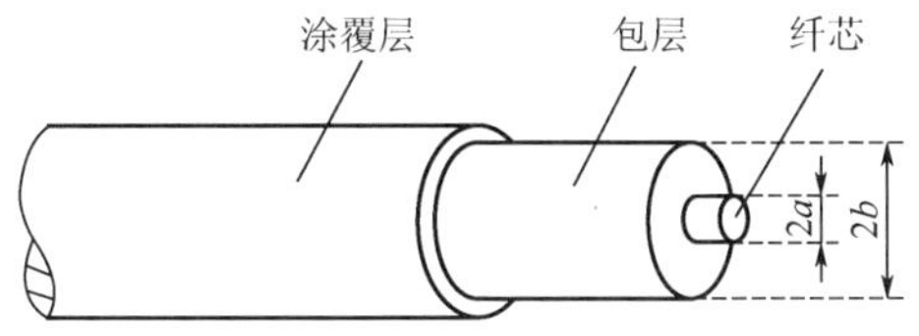

图 4.2　光纤的基本结构

【光纤发展大事记】

石英光纤的纤芯主要是高纯度的 SiO_2，并掺入少量的杂质（如 GeO_2），用以提高纤芯的折射率。包层一般也为 SiO_2，其折射率比纤芯稍微要低一点，光纤导光特性主要是由高折射率的纤芯和低折射率的包层决定的。为了增强光纤的柔韧性、机械强度和耐蚀性，在包层外增加一层涂敷层，其主要材料为环氧树脂和硅橡胶。

对于通信用的裸石英光纤，单模纤芯的直径 $2a$ 为 4～10μm，多模光纤纤芯大多为 50μm，单模光纤和多模光纤的包层的直径一般为 125μm，在包层外面是 5～40μm 的涂敷层。常用裸光纤实物如图 4.3 所示。

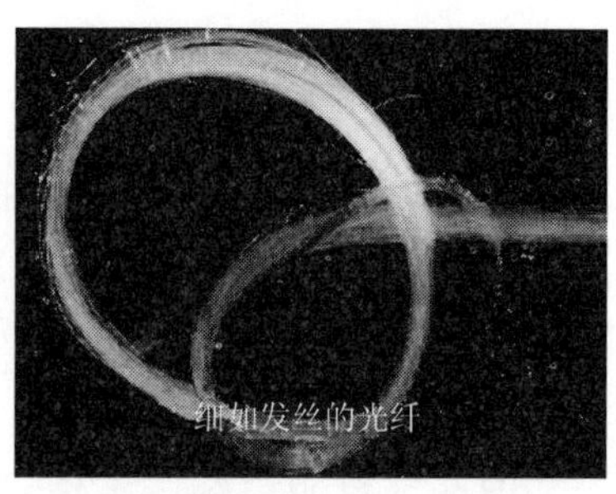

图 4.3　裸光纤

由于这种裸光纤柔韧性、机械强度都还不够高，很难实际使用，需要外面加保护层，光纤的基本结构根据一次涂层与二次涂层的相对位置可以分为紧套结构和松套结构。紧套光纤：其基本结构为二次涂层与一次涂层紧密相贴，两层间无空隙，一次涂覆光纤在二次涂层内不能自由移动，二层挤在一起且各层同心。紧套光纤具有体积小和较好的机械强度特点，但外界环境变化时易受影响，即温度特性差。松套光纤（光纤松套缓冲管）：其基本结构为二次涂层与一次涂层间有一定的空隙，一次涂覆光纤在充有光纤防水油膏的二次涂层内可自由移动。二次涂层为一松套塑料管，常用涂覆材料有聚对苯二甲酸丁二醇酯(PBT)、聚乙烯等。光纤松套管内含有 2～12 根一次涂覆光纤，松套缓冲管隔离外部应力及温度变化对光纤的作用，松套管内填充的光纤防水油膏对光纤起机构保护和阻水两方面的作用。松套光纤具有更好的机械特性和温度特性，但直径较粗，其所占空间相对较大，使光纤光缆原料使用量增加。图 4.4 为常用的光纤跳线。

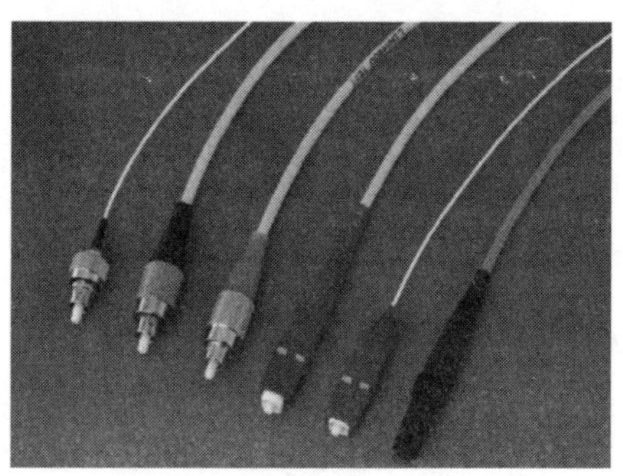

图 4.4　常用的光纤跳线

光缆是由若干根这样的光纤经一定方式绞合、成缆并外挤保护层构成的实用导光线缆制品。光缆内的加强件及外保护层等附属材料的作用主要是保护光纤并提供承缆、敷设、储存、运输和使用要求的机械强度，防止潮气及水的侵入，以及防止环境、化学的侵蚀和生物体啃咬等。光缆主要由两部分构成：缆芯和护套。光缆的结构如图 4.5 所示。

缆芯由涂覆光纤和加强件构成，有时加强件分布在护套中，这时缆芯只有涂覆光纤。涂覆光纤又称芯线，主要有紧套光纤、松套光纤、带状光纤 3 种。它们是光缆的核心部分，决定着光缆的传输特性。加强件的作用是承受光缆所受的张力载荷，一般采用杨氏模量大的镀锌或镀磷钢丝或芳纶纤维，或经处理的复合玻璃纤维棒等材料。

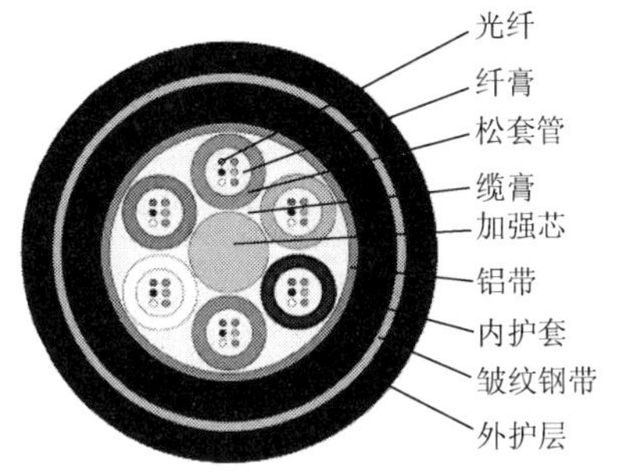

图 4.5　光缆的结构

护套的作用是保护缆芯、防止机械损伤和有害物质的侵蚀，对抗侧压能力、防潮密封、耐蚀性等性能有严格要求。其结构一般为：内护套→铠装层→外护层3层。

内护套：位于铠装层与缆芯之间的同心层，起机构保护与铠装衬垫作用。常用的内护套有PE、PVC护套。

铠装层：在内护套与外护层之间的同心层，主要起抗压或抗张的机构保护作用。铠装层通常由钢丝或钢带构成。钢带铠装层的主要作用是抗压，适用于地下埋设的场合。钢丝铠装层的主要作用是抗拉，主要用于水下或垂直敷设的场合。在海底光缆中，为防止渔具及鱼类对光缆的损伤，也有采用钢带和钢丝联合构成铠装层的情况。常用钢带和钢丝的材料都是由低碳钢冷轧制成的。为防止腐蚀，要求铠装钢带必须有防蚀措施，如预涂防蚀漆、镀锌或镀磷等，而铠装钢丝则使用镀锌或镀磷钢丝、涂塑钢丝、挤塑钢丝等。如图4.5所示，光缆还通过位于缆芯与内护套间的铝带进一步提高抗压与防腐蚀性。

外护层：在铠装层外面的同心层，主要对铠装层起防蚀保护作用。常用的外护层有PE、PVC和硅橡胶护套。

4.1.2　光纤的分类

光纤的分类方法很多，可以按照光纤的折射率来分，可以按照光纤中传输的模数来分，也可以按ITU-T来分，还可以按照光纤使用的材料或传输波长来分。

1. 按光纤的折射率来分

按照光纤的折射率分布不同，可将光纤分为阶跃折射率光纤和渐变折射率光纤两种。阶跃折射率光纤的纤芯和包层的折射率都是恒定的，且纤芯的折射率略高于包层的折射率，其折射率径向分布可用图4.6(a) 表示。

光纤的折射率变化可以用折射率沿半径的分布函数 $n(r)$ 来表示：

$$n(r)=\begin{cases} n_1 & r<a \\ n_2 & r\geqslant a \end{cases} \tag{4-1}$$

渐变折射率光纤的折射率连续变化，轴心的折射率最大，然后随着 r 的增大而逐渐减小，直到等于包层的折射率，如图4.6(b) 所示，折射率的变化也可以用折射率沿半径的布函数 $n(r)$ 来表示：

$$n(r)=\begin{cases}n_1\left[1-2\Delta\left(\dfrac{r}{a}\right)^{\gamma}\right]^{\frac{1}{2}} & r<a\\ n_2 & r\geqslant a\end{cases} \tag{4-2}$$

式中，γ 为光纤折射率分布指数；a 为光纤的纤芯半径；$\Delta=\dfrac{n_1-n_2}{n_1}$ 为光纤的相对折射率；n_1 为纤芯最大折射率；n_2 为包层的折射率。

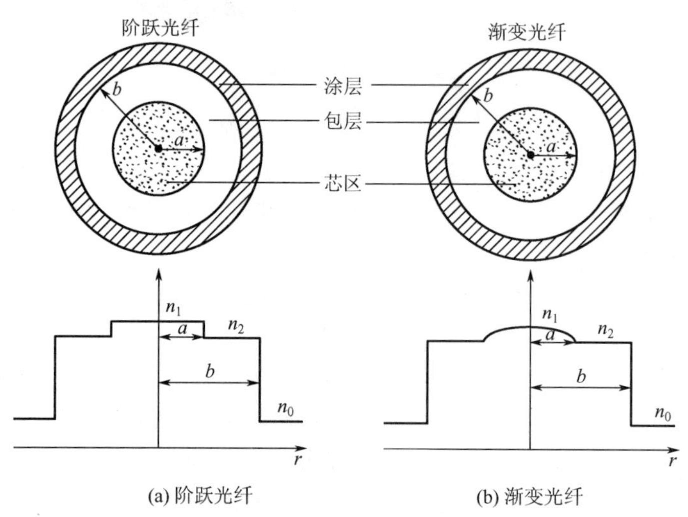

图 4.6　阶跃光纤与渐变光纤的横截面和折射率分布

γ 值不同，光纤的折射率分布也不一样，$\gamma=2$ 时为抛物线型折射率分布；$\gamma\rightarrow\infty$ 时，光纤的折射率分布呈阶跃型，因此阶跃型光纤可以认为是渐变型光纤的一种极限形式。

2. 按光纤中传输的模数来分

按光纤中传输的模数来分，可将光纤分为单模光纤与多模光纤。

单模光纤：只能传播一种模式的光纤，只能传输基模，不存在模间色散。

多模光纤：在一定的波长上，当有多个模式的光在光纤中同时传输时，多模光纤的芯径直径较大，带宽较窄，传输容量也较小。

3. 按 ITU－T 来分

按照 ITU－T 关于光纤类型的建议，可将光纤分为 G.651 光纤（渐变型多模光纤）、G.652 光纤（常规单模光纤）、G.653 光纤（色散位移单模光纤）、G.654 光纤（截止波长光纤）、G.655 光纤（非零色散位移光纤）。

4. 按光纤的传输波长来分

按光纤的传输波长不同，可将光纤分为紫外光纤、可见光纤、近红外光纤、红外光纤等。

5. 按光纤使用的材料来分

按照光纤的构成材料不同，可将光纤分为两类：以 SiO_2 为主要成分的石英光纤；以塑料为材料的塑料光纤。

石英光纤是目前最常用的光纤，其传输损耗低。

塑料光纤的纤芯和包层均由塑料组成，原料主要是有机玻璃、聚苯乙烯和聚碳酸酯。损耗受到塑料固有的C－H结合结构制约，一般每千米可达几十dB。为了降低损耗，目前正在开发应用氟索系列塑料。由于塑料光纤（Plastic Optical fiber）的纤芯直径为1000μm，比单模石英光纤大100倍，接续简单，而且易于弯曲、施工容易，加上近年来宽带化的发展，作为渐变型折射率的多模塑料光纤的发展受到了社会的重视，最近在汽车内部LAN中应用较快，未来在家庭LAN中也可能得到应用。

【光纤的相关应用】

4.2 光纤的传输特性

影响光纤最大传输距离的主要因素是光纤的损耗和色散。在本节主要讨论光纤的损耗特性和色散特性。

4.2.1 光纤的损耗特性

光纤的传输损耗是光纤通信系统中一个非常重要的问题，低损耗是实现远距离光纤通信的前提。光纤的损耗如图4.7所示，形成光纤损耗的原因很复杂，归结起来主要包括两大类：吸收损耗和散射损耗。

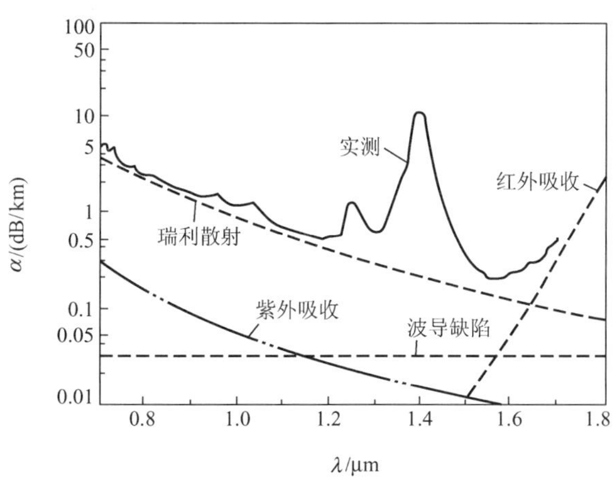

图4.7 光纤的损耗

1. 吸收损耗

吸收损耗是光波通过光纤材料时，有一部分光被材料吸收变成热能，从而造成光功率的损失。造成吸收损耗的原因很多，但都与光纤材料有关，下面主要介绍本征吸收和杂质吸收。

1）本征吸收

本征吸收是光纤基本材料（如纯 SiO_2）固有的吸收，并不是由杂质或者缺陷所引起的。因此，本征吸收基本上确定了任何特定材料的吸收下限。吸收损耗的大小与波长有关，对于 SiO_2 石英系光纤，本征吸收有两个吸收带，一个是紫外吸收带，另一个是红外吸收带。

2）杂质吸收

杂质吸收是由材料的不纯净和工艺的不完善造成的附加损耗。影响最严重的是过渡金属离子吸收和水的氢氧根离子吸收。

2. 散射损耗

由于光纤的材料、形状及折射指数分布等的缺陷或不均匀，使光纤中传导的光散射而产生的损耗称为散射损耗。散射损耗包括线性散射损耗和非线性散射损耗。所谓线性或非线性主要是指散射损耗所引起的损耗功率与传播模式的功率是否呈线性关系。

线性散射损耗主要包括瑞利散射和材料不均匀引起的散射。

非线性散射主要包括受激喇曼散射和受激布里渊散射等。此处只介绍两种线性损耗。

1）瑞利散射损耗

瑞利散射损耗也是光纤的本征散射损耗。这种散射是由光纤材料的折射率随机性变化而引起的。材料的折射率变化是由密度不均匀或者内部应力不均匀而产生散射引起的。当折射率变化很小时，引起的瑞利散射损耗是光纤散射损耗的最低限度，这种瑞利散射是固有的，不能消除。瑞利散射损耗与 $1/\lambda^4$ 成正比，它随波长的增加而急剧减小。

2）材料不均匀所引起的散射损耗

结构的不均匀性及在制作光纤的过程中产生的缺陷也可能使光线产生散射。这些缺陷可能是光纤中的气泡、未发现反应的原材料及纤芯、包层交界处粗糙等。这种散射也会引起损耗，它与瑞利散射不同，主要是通过改进制作工艺予以减少。

上面介绍了两种主要损耗，即吸收损耗和散射损耗。除此之外，引起光纤损耗的还有光纤弯曲产生的损耗及纤芯与包层中的损耗等。综合考虑发现，纯硅石等在 1.31μm 附近损耗最小，材料色散也接近零；在 1.55μm 左右，损耗可降到 0.2dB/km；如果合理设计光纤，还可以使色散在 1.55μm 处达到最小。这为长距离、大容量通信提供了比较好的条件。

4.2.2 光纤的色散特性

光纤色散是光纤通信的另一个重要特性。光纤的色散会使输入脉冲在传输过程中展宽，产生码间干扰，增加误码率，这样就限制了通信容量。因此制造优质的、色散小的光纤，对增加通信系统容量和加大传输距离是非常重要的。

1. 光纤色散的概念

在光纤通信中，由于色散的存在，光信号在光纤中传输时，由于各个不同频率成分的光载波在光纤中传输速率的不同，会引起光脉冲的展宽。由于光脉冲的展宽，会使得信息在传输段距离后，在脉冲的展宽达到一定程度时，就会引起相邻脉冲间的相互干扰，使得接收机误码率上升。

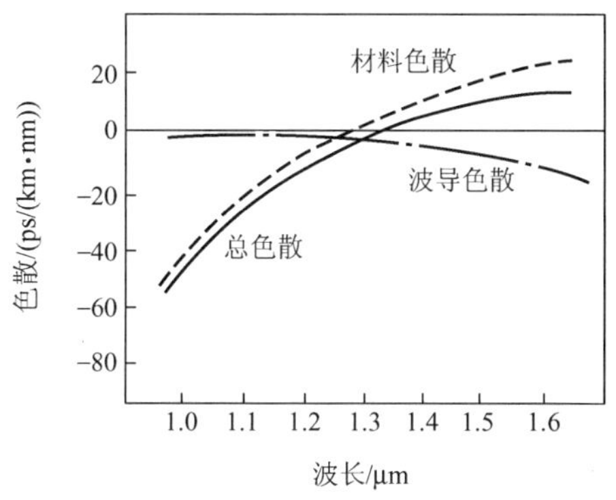

图 4.8　光纤的色散

2. 光纤中的色散

光纤色散主要包括材料色散、波导色散、模间色散和偏振模色散。对于多模光纤，模间色散是主要的，材料色散相对较小，波导色散一般可以忽略。对于单模光纤，由于只有一个模式在光纤中传输，所以不存在模间色散，只有材料色散、波导色散和偏振模色散，而材料色散是主要的，波导色散相对较小。对于制造良好的单模光纤，偏振模色散最小。

1）材料色散

在无穷大的材料中，不存在模式问题，只有材料色散。材料色散是由于材料本身的折射率随频率而变化，使得信号各频率成分的群速不同而引起的色散。

2）波导色散

由于单模光纤中只有基模传输，因此不存在模式色散，只有材料色散和波导色散。所谓波导色散，是对于光纤某一个模式而言，在不同的频率下，相位常数 β 不同，使得群速不同而引起的色散。可以看出，材料色散和波导色散都是由于光波的相位常数 β 随频率变化而引起的色散，因此，这两种色散都属于频率色散。

3）模式色散

当光纤的归一化频率 $V>2.40483$ 以后，单模传输条件被破坏，将有多个导波模式传输，V 值越大，模式越多，这样，多模光纤的色散除了材料色散和波导色散以外，还有模式色散。在多模光纤中，一般模式色散占主要地位。

所谓模式色散，是指光纤中不同模式在同一频率下的相位常数 β 不同，因此群速不同而引起的色散。它是以光纤中传输的最高模式与最低模式之间的时延差来表示的。

对于多模光纤来说，纤芯中折射率分布不同时，其色散特性也不同。下面分两种情况来讨论，即纤芯折射率呈均匀变化和呈渐变型变化的情况。

4）偏振色散

偏振色散是指单模光纤中的偏振色散，简称 PMD（Polarization Mode Dispersion），

【光纤的非线性效应】

起因于实际的单模光纤中基模含有两个相互垂直的偏振模，通常情况下这种模式在光纤中的行为是相同的。然而，实际的光纤存在不对称性（如光纤弯曲、光纤的椭圆度等），沿光纤传播过程中，由于光纤难免受到外部的作用，如温度和压力等因素变化或扰动，使得两模式发生耦合，并且它们的传播速度也不尽相同，从而导致光脉冲展宽，展宽量也不确定，便相当于随机的色散。

【光纤通信的发展】

【光纤通信系统1】

【光纤通信系统2】

4.3 光纤通信系统

光纤通信是以激光为载体，以光纤为传输媒介的通信方式。与传统的电缆或微波通信相比，光纤通信具有传输损耗小、传输带宽高、抗电磁干扰等优点。光纤通信系统按其传输的信号类型不同可以分为光纤数字通信系统与模拟通信系统。

4.3.1 光纤通信系统的组成

光纤通信系统的基本组成如图 4.9 所示，它主要光发射机、光接收机和光中继器组成。待传输的信号通过光发射机调制到光载波上，然后通过光纤传输，在长距离光纤传输中，光信号由于传输损耗、色散的影响，信噪比变差，需要中继器对信号进行放大、整形。在接收端，光电变换恢复出电信号。

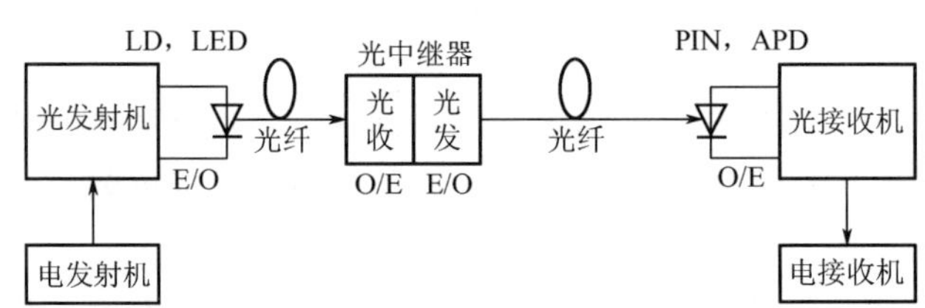

图 4.9　光纤系统的组成

1. 光发射机

光发射机的作用是将待传输的信号调制到光载波。光发射机有数字发射机和模拟发射机。与无线通信类似，要实现调制就需要用待传输信号去控制光载波的某一特征参数（振幅、频率、相位或偏振态），从而使光载波携带信息。根据调制和激光器的关系，光调制可分为直接调制和间接调制两类。直接调制是指用待传输的信号直接控制激光器的电流，从而改变激光器的输出光功率，实现强度调制。间接调制是指激光器输出恒定的光功率，然后利用晶体的光电效应、磁光效应、声光效应等性质来实现对光载波的某一参数进行调制，如电光调制、磁光调制、声光调制、电吸收效应等。

直接调制又称内调制，它可用于半导体激光器或半导体 LED 这类光源。由前面分析可知，半导体激光器的发光功率 P 与注入电流 I 之间的关系如图 1.26 所示，而半导体 LED 光功率与注入电流间有如图 1.5 所示的关系。由图 1.26 和图 1.5 可见，在半导体激

光器 $P-I$ 曲线中，注入电流超过阈值电流 It 以后，$P-I$ 曲线基本是直线；而半导体发光二极管的 $P-I$ 曲线亦基本呈直线。这样，只要在呈直线的部位加入调制信号（即加入跟随输入信号变化的注入电流），则输出的光功率 P 就跟随输入信号变化。于是，信号就调制到光波上了。

间接调制又称外调制，其原理如图 4.10 所示，激光器输出的光载波通过电光强度调制器，从而使输出光携带信息。

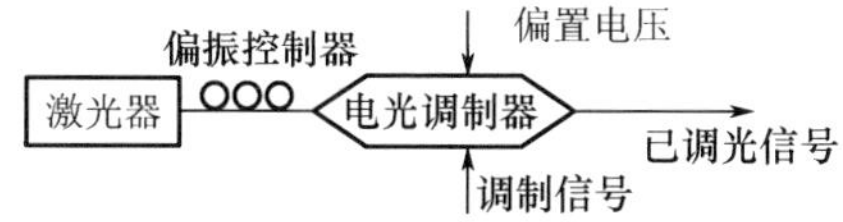

图 4.10　外调制的基本原理

两种调制方式的比较如表 4-1 所示。

表 4-1　两种调制方式的比较

调制方式	优　　点	缺　　点
直接调制	系统简单，成本低	在进行强度调制时，同时伴随频率调制，调制带宽不高，一般在几吉赫兹以下
间接调制	调制带宽大，可以到几十吉赫兹，适合高速长距离通信	系统较复杂，成本高，需要额外的偏振控制

2. 光接收机

光发射机输出的光信号在光纤中传输时，不仅幅度会衰减，而且脉冲的波形也会被展宽。光接收机的任务是以最小的附加噪声及失真恢复出由光纤传输、光载波携带的信息。

和光发射机一样，光接收机也有数字接收机和模拟接收机两种形式，如图 4.11 所示。它们均由反向偏压下的光电检测器、低噪声前置放大器及其他信号处理电路组成，是一种直接检测（DD）方式。与模拟接收机相比，数字接收机更复杂，在主放大器后还有均衡器、定时提取电路、判决再生电路、峰值检波电路及自动增益控制电路。但因它们在高电平下工作，所以并不影响对光接收机基本性能的分析。

光检测器是光接收机的第一个关键部件，其作用是把接收到的光信号转化成电信号。目前在光纤通信系统中广泛使用的光检测器是 PIN 光敏二极管和雪崩光敏二极管(APD)。PIN 管比较简单，只需 10～20V 的偏压即可工作，且不需偏压控制，但它没有增益。因此，使用 PIN 管的接收机的灵敏度不如 APD 管。APD 管具有 10～200 倍的内部电流增益，可提高光接收机的灵敏度。但使用 APD 管比较复杂，需要几十伏到 200V 的偏压，并且温度变化会较严重地影响 APD 管的增益特性，所以通常需对 APD 管的偏压进行控制以保持其增益不变，或采用温度补偿措施以保持其增益不变。对光检测器的基本

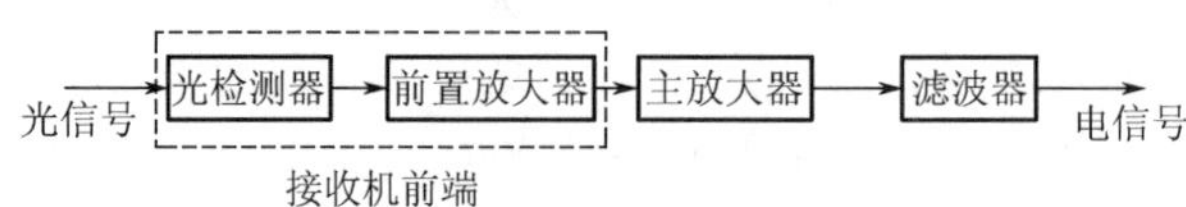

(a) 模拟接收机

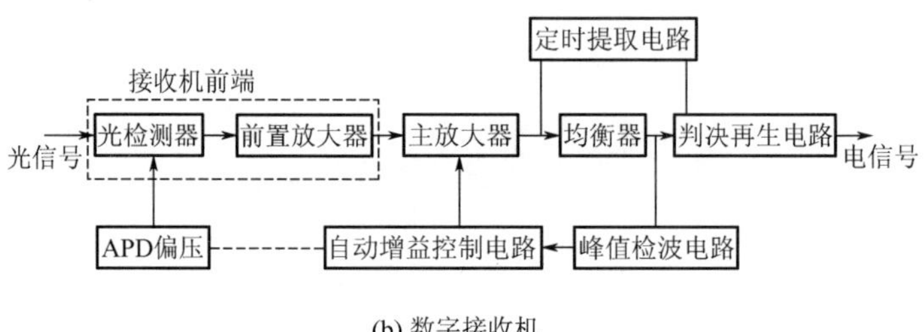

(b) 数字接收机

图 4.11 光接收机

要求是高的转换效率、低的附加噪声和快速的响应。由于光检测器产生的光电流非常微弱(nA～μA)，因此必须先经前置放大器进行低噪声放大，光检测器和前置放大器合起来叫作接收机前端，其性能的优劣是决定接收机灵敏度的主要因素。经光检测器检测而得的微弱信号电流，流经负载电阻转换成电压信号后，由前置放大器加以放大。但前置放大器在将信号进行放大的同时，也会引入放大器本身电阻的热噪声和晶体管的散弹噪声。另外，后面的主放大器在放大前置放大器的输出信号时，也会将前置放大器产生的噪声一起放大。前置放大器的性能优劣对光接收机的灵敏度有十分重要的影响。为此，前置放大器必须是低噪声、宽频带放大器。

主放大器主要用来提供高的增益，将前置放大器的输出信号放大到适合于判决再生电路所需的电平。前置放大器的输出信号电平一般为毫安量级，而主放大器的输出信号一般为 1～3V（峰/峰值）。

均衡器的作用是对主放大器输出的失真的数字脉冲信号进行整形，使之成为最有利于判决、码间干扰最小的升余弦波形。均衡器的输出信号通常分为两路，一路经峰值检波电路变换成与输入信号的峰值成比例的直流信号，送入自动增益控制电路，用以控制主放大器的增益；另一路送入判决再生电路，将均衡器输出的升余弦信号恢复为“0”或“1”的数字信号。

定时提取电路用来恢复采样所需的时钟。衡量光接收机性能的主要指标是接收灵敏度。在光接收机的理论中，中心的问题是如何降低输入端的噪声，提高接收灵敏度。光接收机灵敏度主要取决于光检测器的响应度及光检测器与前置放大器的噪声。

3. 光纤收发器

光纤收发器是指将光发射机与光接收机集成在一起的器件，如图 4.12 所示为目前数字光纤通信中常用的 10Gb/s 的高速光纤收发器。

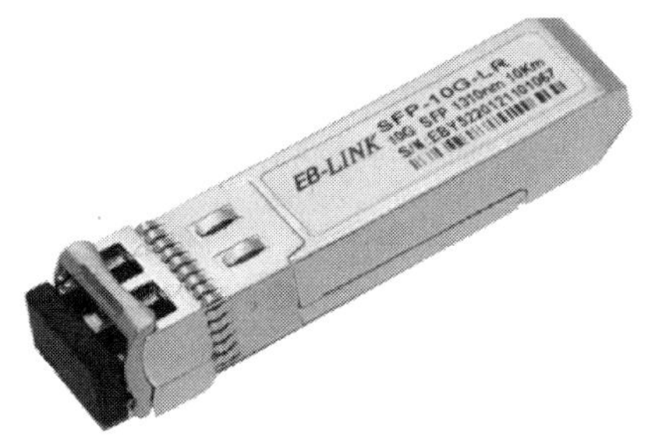

图 4.12　光纤收发器

【SFP 光纤收发模块介绍】

4.3.2　光纤通信的复用方式

为了提高光纤通信系统的传输容量，人们提出了多种不同的复用方式，如波分复用、时分复用、频分复用等。

1. 波分复用

所谓波分复用，就是为了充分利用单模光纤低损耗区带来的巨大带宽资源，根据每一信道光波的频率（或波长）不同可以将光纤的低损耗窗口划分成若干个信道，把光波作为信号的载波，在发送端采用波分复用器（合波器）将不同波长的光载波信号合并起来送入一根光纤进行传输，再在接收端利用波分复用器（分波器）将这些不同波长、承载不同信号的光载波加以分离的复用方式，如图 4.13 所示。

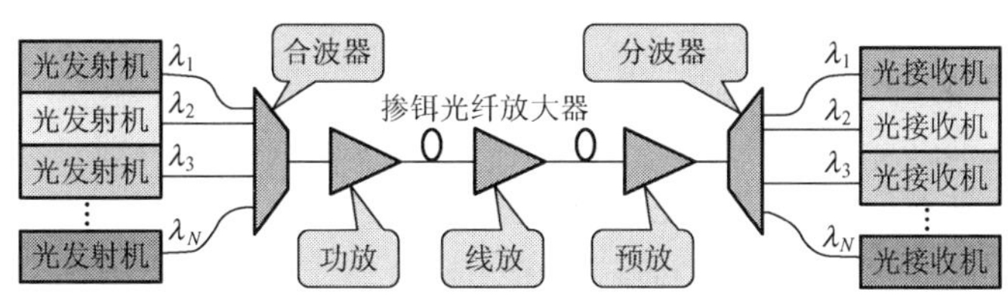

图 4.13　波分复用

2. 时分复用

时分复用是指各路信号在同一信道上占有不同的时间间隙进行通信。由抽样理论可知，抽样的一个重要作用是将时间上连续的信号变成时间上离散的信号，其在信道上占用时间的有限性，为多路信号沿同一信道传输提供了条件。具体来说，就是把时间分成一些均匀的时间间隙，将各路信号的传输时间分配在不同的时间间隙，以达到互相分开，互不干扰的目的。

3. 频分复用

一般相邻两峰值波长的间隔小于 1nm 时，我们称之为频分复用系统，它与波分复用在本质上是没有什么区别的。频率表示每秒出现的波峰数，波长表示此电磁波的一个波峰到另一个相邻波峰的长度，两者互为倒数关系。在光载波间隔比较大时，用波长衡量比较方便，一般称之为波分复用。而当光载波间隔比较小时，用波长来衡量就显得不方便了，所以光载波间隔小于 1nm 的系统习惯称为频分复用系统。有线电视采用的就是频分复用技术（副载波技术）。

4.4 光纤传感器

自 20 世纪 20 年代光纤问世，到 20 世纪 70 年代低损耗石英光纤问世，此后光纤技术得到了巨大的发展，并成功地应用于通信系统。随后人们发现光纤不仅是一个长距离传输的介质，而且也是制备具有特殊功能的光器件的优良材料，本身可以作为光敏元件。特别是光纤具有高灵敏度、高精度、高速度，质轻、体小、外形可变，环境适应性强、耐腐蚀、无电火花、安全可靠，对被测介质影响小、被测对象广泛，便于成网等优点，因此被广泛应用到传感技术领域。光纤传感器同时具有获取信息和传递信号的双重功能，它是利用光波在光纤中传输信号的，与利用光波在空气中传播信息的光电传感器相比，显示出不可代替的特点和作用，如光纤陀螺仪、光散射传感器、光纤光栅、光纤干涉仪等。

【光纤传感器的特点和性能】

光纤传感技术已经发展成为一个规模巨大的产业，它的研发成为世界科技界的一个热点。自 1983 年开始，光纤传感器国际会议（OFS）每一年或每半年举行一次，吸引了世界上几百位参加者，并且在 OFC、EAST、PHOTONICS、ISTM 及 SPIE 等会议上，光纤传感器也被列为分会场之一。光纤传感器在工业生产、文化活动、民用建筑、交通建筑、医疗保健、科学研究、社区安全、国防、生产自动化、产品质量控制、建筑物的监控、地震测量观察等多方面得到了应用。

在我国光纤传感技术已经有近 30 年的发展，从无到有，从小到大，目前已初具规模，拥有众多高水平研发单位和众多研发人才，据不完全统计，目前有清华大学、北京航空航天大学、北京交通大学等 40 余所大学，上海光机所、中科院半导体研究所等几十个研究所，以及武汉理工光科股份有限公司、微米光学光纤传感公司等在进行光纤传感器的研发。其中研究内容主要包括各种光纤传感器和传感器网络。

目前我国光纤传感行业市场规模还不大，但国内许多行业已开始广泛应用光纤传感器。例如，光纤传感器将大量应用于石油和天然气、航天航空、生物医学等领域；再如，光纤传感器可预埋在混凝土、碳纤维塑料及各种复合材料中，用于测试应力松弛、施工应力和动荷载应力，从而评估桥梁等短期施工阶段和长期营运状态的结构性能。在政策推动和规模效应的作用下，我国光纤传感器的市场空间越来越广阔。

【传感器的发展前景】

4.4.1 光纤传感器的基本原理和分类

光波在光纤中传播时，表征光波的特征参量（如振幅、相位、偏振态、频率等）会因外界因素（如温度、压力、应力、磁场、电场等）的作用而直接或间接地发生变化，从而可将光纤作为传感元件来探测各物理量。

光纤传感器根据不同的调制方法可以分为以下5类：光强调制型光纤传感器（Intensity Modulation OFS）、相位调制型光纤传感器（Phase Modulation OFS）、偏振调制型光纤传感器（Polarization Modulation OFS）、频率调制型光纤传感器（Frequency Modulation OFS）、波长调制型光纤传感器（Wavelength Modulation OFS）。

1. 光强调制型光纤传感器

光强调制型光纤传感器是利用光纤中的吸收、色散等导致光强的改变间接地获得各物理量。

如图4.14所示的是一种典型的光强调制型光纤传感器——微弯损耗光纤传感器。

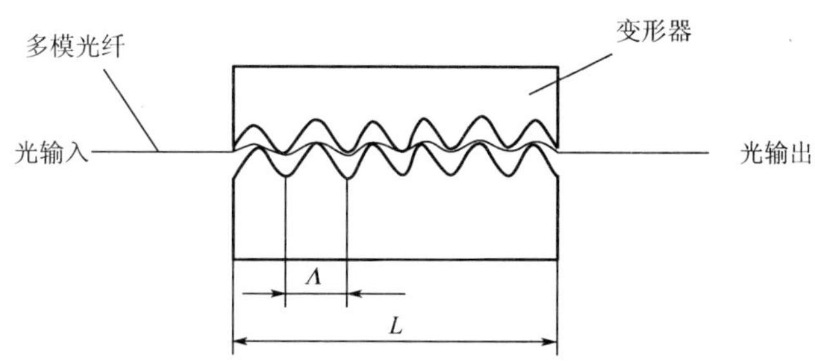

图4.14　微弯损耗光纤传感器

当外力使变形器的上、下两部分靠近时，光纤发生弯曲变形，传输光强产生损耗，输出光强减少，输出光强能量的大小与光纤的弯曲程度相关，从而可以间接地测定外力的大小、移动的距离等。下面从理论上对这一传感器进行定量分析。

设光纤的微弯变形函数为正弦型，即

$$f(z)=D(t)\sin qz \tag{4-3}$$

式中，$D(t)$为外界信号导致的弯曲幅度；q为空间频率；z为变形点到光纤入射端的距离。

设光纤微弯变形函数的微弯周期为Λ，则有

$$\Lambda=2\pi/q$$

根据光纤模式理论，可得到微弯损耗系数α的近似表达式：

$$\alpha=\frac{1}{4}KD^2(t)L\left|\frac{\sin[(q-\Delta\beta)L/2]^2}{(q-\Delta\beta)L/2}\right| \tag{4-4}$$

式中，K为比例系数；L为光纤中产生微弯变形的长度；$\Delta\beta$为光纤中光波传播常数差。

式(4-4)表明，α与光纤弯曲幅度$D(t)$的平方成正比，弯曲幅度越大，模式耦合越严重，损耗就越高。α还与光纤弯曲变形的长度成正比，作用长度越长，损耗也越大。α与光纤微弯周期有关，当$q=\Delta\beta$时产生谐振，微弯损耗最大。因此，从获得最高灵敏度的角度考虑，需要选择合适的微弯周期。

2. 相位调制型光纤传感器

当由于色散、折射率及光纤长度的影响导致光波相位改变时，可以使用相位调制型光

纤传感器，较为典型的相位调制型光纤传感器为干涉式光纤传感器。光波通过长度为 l 的光纤，其相位延迟为

$$\varphi=\beta l \tag{4-5}$$

式中，β 为光波在光纤中的传播常数，$\beta=nk_0$。对式(4-5) 微分，得

$$\Delta\phi=\Delta(\beta l)=\beta\Delta l+l\frac{\partial\beta}{\partial n}\Delta n+l\frac{\partial\beta}{\partial\alpha}\Delta\alpha \tag{4-6}$$

式中，第一项表示光纤长度变化引起的相位差（应变效应或热膨胀效应）；第二项为光纤折射率变化引起的相位差（光弹效应或热光效应）；第三项为微光纤芯径变化引起的相位差（泊松效应）。

用于光相位解调的干涉结构有多种，如双光束干涉法、多光束干涉法及环形干涉法等，此处主要介绍双光束干涉法。双光束干涉法干涉仪有迈克尔逊（Michelson）干涉仪（图 4.15）、马赫-曾德尔（Mach - Zehnder）干涉仪（图 4.16）及斐索（Fizeau）干涉仪（图 4.17）。

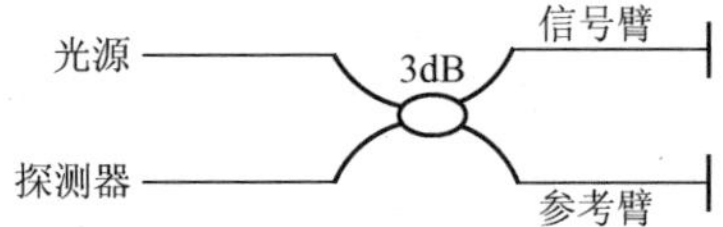

图 4.15　迈克尔逊干涉仪

图 4.16　马赫-曾德尔干涉仪

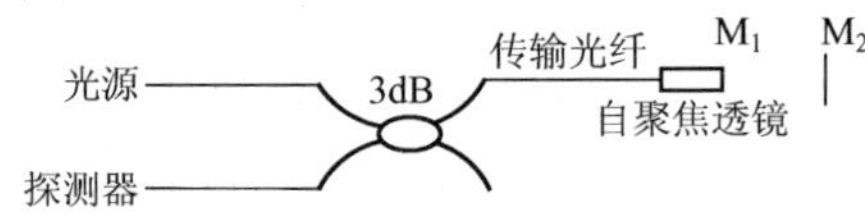

图 4.17　斐索干涉仪

下面对双光束干涉仪进行定量分析，设信号光与参考光的场强分别为

$$E_1=E_{10}\exp\{i[wt+s(t)+\phi_s]\} \tag{4-7}$$

$$E_2=E_{20}\exp\{i[wt+\phi_r]\} \tag{4-8}$$

式中，E_{10} 为信号光场振幅；$s(t)$ 为信号光相位调制量；ϕ_s 为信号光初始相位；E_{20} 为参考光场振幅；ϕ_r 为参考光初始相位；w 为光波圆频率。

两光束相干产生的干涉场分布为

$$E=\{E_{10}\exp[i(s(t)+\phi_s)]+E_{20}\exp(i\phi_r)\}\exp(iwt) \tag{4-9}$$

相应的光强分布为

$$I=I_0\{1+k\cos[s(t)+\phi_s-\phi_r]\} \tag{4-10}$$

这样，可将相位变化转换为强度变化，进而获得被测信号的大小。

3. 偏振调制型光纤传感器

光偏振调制是指外界信号（被测量）通过一定的方式使光纤中光波的偏振面发生规律性偏转（旋光）或产生双折射，从而导致光的偏振特性变化。通过检测光偏振态的变化即可测出外界被测量。

理论和实验研究指出，单模光纤中的两个简单的偏振基模在理想光纤中是独立传输的，两者之间不能发生耦合和转换。然而，许多不可避免的因素使光纤偏离规则的圆柱波导，如受到外界的侧向压力、扭转、弯曲等，鉴于此我们可以设计偏振调制型光纤传感器来测量微应力。另外，根据法拉第电磁感应定律我们还可以设计偏正调制型光纤传感器来测量磁场。

4. 频率调制型光纤传感器

光频率调制是指外界信号（被测量）对光纤中传输的光波频率进行调制，频率偏移即反映被测量。目前使用较多的调制方法为多普勒法，即外界信号通过多普勒效应对接收光纤中的光波频率实施调制，是一种非功能型调制。

5. 波长调制型光纤传感器

外界信号（被测量）通过选频、滤波等方式改变光纤中传输光的波长，测量波长变化即可检测到被测量，这类调制方式称为光波长调制。

目前用于光波长调制的方法主要是光学选频和滤波。传统的光波长调制方法主要有F-P干涉式滤光、里奥特偏振双折射滤光及各种位移式光谱选择等外调制技术。近几年迅速发展起来的光纤光栅滤光技术为功能型光波长调制技术开辟了新的前景。由于篇幅所限，这里就以光纤光栅为例进行讲解。

4.4.2 光纤布喇格光栅传感器基础介绍

光纤布喇格光栅传感器被认为是“90年代光纤传感领域最重要的发明”。随着光纤布喇格光栅（Fiber Bragg Grating，FBG）制作工艺的不断提高，特别是FBG自动化生产平台的建立，制作出高性能、低成本的FBG已经成为可能。同时近几年对波长解调技术的深入研究和不断成熟，已经扩大了光纤布喇格光栅传感器的应用，并为智能传感这一新思路创造了的一个新的机遇。智能结构监测、智能油井和管道、智能土木工程建筑，以及智能航空、航海传感都需要高质量、低成本、稳定性好、传感特性精密的光学传感器，FBG传感器阵列由于其波长编码、可同时测量多个物理量（温度、应力、压力等）及一路光纤上应用波分复用技术等自身的优点在上述领域已经得到了广泛关注。

【光纤光栅传感器介绍】

1. FBG传感器的优势

FBG传感器在传感应用中具有非常明显的技术优势，主要包括：

(1) 可靠性好、抗干扰能力强。由于光纤光栅对被测信息用波长编码，因此不受光源功率波动和光纤弯曲等因素引起的系统损耗的影响。

(2) 测量精度高。精确的透射和反射特征（小误差）使其能更加准确地反映应力和温度的变化。

(3) 具有单路光纤上可以制作多个光栅的能力，可以对大型工程进行分布式测量，其测量点多，测量范围大。

(4) 传感头结构简单、尺寸小，适于各种应用场合，尤其适合于埋入材料内部构成所谓的智能材料或结构。

(5) 抗电磁干扰、抗腐蚀，能在恶劣的化学环境下工作。

2. FBG 的结构、制作方法

1) FBG 的结构

FBG 的结构如图 4.18 所示。

纤芯：一般由略掺锗的石英制作。

包层：一般为纯石英。

涂敷层：一般用有机物制作。

典型的尺寸：纤芯直径为 8μm，包层外径为 125μm，涂敷层外径为 250μm。

光栅区的长度：在几毫米到几十毫米之间。

作用实质：纤芯区折射率发生永久性的周期变化，形成空间相位光栅。

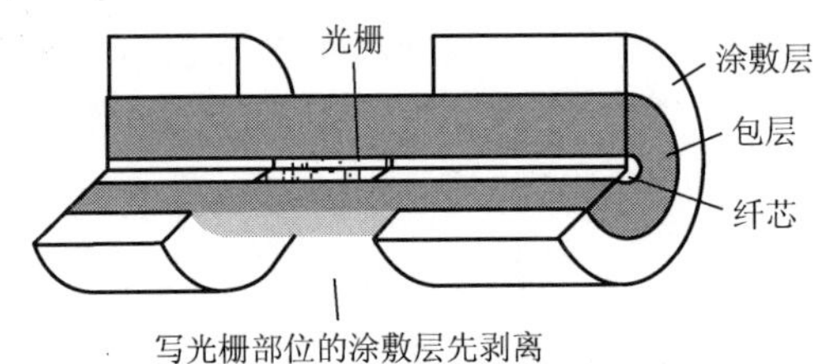

图 4.18 光纤光栅的结构

2) 制作方法

根据照射光入射方式的不同，制作方法可以大致地分为内写入法和外写入法两种。这里以外写入法的相位模板法为例说明，如图 4.19 所示。

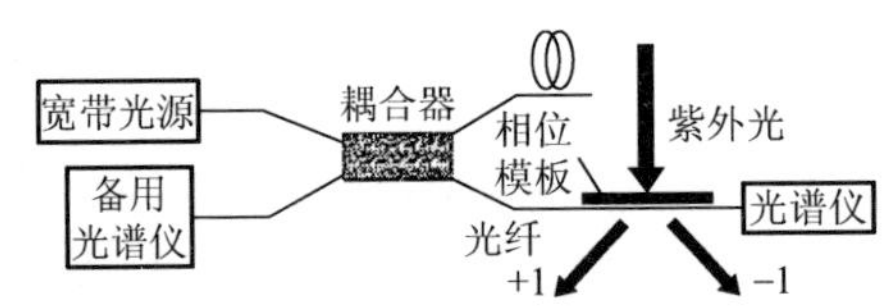

图 4.19 相位模板法制作光纤光栅的实验系统

一束准直高斯紫外激光脉冲（受光源的限制，通常为 248nm 或 193nm）垂直入射到相位模板上，衍射后分成的+1 和-1 两束光相干，在光纤上形成周期为相位模板周期一半的相干光场。由于掺锗光纤的光敏性，使得纤芯的折射率得到调制，呈现出与照射光空间周期相同的折射率分布。

3. FBG 的传感原理

如图 4.20 所示，当一宽谱光源入射到光纤光栅后，周期变化的纤芯折射率导致一定波长的光波发生相应的模式耦合，根据模式耦合理论，$\lambda_B = 2n_{eff}\Lambda$ 的光将被光纤光栅反射

回来（式中，λ_B 为光纤光栅的中心波长，n_{eff} 为纤芯的有效折射率，Λ 为纤芯折射率调制周期），其他波长的光将透过光纤光栅。

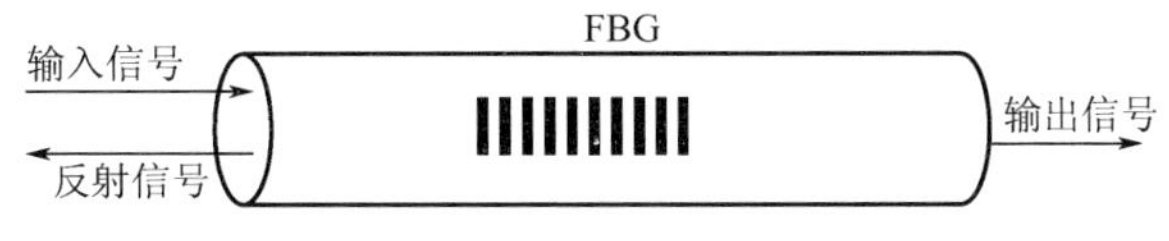

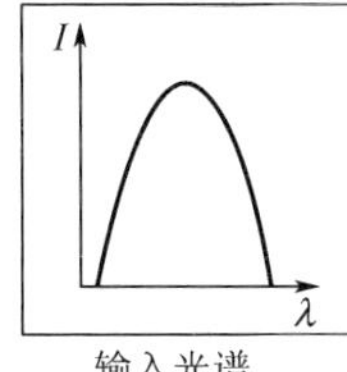

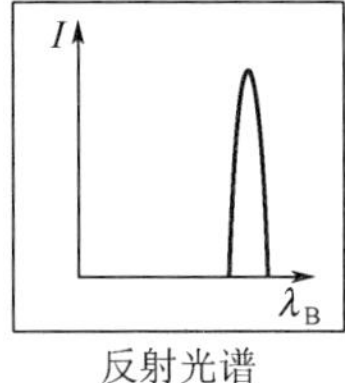

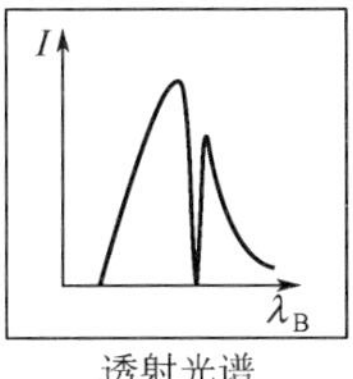

图 4.20　FBG 光透射与光反射特性

光纤光栅是一种波长选择性反射器，它的反射波长，即布拉格波长会受到施于其上的温度和应变的影响而发生变化。利用光纤光栅对温度和应变的效应，通过一些辅助的机敏结构，还可以实现其他多种参数的检测。到目前为止，在科学研究和工程应用中，光纤光栅已经被广泛用于应变、温度、压力、流量、液位、电磁场、位移、振动、声发射、液体浓度等多种物理量的测量。图 4.21 为 FBG 传感器的原理图。

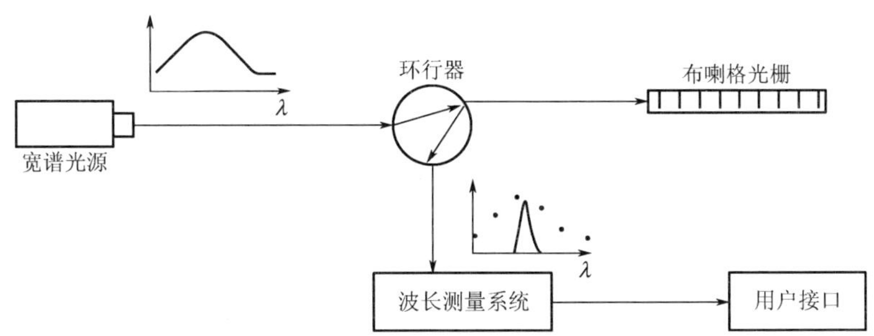

图 4.21　FBG 传感器的原理图

1）温度测量

如果温度变化为 ΔT，那么对应的布拉格波长的移动量 $\Delta\lambda_{BT}$ 可表示为

$$\Delta\lambda_{BT}=\lambda_B(\alpha+\xi)\Delta T$$

式中，α 为光纤材料的热膨胀系数；ξ 为光纤的热光系数。

2）应变测量

如果沿光纤轴向作用的应变量为 $\Delta\varepsilon$，则光栅布拉格波长的移动量 $\Delta\lambda_{BS}$ 表示为

$$\Delta\lambda_{BS}=\lambda_B(1-P_e)\Delta\varepsilon$$

式中，P_e 为光纤的光弹系数。

综上，如果有温度和应变同时作用在光纤光栅上，则

$$\frac{\Delta\lambda_B}{\lambda_B}=(1-P_e)\Delta\varepsilon+(\alpha_s+\zeta_s)\Delta T$$

对于石英光纤：P_e 为 0.22，α_s 为 $0.5\times10^{-6}/℃$，ξ_s 为 $7\times10^{-6}/℃$。

4.4.3 FBG 传感器的解调方法

解调系统是光纤光栅传感系统的核心。常见的光纤光栅解调方法有以下几种：

1. 利用光谱仪

光谱仪使用虽然方便，但价格昂贵（图 4.22）。

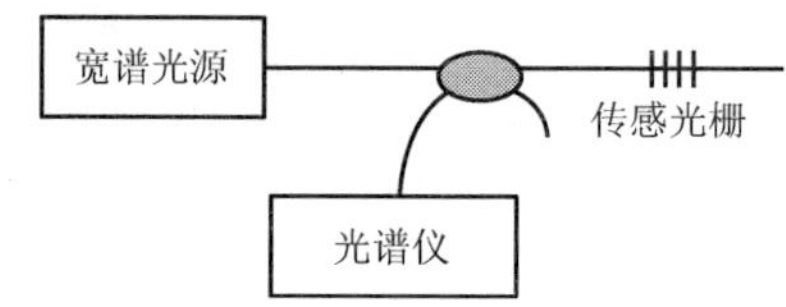

图 4.22　利用光谱仪实现光纤光栅的解调

2. 利用可调谐光源

可调谐光源的波长可以由计算机控制，它发出的光通过耦合器，被光栅反射后再次通过耦合器到达光功率计。光功率计测量此光的功率值，并传送给计算机。计算机控制光源的波长在一定范围内扫描，同时记录相应的光功率计的读数，这样就得到了传感光栅的反射谱（图 4.23）。常见的可调谐光源为可调谐半导体激光器。

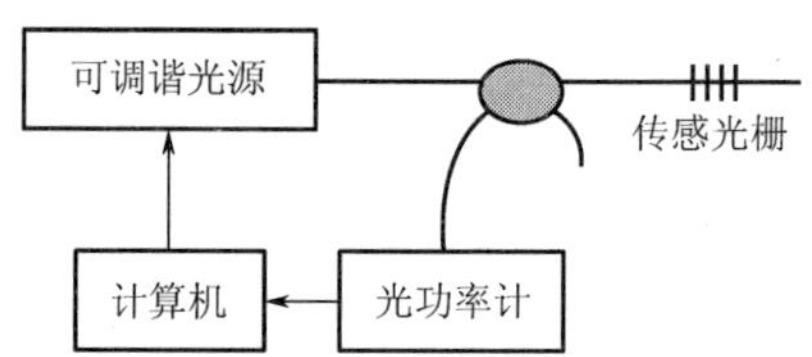

图 4.23　利用可调谐光源实现光纤光栅的解调

3. 利用可调谐滤波器

滤波器的透过波长可以由计算机控制。和可调谐光源的系统类似，依然用计算机控制扫描，可以得到传感光栅的反射谱（图 4.24）。当前市场上的可调谐滤波器多为光纤 Fabry - Perot 腔型的，重复性不够好，典型的波长调谐重复误差可达 0.1nm 量级。

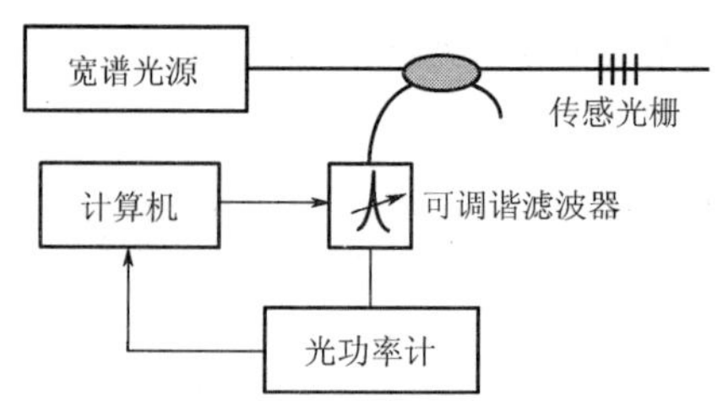

图 4.24　利用可调谐滤波器实现光纤光栅的解调

4. 利用边沿滤波器

边沿滤波器对不同波长的光的透射率不同。这样，如果传感光栅反射到滤波器的光的功率不变，但波长改变，透过滤波器到光功率计的光的功率就会随着波长的改变而改变。标定后，从功率值就可以推测出相应的布喇格波长值。这种方法设备简单，但失去了光纤光栅传感器波长调制的优点，测量结果对光源输出功率及传输损耗的起伏非常敏感（图 4.25）。

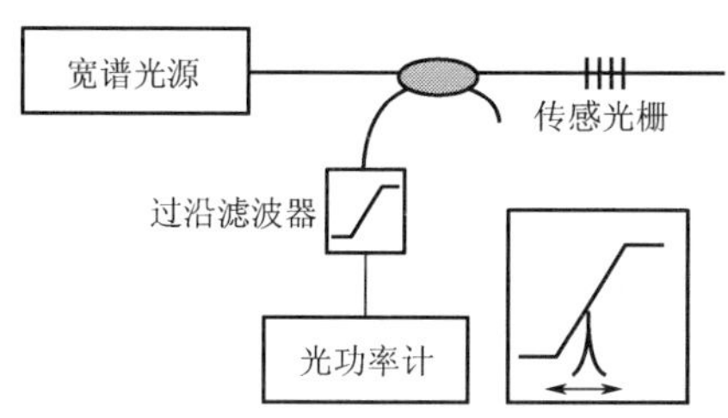

图 4.25　利用边沿滤波器实现光纤光栅的解调

5. 利用阵列波导光栅解调

如图 4.26 所示为利用阵列波导光栅（Arrayed Waveguide Grating，AWG）解调的方法。FBG1、FBG2、FBG*n* 是分布于不同监测点的光纤光栅传感阵列。宽带光源发出的光经过耦合器、单模光纤进入到光纤 Brag 光栅阵列，光纤 Bragg 光栅传感阵列的反射波长信号又经过耦合器进入到 AWG 中，AWG 将入射光分成不同波长的窄带到多个通道中。这样只要传感光栅选取恰当，就可以使 AWG 各通道与各监测点的 FBG 形成一一对应的关系。同时从每个窄带光通道中出来的光信号由光电管 PD 接收，光电管 PD 的输出信号经放大后被数据处理器或高速微型计算机采集、处理。正常情况下，AWG 各个通道的中心波长对应各个 FBG 的中心波长，一旦现场的温度或应力发生变化，那么相应 FBG 的反射中心波长就会发生漂移，而这会使反射光在相应通道中透过的光强也会发生变化。通过计算机或处理器对输出信号的检测就能确定相应光电管 PD 电流的变化量及传感光栅的偏移方向。以上测量方法，必须保证每一个 FBG 的中心波长 λb_i（$1\leqslant i\leqslant$

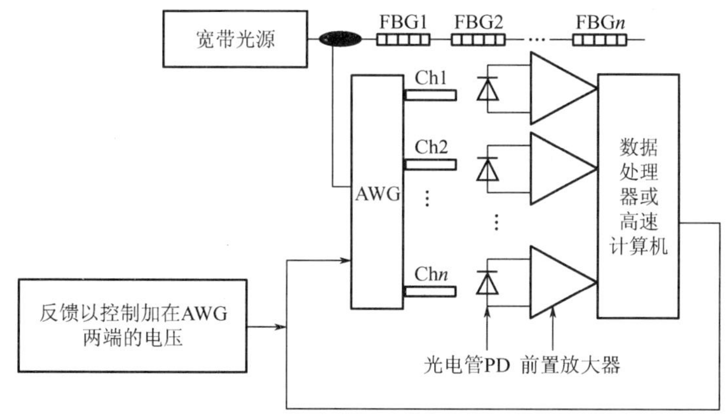

图 4.26　应用 AWG 的分布式 FBG 传感器的大范围波长解调

n，n为AWG的通道数）随着被测量的变化范围都在相邻的AWG的两个通道的中心波长之间，以免解调时相互干扰，防止解调失败。由于AWG相邻通道中心波长相差小，这样就决定了以上测量方法的局限性：测量的变化范围（FBG中心波长的漂移量）只能限制在小范围内。图4.26中利用AWG各通道的中心波长可随芯片电压的变化而改变的特性，结合微机高速实时采集各通道数据可大大提高测量的变化范围（传感FBG中心波长的漂移量）[24]。

6. 利用匹配光栅解调方法

利用匹配光栅解调方法的基本思想体现在本章“光纤传感器的应用”的实例2中。

4.4.4 FBG传感器的复用技术

常见的复用技术有以下几种：

1. 波分复用（WDM）

给每一个传感光栅都分配一个独特的波长区间，各个光栅的反射峰在各自的波长区间内变化。最后用光谱仪或其他方法检测出所有光栅的复合光谱，根据预先划定的区间从中找出各个光栅的波长漂移值（图4.27）。

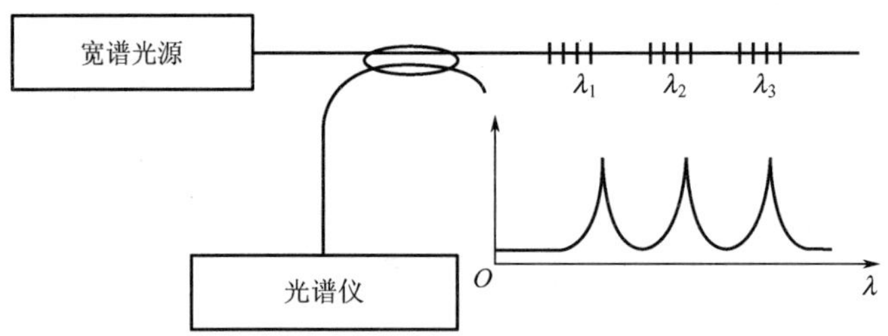

图4.27 波分复用的原理系统图

2. 空分复用（SDM）

每一个传感光栅都单独分配一个传输通道，每次仅有一个通道被选通。需测量哪个光栅的特性，将相应的通道接通即可（图4.28）。

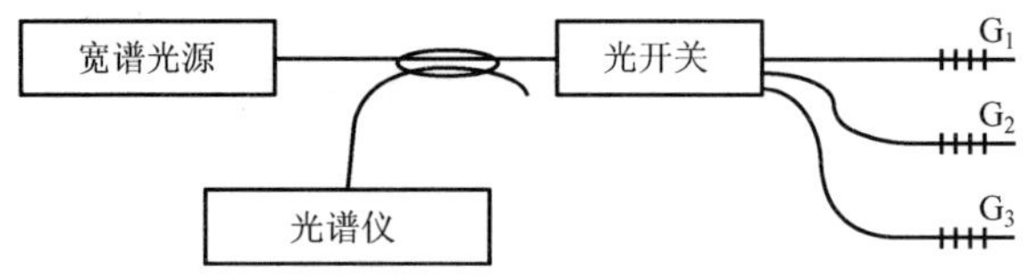

图4.28 空分复用的原理系统图

3. 时分复用（TDM）

光源按脉冲方式工作，每一个传感光栅都有不同的时延。光源发出一个短脉冲后，波

长检测系统能收到多个光脉冲，每个光脉冲都对应不同的时延和不同的传感光栅，根据时延值就可以区分不同的光栅（图 4.29）。时分复用也常被称为光时域反射复用（Optical Time Domain Reflectermetry，OTDR）。

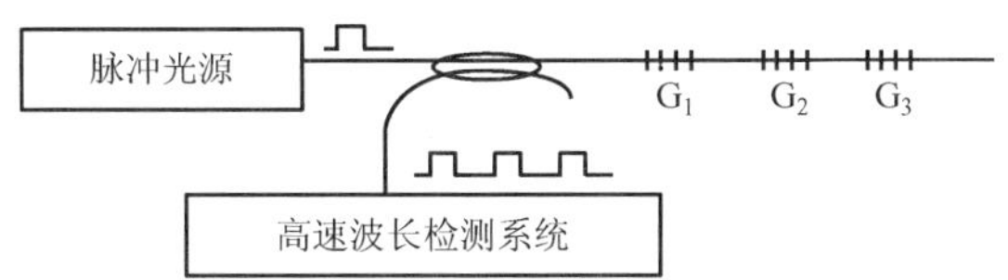

图 4.29 时分复用的原理系统图

4. 相干域复用（CDM）

各个光栅和反射镜通过耦合器和准直镜构成 Michelson 干涉仪，一个压电陶瓷用来调制两臂的光程差。当反射镜的光程调整到和某个光栅接近，且可调谐滤波器允许该光栅的反射光通过时，在光探测器上可以看到和压电陶瓷上调制信号相应的干涉信号，调整反射镜的位置，就可以分别检测不同的传感光栅（图 4.30）。

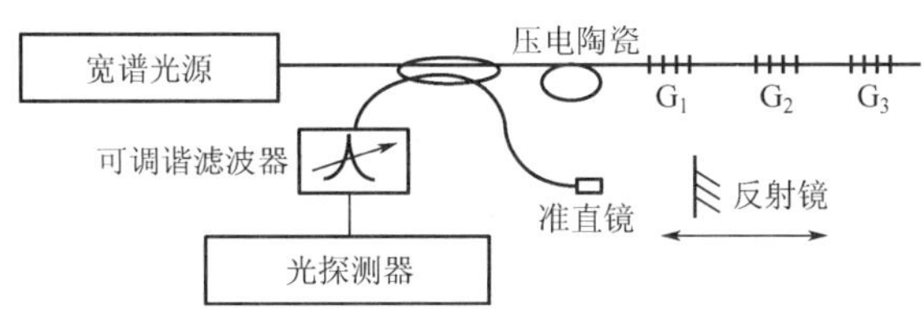

图 4.30 相干复用的原理系统图

5. 光频域反射复用（OFDR）

图 4.31 给出了 OFDR 复用的原理系统图。波长调谐的光源，其幅度用频率按三角形线性变化的信号调制，照射时延不同的各个光栅，反射光经探测器转换为电压后再和原始的频率按三角形线性变化的信号相乘，因两个相乘信号有时延，而不同时延的频率也不同，因此就会产生拍频信号。频率是随时间线性变化的，因此对同一时延，拍频相等；而对于时延不同的光栅，拍频则不相等。利用拍频的差异就可以实现光栅的复用。

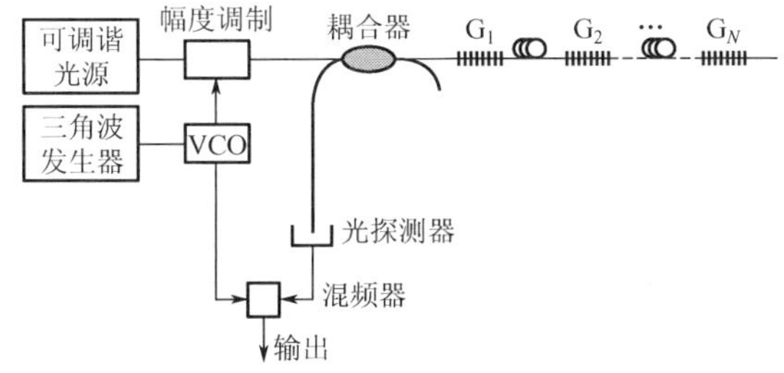

图 4.31 OFDR 复用的原理系统图

4.5 光纤传感器的应用

由于光纤传感器的独特优点（如耐腐蚀、质轻、体小、外形可变等），因此在人们的社会生活和日常活动中得到了广泛应用。例如，在海上石油勘探中，光纤传感和传输技术对海上石油勘探是一种新技术，它可用于海上石油勘探地震波检测，油、气、水光谱的检测，以及井中温度、压力的检测；在电力系统中，用于测量电力变电站（包括气体绝缘电站）的电流、电压、温度、压力等诸参量，并构成光纤传感网络；在石油油罐罐群检测中，可用于测量石油油罐的液位、温度、油水界面、压力、流量等参量；在精密计量中，可用于在线检测狭小空间里的高精度位移量，也可测量许多能直接或间接转化为位移量的其他物理量；在大型构件性能测试中，可用于测量大型构件的应变、温度、位移、振动等诸多参量，并构成光纤传感网络；在生物、化工方面，可用于测量化学反应中液体的浓度、成分，以及锅炉燃烧和反应过程中气/液二相流中的含气量；在军工方面，可用于测量复合材料的应变、温度、裂纹、振动等诸多参量并构成光纤传感网，用于检测复合材料的固化状态，用于恶劣条件（强电磁场干扰、腐蚀环境）下信号的检测（测温度、位移、振动（包括声振动）、压力等）和长距离传输，还可用于安全检测及警报并构成光纤传感网。

如图 4.32 所示为光纤光栅在海洋石油平台健康监测中的应用。光纤光栅传感器灵敏地监测到了船撞击甚至海浪冲击平台柱底部的应变变化，根据所布置的光纤光栅应变，可以精确得出船撞击的主方向。光纤光栅具有灵敏度高、抗腐蚀能力强、耐久性能好的优点，非常适用于海洋工程结构的长期健康监测。

如图 4.33 所示为山东滨州黄河公路大桥，全桥共安装了 138 支光纤光栅应变与温度传感器。监测界面包括两种，第一种是位于主梁的监测截面，光纤光栅传感器固定于测点处纵向受力钢筋处。第二种截面位于大桥斜拉索距桥面 1.5m 处位置。将斜拉索外套 PE 塑料部分剥离出 20mm×100mm 区域，将裸光纤光栅粘贴在斜拉索高强镀锌钢丝上用以监测应变，然后安装标准防腐工艺对剥离区进行防腐处理，以确保斜拉索的耐久性。

【光纤传感器应用的一些领域举例】

图 4.32 海洋石油平台

图 4.33 山东滨州黄河公路大桥

5 类光纤传感器（光强调制型光纤传感器、相位调制型光纤传感器、偏振调制型光纤传感器、频率调制型光纤传感器、波长调制型光纤传感器）在实际中都有了较广泛的应用，由于篇幅所限，这里以 FBG 传感器为例，举几个应用实例。

1. 实例 1：测压劣环境下测量物体三维热膨胀系数

本实例为在－50～＋140℃恶劣环境条件下，利用光纤布喇格光栅（FBG）检测三维材料膨胀系数的检测原理和技术。实验结果表明，FBG 在－50～＋150℃范围内仍能正常工作。

1）实验装置

实验装置图如图 4.34 所示。

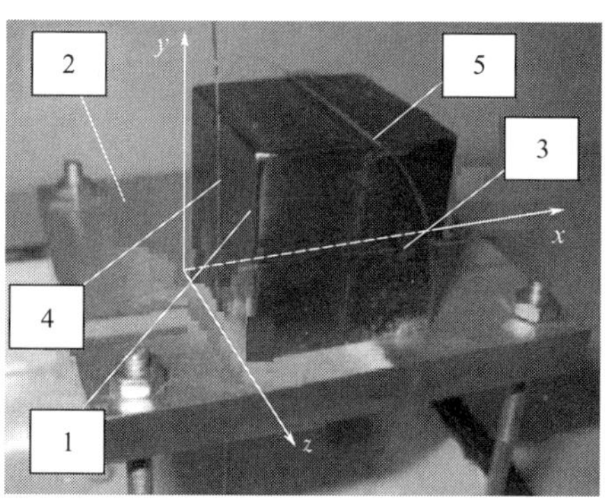

图 4.34 部分实验装置——3 个测量光栅与待测材料实物图

1—待测材料；2—材料托台；3—感知 x 方向应变的光栅；
4—感知 y 方向应变的光栅；5—感知 z 方向应变的光栅

2）原理

$$\Delta\lambda_{B1}/\lambda_{B1}=K_{\varepsilon}\varepsilon+K_{T}\Delta T \tag{4-11}$$

$$\Delta\lambda_{B2}/\lambda_{B2}=K_{T}\Delta T \tag{4-12}$$

$$\Delta\lambda_{B1}/\lambda_{B1}-\Delta\lambda_{B2}/\lambda_{B2}=K_{\varepsilon}\varepsilon \tag{4-13}$$

$$\alpha = \varepsilon/\Delta T + \alpha_s \tag{4-14}$$

式中，α_s为光纤纤芯的热膨胀系数，所用的为石英光纤，$K_\varepsilon \approx 0.78$，$\alpha_s \approx 0.55 \times 10^{-6}$。

$$\Delta\lambda_{B1}/\lambda_{B1} - \Delta\lambda_{B2}/\lambda_{B2} \approx 0.78(\alpha - 0.55 \times 10^{-6})\Delta T \tag{4-15}$$

可见，$\Delta\lambda_{B1}/\lambda_{B1} - \Delta\lambda_{B2}/\lambda_{B2}$与$\Delta T$呈线性关系，只要求出$\Delta\lambda_{B1}/\lambda_{B1} - \Delta\lambda_{B2}/\lambda_{B2}$与温度$T$的直线斜率$k$即可。

求得膨胀系数为

$$\alpha = k/0.78 + 0.55 \times 10^{-6} \tag{4-16}$$

3）实验结果

由图 4.35 与 4.36 给出的实验数据可得，所测材料三维热膨胀系数不一致，其中x方向最大，y方向最小，分别对 3 个方向上的光栅$\Delta\lambda_{B1}/\lambda_{B1} - \Delta\lambda_{B2}/\lambda_{B2}$数据及温度数据进行线性拟合，得到直线斜率分别为$7.414 \times 10^{-6}$、$5.560 \times 10^{-6}$、$6.310 \times 10^{-6}$，代入式(4-16)得所测材料三维热膨胀系数分别为（按图 4.34 所示x、y、z顺序）10.06×10^{-6}、7.68×10^{-6}、8.64×10^{-6}。

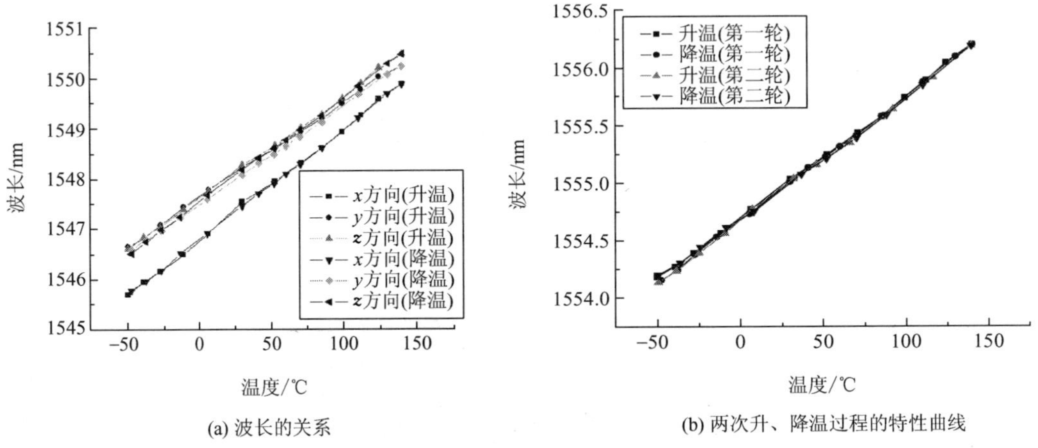

(a) 波长的关系

(b) 两次升、降温过程的特性曲线

图 4.35　三维方向光栅（左）及温度参考光栅（右）的温度-波长关系

【图 4.35、图 4.36】

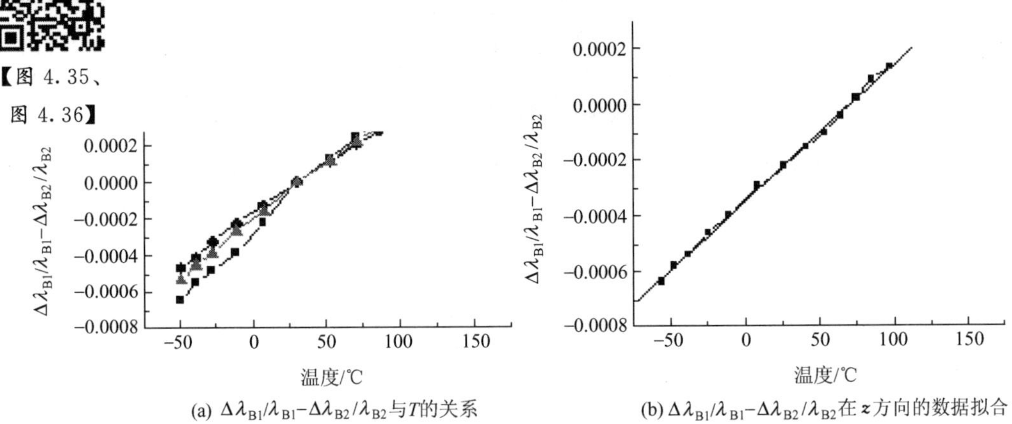

(a) $\Delta\lambda_{B1}/\lambda_{B1} - \Delta\lambda_{B2}/\lambda_{B2}$与$T$的关系

(b) $\Delta\lambda_{B1}/\lambda_{B1} - \Delta\lambda_{B2}/\lambda_{B2}$在$z$方向的数据拟合

图 4.36　$\Delta\lambda_{B1}/\lambda_{B1} - \Delta\lambda_{B2}/\lambda_{B2}$与$T$的关系和$z$方向数据拟合

以上测量方法，除了用于热膨胀系数检测外，还可用于与此相关或类似的恶劣环境下的其他参数的检测。

2. 实例 2：变电站 GIS 中的压强传感器

1）背景

气体绝缘金属封闭（GIS）是将断路器、隔离开关、接地开关、母线、互感器、避雷器等主要元件均装入密封的金属壳体内，内部充以 SF_6 气体作为绝缘及灭弧介质，具有体积小、占地面积少、不受外界环境影响、运行安全可靠、维护简单和检修周期长等优点，被广泛应用于各类变电站。

为保证 GIS 的密闭性，防止 SF_6 气体密度降低，要对 GIS 的箱体内压力进行监测。就测压而言，有压电式、应变电阻式、电容式、电感式等类型的传感器，这些传感器有一个共同的特点：都采用电信号的变化来测量。但电器设备如 GIS、断路器等往往带有很高的电位，甚至高达几十万伏。在这种高电位、强磁场环境下，电方法测量的干扰严重，不仅测量装置本身难以正常工作，信号的传输、检测和处理也有很大的问题。为此，利用 FBG 设计一个全光的传感器。

2）压强传感器的结构与测量原理

图 4.37 所示为基于自由弹性变形体的光纤光栅压强传感器结构和信号自解调系统。从宽谱光源发出的光经过一个 2×2 耦合器进入光栅 1（贴在悬臂梁上表面），从这个光栅反射回的光信号经过另一个 2×2 耦合器进入光栅 2（悬臂梁下表面），经过第二个光栅反射的光信号被一个光电探测器接收，其接收到的光强度对应被测压力的变化情况。

由于压力的作用使得自由弹性体径向发生变形，导致弹性体内悬臂梁自由端挠度的改变，从而使得两只光纤光栅分别受到拉应变和压应变的作用，而且拉应变（正应变）和压应变（负应变）的大小相等，符号相反。图 4.37 中所示的结构使得在压力的作用下，两参数相同的光栅的反射波长分别向长短波长方向有相同的移动量，两者之差与被测压力间的关系可表示为

$$\frac{\Delta\lambda}{\lambda_B}=\frac{\Delta\lambda_1-\Delta\lambda_2}{\lambda_B}=\frac{\lambda_1-\lambda_2}{\lambda_B}=2\Delta P(1-P_e)\frac{hDK^2(2-v)}{E_cL^2(K^2-1)} \tag{4-17}$$

式中，L 和 h 分别为悬臂梁的长度和厚度；D 为自由弹性体的内径；P_e 为光纤的光弹系数；λ_B 为光栅的布拉格反射波长，v 和 E_c 分别为 Possion 比和弹性模量。

两个光栅的反射谱都可用高斯函数表示：

$$S_1(\lambda)=R_1\exp\left[-4\ln2\left(\frac{\lambda-\lambda_1}{\Delta\lambda_1}\right)^2\right]+\delta_1 \tag{4-18a}$$

$$S_2(\lambda)=R_2\exp\left[-4\ln2\left(\frac{\lambda-\lambda_2}{\Delta\lambda_2}\right)^2\right]+\delta_2 \tag{4-18b}$$

式中，λ_1 和 λ_2 分别是两光栅的布拉格波长；$\Delta\lambda_1$ 和 $\Delta\lambda_2$ 为两光栅反射谱的 3dB 带宽；R_1 和 R_2 为光栅的反射率；δ_1 和 δ_2 为常数。而光电探测器接收到的光信号应该是这两个光栅发射信号的卷积，即存在

$$W=\int_{-\infty}^{+\infty}\alpha(\lambda)\cdot I_0\cdot S_1(\lambda)S_2(\lambda)\mathrm{d}\lambda \tag{4-19}$$

式中，$\alpha(\lambda)$ 为系统的光衰减系数。

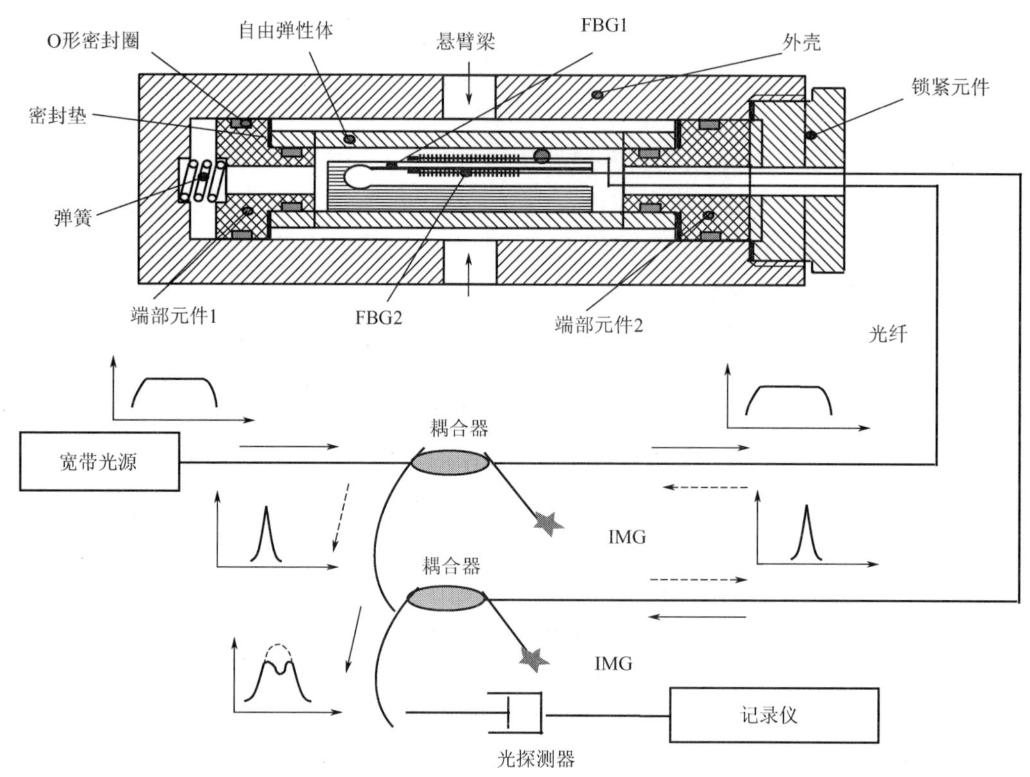

图 4.37　光纤光栅压强传感器结构与信号解调系统原理图

从式(4－18) 和式(4－19) 可知，被测压力的变化将导致两光栅反射光谱的彼此分离，光谱的彼此分离导致光电探测器接收到的光强度发生变化。通过记录光强度的变化，就可以实现对外界压力的检测。

3. 实例 3：基于 FBG 的传感器的光纤有效弹光系统的测量

1）背景

有效弹光系数是用以描述因机械应力或应变引起的折射率的改变的一重要物理量。光纤有效弹光系数的精确测量对光纤特性和应用的研究（特别是光栅的特性和应用的研究）具有十分重要的地位。

大家知道纯石英纤芯的光纤有效弹光系数近似为 0.22。随着光纤技术的飞速发展，各种新型光纤（如特种光纤）相继问世。这些新型光纤的纤芯材料有许多已不再是传统的纯石英材料，要定量了解这些新型光纤的新特性，需知道其有效弹光系数，因此如何精确测量或计算这些新型光纤有效弹光系数是摆在我们面前的一个急需解决的问题。对纤芯由单一成分材料构成的光纤我们可由该材料的已知相关参数及有关公式计算出有效弹光系数，但许多新型光纤的纤芯是掺杂的，掺杂后的一些材料特性参数已难由有关公式进行计算，有些只能通过实验检测得到。这里介绍了用 FBG 进行测量的方法。

2）测量方法、实验装置

测量所用的实验装置如图 4.38 所示。

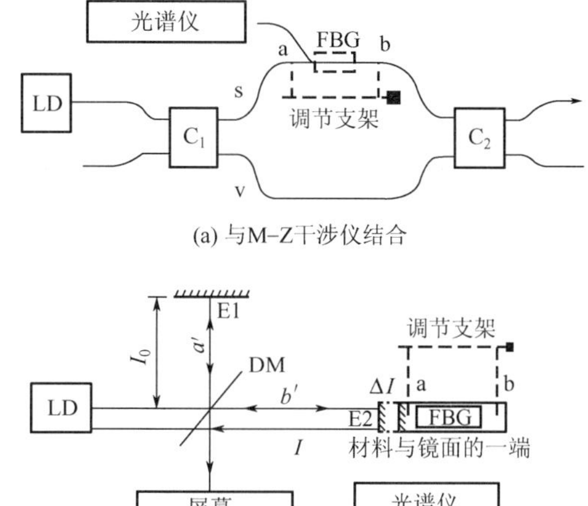

(a) 与M-Z干涉仪结合

(b) 与Michelson干涉仪结合

图 4.38　实验装置图

在恒温环境下，将光栅贴在应变可调的材料表面，则有

$$\Delta\lambda_B/\lambda_B=(1-P_e)\varepsilon$$

只要测量出一组 $\Delta\lambda_B/\lambda_B$ 与 ε 的数据，并线性拟合出一条 $\Delta\lambda_B/\lambda_B$ 与 ε 的直线，求出该直线的斜率 k 即求可求得有效弹光系数 P_e（$P_e=1-k$）。

与光纤干涉仪结合的方法，可用以下两种实验装置进行测量：

以图 4.38(a) 为例，设 a、b 两点间的距离为 L_{ab}，测得干涉条纹移动量为 Δm，则此时光纤的应变 ε 为 $\Delta m\times 632.8/L_{ab}$（设 LD 为氦氖激光器）。由于光栅用专用胶粘贴于 ab 段光纤表面，所以此时光栅的应变也为 $\Delta m\times 632.8/L_{ab}$，将此时光栅的中心波长记录下来，如此测量出一组 $\Delta\lambda_B/\lambda_B$ 与 ε 的数据，可求得弹光系数 P_e。

4.6　综合实训

4.6.1　实训一　光纤温度及应变传感

【实训目标】

了解光纤马赫-曾德尔（Mach - Zehnder）干涉仪的基本原理及其调整方法，要求通过实际设计和动手操作测定光纤马赫-曾德尔干涉仪的温度灵敏度，测定光纤的温度特性并描绘出温度特性曲线，测定光纤的应力特性并描绘出应力特性曲线；初步了解外界因素对光纤干涉仪性能的影响；了解光纤、光纤传感的基本原理。

【实训分析】

光纤干涉仪目前主要用于相位调制型光纤传感器（一种利用外界因素对于光纤中光波相位变化来探测各种物理量的传感器）。其主要优点是：①灵敏度高，在光纤干涉仪中，由于使用了数米甚至数百米以上的光纤，使它比普通的光学干涉仪更加灵敏；②灵活多样，由于光纤柔软，可挠性好，故其几何形状可按要求设计成各种不同形式；③对象广泛，不论何种物理量，只要能改变光纤中光波相位，都可用以传感；④电绝缘性好、抗电磁干扰及安全可靠。另外，光纤干涉仪也是研究和测量光纤特性的一种有力工具。根据传统的光学干涉仪的原理，目前已研制成马赫-曾德尔光纤干涉仪，法布利-珀锣光纤干涉仪、Sagnac 光纤干涉仪和迈克尔逊光纤干涉仪等，并且都已用于光纤传感。

本实验研究是基于马赫-曾德尔干涉原理的光纤温度及应变传感特性的研究（实物参考图如图 4.39 所示），图 4.40 所示为 CCD 或摄像头获得的干涉条纹参考图样，表 4-2 为选用的主要器件。

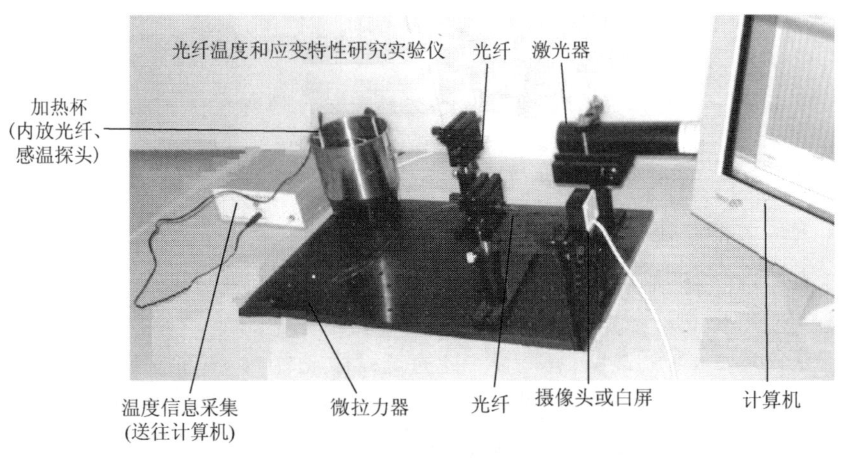

图 4.39　马赫-曾德尔光纤干涉仪实物参考图

【干涉条纹】

图 4.40　干涉条纹

表 4-2　主要器件选用

主要器件	主要特性
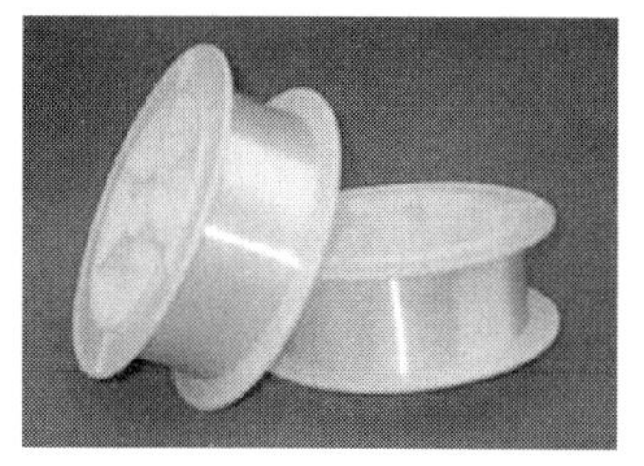 光纤实物图	单模光纤，实验中用两根各 2m 左右的光纤。将其中一根作为传感臂，以探测温度、应力等物理量的变化所引起光程改变，从而引起干涉条纹移动。 允许拉力（N）：长期为 800，短期为 2500； 使用条件：使用温度为－40～＋100℃
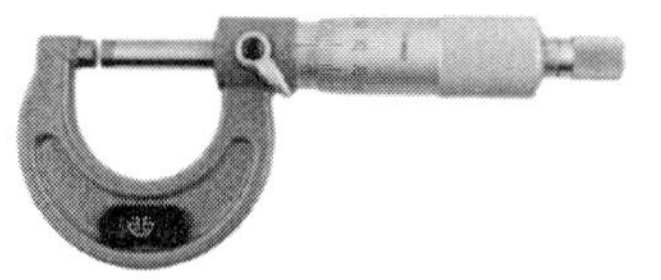 螺旋测微器实物图	通过旋转螺旋测微器来拉伸光纤，从而研究其应力特性。使用螺旋测微器是因为它可以同时测得光纤被拉伸的长度，精确到 0.1mm
 加热杯实物图	加热设备，把一段光纤放入盛有水的加热杯中，通过加热水来调节温度。水的沸点是 100℃，即使加热至水沸腾，也不会损坏光纤，这也起到了保护光纤的作用
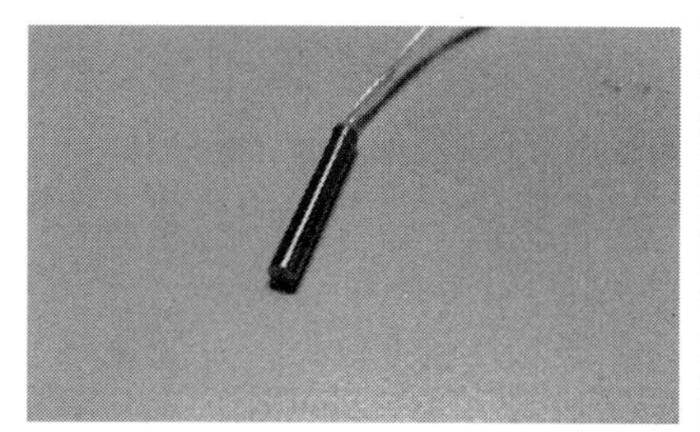 热敏电阻实物图	测温设备，由测温探头（热敏电阻）、测温卡和计算机组成。计算机与测温设备通过 USB 接口相连，可以测得探头所在处的温度。 本实验可直接用传统温度计代替

【实训方案】

1. 方案原理

本实验仪的原理图如图 4.41 所示（由于激光的光柱直径大于两单模光纤的直径，故图中的透镜可以省略，改用直接将激光射入两并靠的光纤)，He－Ne 激光器发出的光照射两根光纤的入射端，光进入两根长度基本相同的单模光纤，经过对其中一根光纤进行加温处理或者对另一根光纤进行拉伸后，两根光纤输出端发出的光信号叠加后将产生干涉效应，再由计算机通过摄像头接收到光的干涉信号或直接用白屏观察。实验过程中，两根光纤互为参考臂。进行温度特性实验时，未被拉伸的光纤为参考臂；进行应力特性实验时，温度已冷却至环境温度的光纤为参考臂。由激光器发出的相干光分别送入两根长度基本相同的单模光纤（即干涉仪的两臂），其一为探测臂，另一为参考臂，从两根光纤输出的两激光叠加后将产生干涉效应（干涉原理在本章 4.4.1 节的“相位调制型光纤传感器”中已做介绍，这里不再赘述）。从光纤干涉仪输出的干涉条纹可以直接投影在白屏上进行观测，也可用摄像头进行测量。

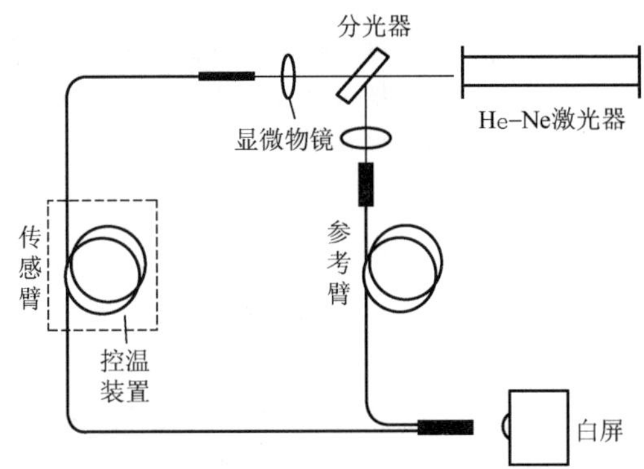

图 4.41　马赫–曾德尔光纤干涉仪原理图

2. 实施步骤

(1) 调整光学系统，获得清晰的条纹。

(2) 测量随温度变化所引起的相位变化，作 $\Delta T-N$ 关系曲线。首先给加热设备通电，加热到某一温度后，以此温度为基准温度，记录条纹位置；在基准温度上每增加某一固定温度值，记录条纹移动的数目和方向；绘制 $\Delta T-N$ 关系曲线，计算温度传感器的温度灵敏度。

(3) 测量位移和条纹移动的关系曲线 $\Delta L-N$（选做）。加热设备断电，并冷却至环境温度；记录螺旋测微器的刻度，以此刻度为基准，记录条纹位置；旋转螺旋测微器，螺旋测微器读数每增加某一固定的长度，记录条纹移动的数目和方向。一共需要记录 5 组实验数据。

3. 硬件连接

实验开始将各个光学仪器固定在光学实验平台上，随后如图 4.39 所示进行连接和光路的调节，在其过程中需注意以下几点：

(1) 由于光纤端口的平整度对实验效果影响极大，因此在裁剪光纤时必须使用光纤刀。若没有光纤刀，可以用打火机外焰烧去光纤的保护膜，然后对光纤灼烧数秒后，沿光

纤的轴方向拉断光纤。切记，不能用剪刀、铅笔刀等粗糙的裁剪工具，因为用它们裁出来的光纤端面极其不平整。在激光输入光纤时，一般有一半以上的光能量会以反射的形式消耗掉，而没有真正进入光纤；另外，激光在射出光纤时，会有大量的光能量因为端面的不平整而散射出去。

（2）两根光纤的入射端面要并在一起，这样能保证入射到两根光纤的光达到最大并近似相等。可用肉眼来判断两根光纤中光的亮度是否基本相同。

（3）调整两根光纤的出射端面处于同一水平面，且要尽量靠近，这样能保证接收到的条纹清晰、呈垂直分布。

（4）应尽量使得到的干涉条纹较宽，这样得到的实验数据比较准确。实验中可以通过调整光纤的出射端与摄像头（或白屏）的距离及两根光纤出射端的距离来改变干涉条纹的宽度。

实验结果填入表 4-3 中。

表 4-3　温度测量系统测试数据

升高温度/℃	条纹变化圈数	升高温度/℃	条纹变化圈数

4. 应用注意事项

（1）实验操作时要细心，保护光纤端面清洁，切勿弄断光纤。

（2）先分别调整每一根光纤，使输出光最强，光斑均匀（单模输出），再进行合光。

（3）系统调整好以后，测量过程中应注意防振，以免影响光的入射和出射。

（4）升温及降温时速度要慢。

（5）温度计读 ΔT，直接观察测量干涉条数。

4.6.2　实训二　光纤光栅传感器

【实训目标】

光纤光栅传感器是目前光学传感与精密检测领域中最具生命力的一项热点技术。由于其所具有的轻质纤细、柔软易弯曲、高灵敏度、耐腐蚀、抗电磁干扰、耐高温高压、检测速度快、信号传输损耗小、易于遥测并可实现网络化测量等诸多优点而备受研究人员的青睐，并应用于各种工业工程领域。通过本实训的学习，让学生掌握光纤光栅传感原理与应用设计技术。

【实训分析】

1. 实训要求

(1) 了解光纤光栅传感器的基本组成。

(2) 熟悉光纤光栅对应变和温度的光学传感本质。

(3) 掌握利用光纤光栅技术实现被测参数（本实训测量的参数为倾斜角度、电流、振动）的测量方法和传感器结构设计的方法。

(4) 熟悉影响光纤传感器的外界干扰因素和减小误差的方法。

(5) 锻炼综合利用计算机、机械、光学、电磁学、材料力学、电路等各学科知识的能力，使学生领悟学科交叉的概念和具体应用思想。

2. 主要器件选用

主要器件选用如表 4-4 所示。

表 4-4　主要器件选用

主 要 器 件	主 要 特 性
封装的光纤光栅实物图	中心波长：1510～1590nm； 波长公差：±0.5nm； 反射率：≥90%； 边模抑制比：≥10dB； 抗拉力：≥100Kpsi； 工作温度：−5～+80℃； 储存温度：−40～+80℃
光纤耦合器实物图	工作波长：1310nm 和 1550nm； 带宽：±40nm； 附加损耗：≤0.2dB； 最大插入损耗：7.6dB； 一致性：≤0.8dB； 波长敏感损耗：0.4dB； 偏振敏感损耗：≤0.08dB； 温度稳定性：≤0.002dB/℃； 方向性：≥50dB； 回波损耗：≥50dB

【实训方案】

本实训根据本章 4.4.2 节中所述 FBG 传感原理，利用光纤光栅技术实现被测参数（本实训测量的参数为倾斜角度、电流、振动）的测量方法和传感器结构设计的方法。参考实验装置为：光纤光栅多参数综合实验仪（型号为 FBGMPE - 010，联系方式：47372041@qq.com）。实验时可根据学校实际情况，直接购置该实验仪，或根据图 4.42 及本章“知识链接”的内容自己搭建。

1. 光纤光栅倾斜角度传感器的原理

光纤光栅倾斜角度传感器系统包括 3 个部分，分别为Ⅰ电箱部分（内含光源及光源驱动电路、光电探测器及信号的处理显示系统）、Ⅱ光路部分（包括两只光纤耦合器和可能需要的一些传输光纤）和Ⅲ传感器探头。

光路部分中光的前进方向如图 4.42 中箭头所示。宽带光源发出的光从①点经过光纤耦合器 1 到②点，然后进入光纤光栅 1，经过光纤光栅 1 反射后的光信号再经光纤耦合器 1 到③点，然后经过光纤耦合器 2 到④点，并进入光纤光栅 2，由光纤光栅 2 反射后的光再经光纤耦合器 2 到⑤点，最终输入到电箱中的光电探测器进行光电转换和处理。传感器探头由框架、悬臂梁、重物和一对光纤光栅组成。

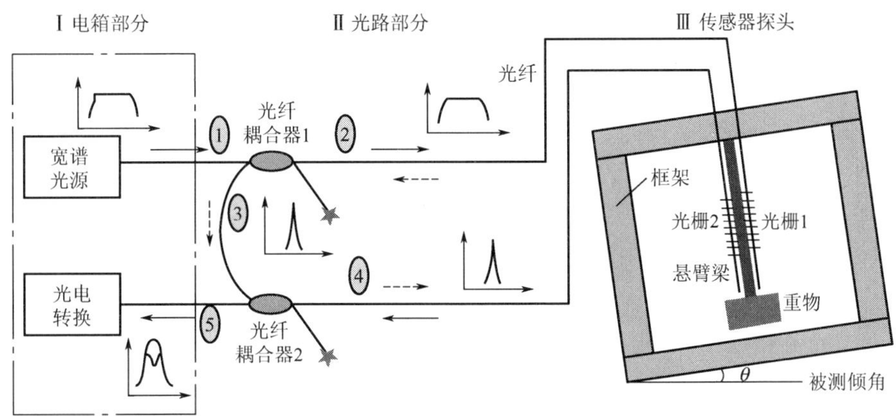

图 4.42 光纤光栅倾斜角度测量系统原理结构图

如图 4.43 所示，在不计悬臂梁自身质量的情况下，由于悬臂梁弯曲，重物分力使悬臂梁产生的应变可表示为

$$\varepsilon(x)=\varepsilon=\frac{6mgL}{Ebh^2}\sin\theta$$

由于两只光纤光栅距离很近，因此可认为所受环境温度相同。但由于悬臂梁弯曲对两光栅的应变作用完全不同，它们彼此大小相等、符号相反，即一个受拉应变（正应变），一个受压应变（负应变），使得受拉的光栅波长向长波长方向移动，而受压的光栅波长向

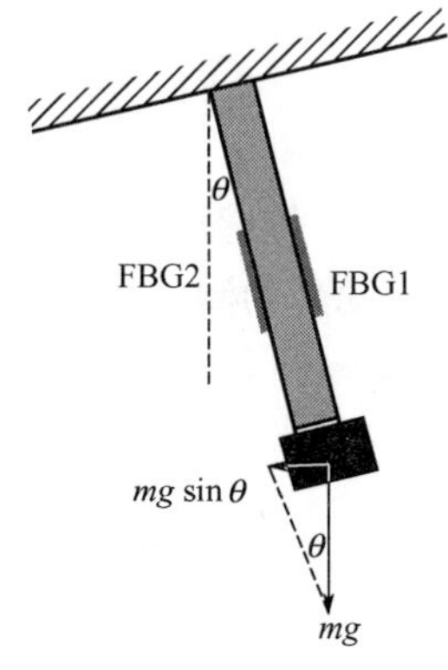

图 4.43　悬臂梁弯曲后受力图

短波长方向移动，两者移动量的绝对值相等，有

$$\Delta\lambda=\frac{\Delta\lambda_1-\Delta\lambda_2}{\lambda_0}=2\ (1-P_e)\ \varepsilon\ \frac{12\ (1-P_e)\ mgL}{Ebh^2}\sin\theta \tag{4-20}$$

两个光栅的反射谱都可用高斯函数表示［图 4.44(a)］：

$$S_1(\lambda)=R_1\exp\left[-4\ln2\left(\frac{\lambda-\lambda_1}{\Delta\lambda_1}\right)^2\right]+\delta_1 \tag{4-21a}$$

$$S_2(\lambda)=R_2\exp\left[-4\ln2\left(\frac{\lambda-\lambda_2}{\Delta\lambda_2}\right)^2\right]+\delta_2 \tag{4-21b}$$

式中，λ_1 和 λ_2 分别是两光栅的布拉格波长；$\Delta\lambda_1$ 和 $\Delta\lambda_2$ 为两光栅反射谱的 3dB 带宽；R_1 和 R_2 为光栅的反射率；δ_1 和 δ_2 为常数。

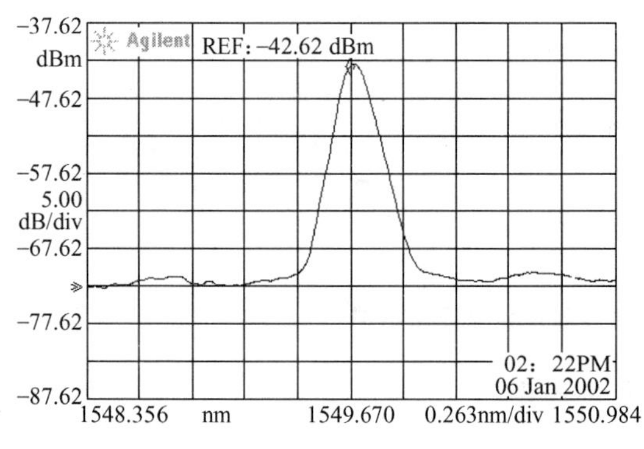

(a) 原始的光栅反射光谱图

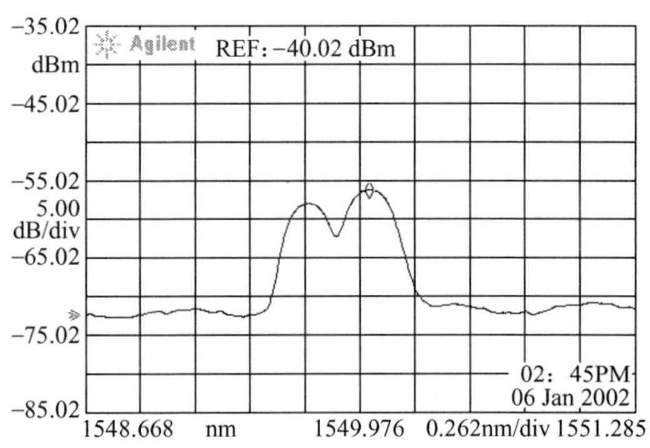

(b) 倾角作用后反射光谱的分离

图 4.44　反射谱

光电探测器接收到的光信号应该是这两个光栅发射信号的卷积，即存在

$$W=\int_{-\infty}^{+\infty}\alpha(\lambda)\cdot I_0\cdot S_1(\lambda)S_2(\lambda)\mathrm{d}\lambda \tag{4-22}$$

式中，$\alpha(\lambda)$ 为系统的光衰减系数。将式(4-21)代入，可得

$$W = \alpha \cdot I_0 \int_{-\infty}^{+\infty} \left\{ R_1 \exp\left[-4\ln 2 \frac{(\lambda - \lambda_1)^2}{\Delta\lambda_1^2} \right] + \delta_1 \right\} \times \left\{ R_2 \exp\left[-4\ln 2 \frac{(\lambda - \lambda_2)^2}{\Delta\lambda_2^2} \right] + \delta_2 \right\} d\lambda$$

$$= \alpha \cdot I_0 R_1 R_2 \frac{\sqrt{\pi}}{2\sqrt{\ln 2}} \left\{ \frac{\Delta\lambda_1 \Delta\lambda_2}{(\Delta\lambda_1^2 + \Delta\lambda_2^2)^{1/2}} \exp\left[-4\ln 2 \frac{(\lambda_1 - \lambda_2)^2}{\Delta\lambda_1^2 + \Delta\lambda_2^2} \right] \right\} + C_0 \tag{4-23}$$

式中，C_0 为积分常数。

结合式(4-20)，可以得到接收光功率与倾斜角度的关系：

$$W = \alpha \cdot I_0 R_1 R_2 \frac{\sqrt{\pi}}{2\sqrt{\ln 2}} \left\{ \frac{\Delta\lambda_1 \Delta\lambda_2}{(\Delta\lambda_1^2 + \Delta\lambda_2^2)^{1/2}} \exp\left[-4\ln 2 \left(\frac{12(1-P_e)mgL}{Ebh^2} \lambda_0 \right)^2 \frac{(\sin\theta)^2}{\Delta\lambda_1^2 + \Delta\lambda_2^2} \right] \right\} + C_0 \tag{4-24}$$

可见，倾斜角度引起两光栅反射谱的分离，反射谱的分离导致了光电探测器接收到的光功率的降低，如图 4.44(b) 所示（从图 4.42 中光纤耦合器 2 中的⑤点出来的光谱）。这样，通过监测光电探测器所接收到的光功率大小就可反映出倾斜角度的信息。

2. 光纤光栅电流传感器原理

向一个空心线圈通入电流，线圈周围会产生磁场，如果在线圈一侧的轴线方向安放一个永久磁铁，则此时永久磁铁在线圈产生的磁场作用下，由于电磁力的作用被吸引或者排斥。假设通电线圈产生的磁场对永久磁铁的作用力是吸引力，就可以通过图 4.45 中的结构来实现对电流的测量。

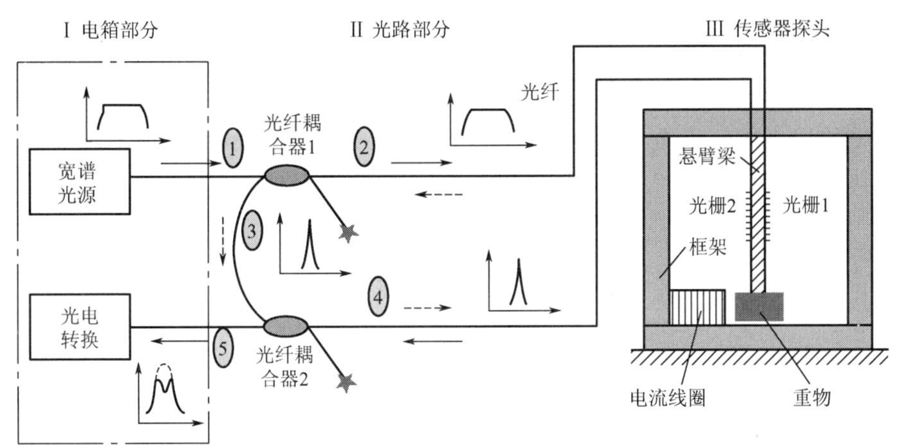

图 4.45　光纤光栅电流传感器原理结构图

从图 4.45 中可以看到，这个系统与图 4.42 所示的倾斜角度系统除了在传感器探头处略有区别以外，其他部分完全相同，这里不再介绍。电流传感探头与倾角传感探头不同之处在于探头的框架中增加了一个空心线圈，用以通入电流，产生电磁场，并对固定在悬臂梁自由端的永久磁铁产生电磁力的作用。当通入的电流对固定电磁铁产生吸引力时，悬臂

梁自由端向线圈方向弯曲，情形与倾角传感器中由于倾角引起的重物分离对悬臂梁的作用等同。其后的具体过程不再分析。

3. 光纤光栅振动传感器的原理

振动传感器的系统结构和电流检测系统的结构完全相同，不同的是电流传感器中通入和被测的是直流信号，而振动传感器中通入的电流是交流（正弦信号、三角波、锯齿波等）信号。交变的信号使得悬臂梁的受力时而是吸引力，时而是排斥力，从而使得悬臂梁产生往复的振动，振动的振幅与通入交流信号的振幅相当，振动的频率与通入的交流信号的频率相当。

4. 操作步骤

1）光纤导光现象及弯曲损耗现象的观察

取一根光纤跳线，将光纤跳线的一端朝向阳光或者灯光，在跳线的另一端即可看到导出的一个小小的亮点。在看到光亮点后，人为地让光纤跳线发生弯曲（注意弯曲直径不能小于 20mm），观察光亮点的光强是否有变化。

因为普通通信光纤的纤芯直径很细，单模光纤只有 8～10μm，多模光纤也只有 50μm 或者 62.5μm，因此，看到的亮点也就很小。光纤导光是基于全内反射原理的。

光纤在弯曲时，一部分在纤芯中传输的光由于被破坏了全内反射的条件而泄漏到光纤的纤芯之外，引起传输光功率的损耗。弯曲半径越小，损耗越大。

2）倾斜角度测量实验

（1）实验准备。按图 4.42 所示连接好实验系统装置。光纤耦合器的端口定义如图 4.46 所示。将光纤耦合器 1 的输入端口 2 接到光纤耦合器 2 的输入端口 1，然后将光纤耦合器 2 的输出端口 1 接到传感器探头的 FBG2 输入口，将光纤耦合器 2 的输入端口 2 接到电箱的光电探测器输入端口。另外，将螺旋测微仪（用于确定倾斜角）安装在传感器探头的底部，并使其读数归零。

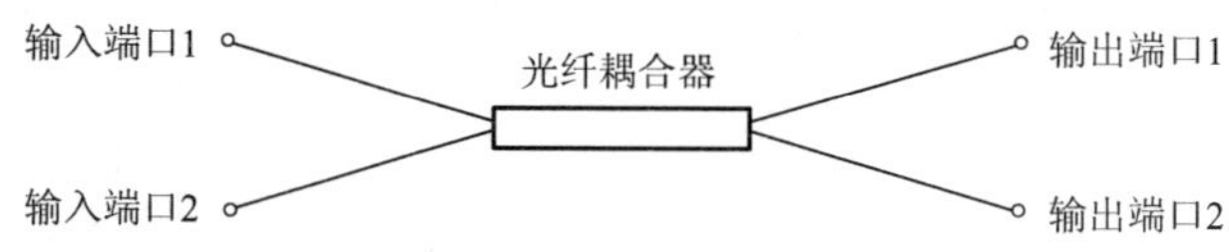

图 4.46　光纤耦合器的端口定义

（2）开始实验。打开光源，接通电路，待系统稳定一段时间后，即可以开始实验。从 0 刻度到 10mm 调节螺旋测微计，调节步距为 1mm。每调节一次，观察并记录电压表读数（尽量等电压表指示数据相对稳定后再记录）；然后把位移量转换成角度，在坐标系中以角度为横坐标，以输出电压为纵坐标，画出倾斜角度传感器的特性曲线。将测量结果填入表 4－5 中。

表 4-5 倾斜角度测量系统测试数据

位移量/mm	电压/V	角度/°	位移量/mm	电压/V	角度/°

3）电流测量实验（选做）

（1）实验准备。将螺旋测微仪读数归零，保持传感器探头水平。用两只导线分别将电箱中的电流输出端 1 和 2 与传感器探头中的电流输入端 1 和 2 对应相连。其他与上相同。

（2）开始实验。在上述实验的前提下，先记录电流为零（不加电流）时的电压表输出，打开电流表开关，在 0～150mA 范围内、步距 15mA 提供电流，同时记录电流表和电压表数据，填入表 4-6 中。以电流为横坐标，电压为纵坐标，画出电流传感器的特性曲线。

表 4-6 电流测量系统测试数据

电流/A	电压/V	电流/A	电压/V

【知识链接】

1. 光电转换电路

图 4.42 中的“光电转换”部分的电路，可根据需要参考图 4.47 自行制作。

图 4.47 中的 PIN 为带尾纤的光敏二极管，用来接收光信号，并将光强的改变转换为光电流的改变。由运算放大器电路“虚短”“虚断”特性可知，OPA4277 中引脚 5 输出电压为 PIN 管的光电流与 R_2 的乘积。A_2 和 A_3 为电压跟随器，具有高输入阻抗和低输出阻抗，能使下一级放大电路更好地工作。MAX4194 为三运算放大器，用来放大引脚 1 和引脚 4 的电压差。R_1 用来调零，使静态时电路输出电压为 0。从 MAX4194 的引脚 6 输出的电压经过由 A_4、R_5、R_6、R_7 构成的同相比例运算放大器放大后由 OPA4277 的引脚 14

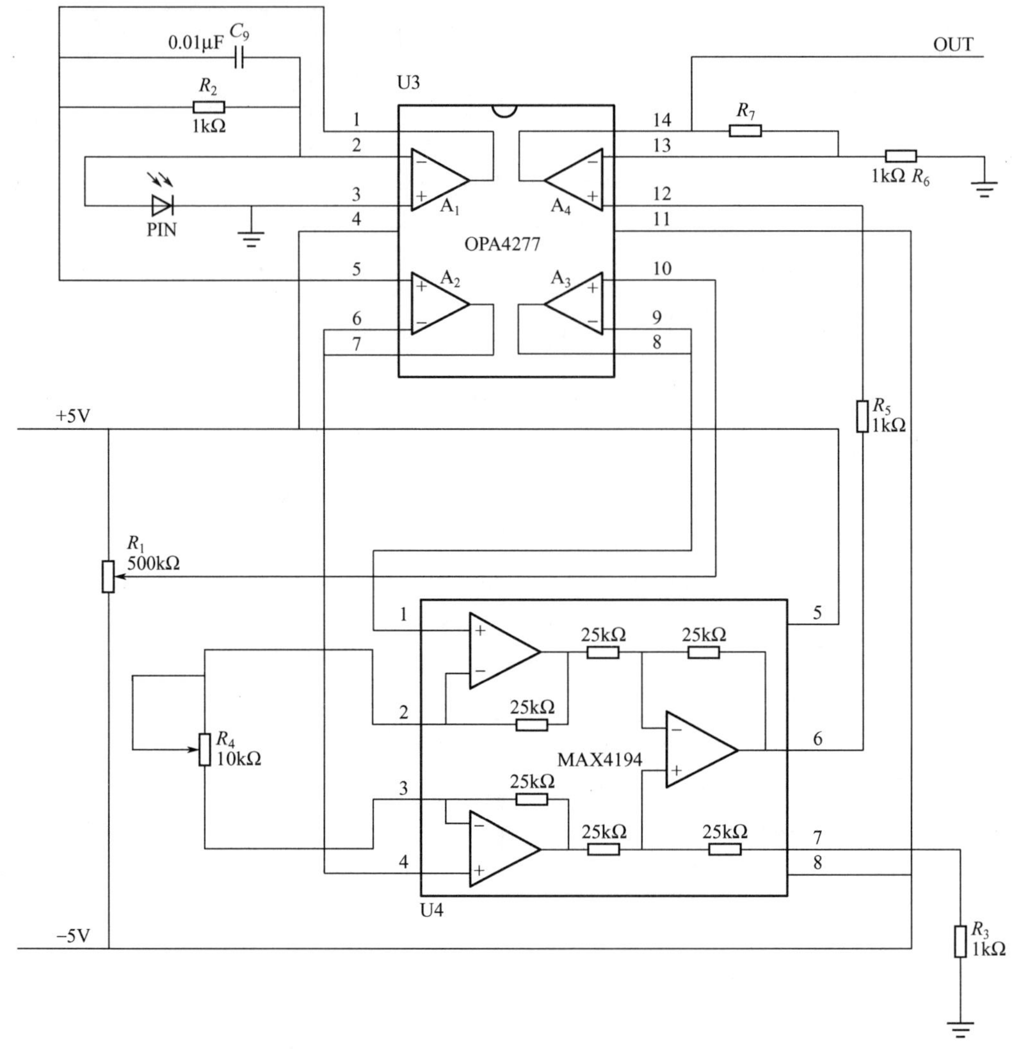

图 4.47　光电转换参考电路

输出。R_4 用来调节放大倍数，控制输出信号的幅度。

2. 悬臂梁力学特性

图 4.42 中的“悬臂梁”介绍如下。当力作用在等腰三角形等厚悬臂梁的自由端上时，如图 4.48 所示，作用力 F 与悬臂梁长度方向上任意一点所产生应变的关系如下：

$$\varepsilon(x)=\frac{6FL}{Ebh^2} \tag{4-25}$$

式中，L 为悬臂梁的长度；E 为悬臂梁材料的杨氏弹性模量；b 为悬臂梁固定端的宽度；h 为悬臂梁的厚度。可见，等腰三角形悬臂梁长度方向上各点所受应变仅与所受外力有关，而与距离固定点的距离 x 无关。

实训时可根据需要选用塑料玻璃自己制作悬臂梁，然后将两个具有相同中心波长的

FBG 用 502 胶水沿悬臂梁长度方向贴在悬臂梁的上下表面。

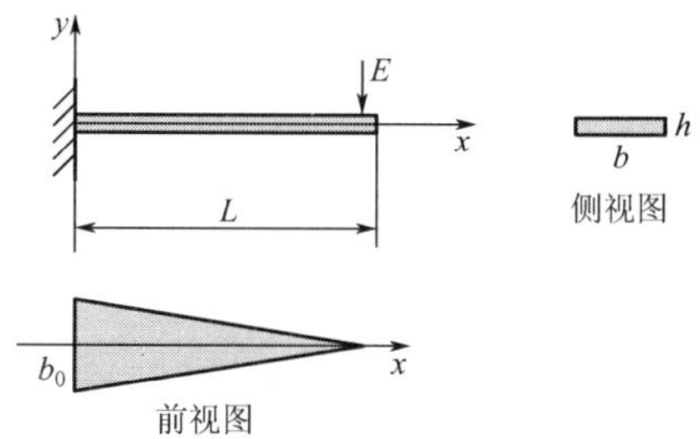

图 4.48　等腰三角形等厚悬臂梁受力情况

3. 光纤通信与传感中的常用仪表

1）光功率计

光功率计（Optical Power Meter）是指用于测量绝对光功率或通过一段光纤的光功率相对损耗的仪器（图 4.49）。在光纤系统中，测量光功率是最基本最常用的仪表，犹如电子学中的万用表。在光纤测量中，光功率计是重负荷常用表。通过测量发射端机或光网络的绝对功率，一台光功率计就能够评价光端设备的性能。用光功率计与稳定光源组合使用，则能够测量连接损耗、检验连续性，并帮助评估光纤链路传输质量。

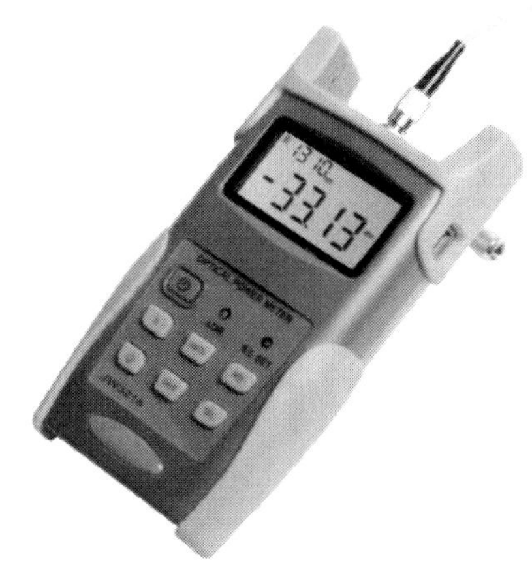

图 4.49　光功率计

2）光谱分析仪

光谱分析仪（图 4.50）主要用于测量光信号中各波长信号的功率，相当电信号分析领域内的频谱分析仪。该仪器可自动绘出光谱图，直观地显示检测光信号的光谱组成。

3）光时域发射计

光时域发射计（Optical Time - Domain Reflectometer，OTDR）是通过对测量曲线的分析，了解光纤的均匀性、缺陷、断裂、接头耦合等若干性能的仪器（图 4.51）。它根据光的后向散射与菲涅尔反向原理制作，利用光在光纤中传播时产生的后向散射光来获取衰减的信息，可用于测量光纤衰减、接头损耗、光纤故障点定位及了解光纤沿长度的损耗分布情况等，是光缆施工、维护及监测中必不可少的工具。

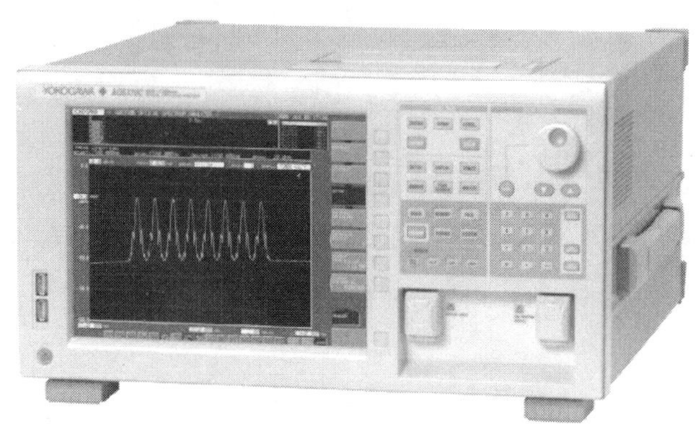

图 4.50　光谱分析仪

4）光纤熔接机

光纤熔接机主要用于光通信中光缆的施工和维护，所以又称为光缆熔接机（图 4.52）。一般工作原理是利用高压电弧将两光纤断面熔化的同时，用高精度运动机构平缓推进，让两根光纤融合成一根，以实现光纤模场的耦合。

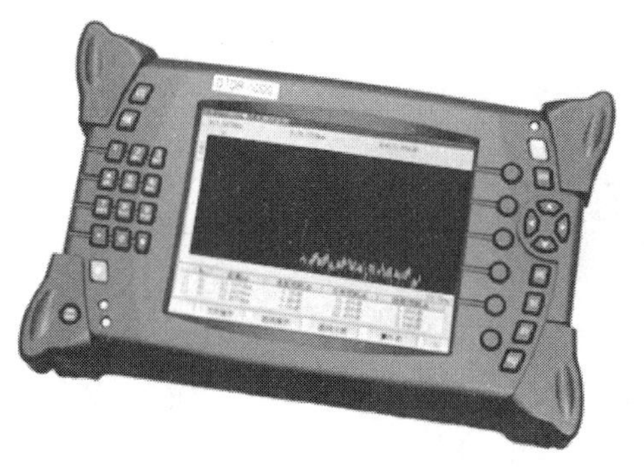

图 4.51　光时域发射计

图 4.52　光纤熔接仪

思　考　题

1. 光纤是有哪几部分组成的？各部分的作用是什么？

2. 影响光纤通信距离和速率的主要是光纤的损耗与色散，分别简述光纤传输会引入哪些损耗与色散？

3. 用几何光学的方法简述光纤导光的原理。

4. 简述光纤通信系统的组成及复用方法。

5. 简述光纤传感的原理、分类及应用。

第5章

光电系统综合设计

【教学目标】

本章首先介绍了光电系统的一般组成、设计原则与设计方法，然后通过3个典型的光电系统设计阐述光电系统的设计思路与测试分析方法。

通过本章的学习，使学生对光电系统的组成、分类及设计方法有一个整体的了解，并通过3个典型光电系统的实践训练，掌握光电系统的设计、制作及测试分析方法。

【教学要求】

相关知识	能力要求
光电系统的设计	(1) 理解光电系统的一般组成与原理； (2) 了解光电系统的特点与分类； (3) 掌握光电系统的设计原则与方法。
便携式光照度仪的设计	(1) 了解光照度测量的意义及应用场合； (2) 掌握PN结光伏效应的原理，以及光电池用于线性光照检测的电路原理及设计方法； (3) 掌握自动量程切换的原理及实现方法。
PM2.5的检测仪的设计	(1) 理解PM2.5的定义及对人体的危害，以及PM2.5检测的意义； (2) 掌握粉尘传感器GP2Y1010AU0F的工作原理及应用； (3) 掌握PM2.5的计算方法，并会制作实时显示系统。
红外遥控灯的设计	(1) 了解红外遥控灯的意义及应用场合； (2) 掌握红外遥控编码与解码的方法； (3) 会使用红外遥控解码接收模块。

5.1 光电系统设计

【光电系统】

【光电系统设计说明】

光电系统是测控仪器的重要组成部分，它与电子系统、精密机械及计算机相结合，构成光、电、机、计算机相结合的现代仪器。其具有如下特点：

(1) 精度高。例如，激光干涉仪可达到波长量级的测长精度，光外差干涉测量是纳米精度测量的主要手段。

(2) 非接触测量。可以实现动态测量，是各种测量方法中效率最高的一种。

(3) 测量范围大。适合于远距离测距、遥控、遥测、光电跟踪等。

(4) 信息处理能力强。光电子测量可以提供被测对象的最大信息含量，适用于计算机接口，构成自动化、智能化的测控系统。

5.1.1 光电系统的组成

光电系统是测控的重要组成部分，测控仪器中的光电系统的基本组成框图如图 5.1 所示。

如图 5.1 所示，光电系统主要是由光源、光学系统、被测对象、光学变换、光电变换、信号处理电路及显示、控制组成。其中，光源是传递信息的媒介，是光电系统的源头；光学系统是将光源发出的光变换为会聚光束、发散光束、平行光束或其他形式的结构光束，作为载波作用于被测对象；信息的光学变换是通过各种光学元器件，如透镜、平面镜、棱镜、光栅、码盘、波片、偏振器、调制器、狭缝、滤波器等来实现在光载波中含有被测对象的光信息；光电转换是光信息被光电检测器接收，并转换为易于处理的电信号，再经过放大、滤波等处理，然后显示测量的结果或用于控制某执行器工作。

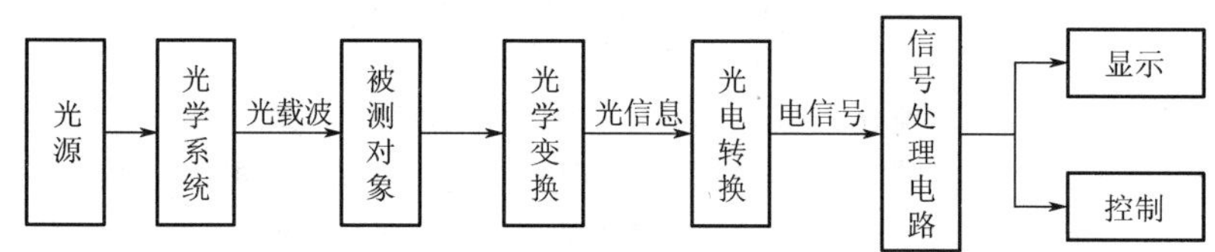

图 5.1 光电系统的基本组成框图

由图 5.1 可以看出光电系统的设计主要是研究光信息的检测、传输和变换中的核心技术的设计问题。

5.1.2 光电系统的分类

光电系统分为主动系统与被动系统，模拟系统与数字系统，直接探测系统与相干探测系统等。

1. 主动系统与被动系统

主动系统与被动系统是指携带信息的光源（光媒介）是人为制造的还是自然辐射的。主动光电系统的照明是人工光源，如白炽灯、激光器等，被测信息通过调制的方法加载到光载波上去，然后用光电接收系统进行检测。而被动光电系统的照明光源是自然光（如太阳光）或者用不是为光电系统特殊设计的光源来携带光信息，如后续光照度计就是典型的被动光电测量系统。

2. 模拟系统与数字系统

按照传输和接收的光信息是模拟量还是数字量，光电系统分为模拟系统和数字系统。模拟光信息与数字光信息一般是用调制的方法将被测信息加载到光载波上来获得的。

模拟系统的光载波是直流或连续的光通量，将被测信息加载到这类光载波上，然后进行传输或变换。

数字系统的光载波是脉冲量，将被测信息加载到脉冲光载波的幅度、频率、脉宽或相位之中，则得到脉冲调幅、调频或调宽波，然后对脉冲调制光波进行传输或变换。

数字式光电系统具有比模拟式光电系统更好的传输效率和更好的抗干扰性，尤其适合于光通信。

3. 直接检测系统与相干检测系统

按照光电系统中光电检测是直接检测光功率还是检测光的振幅、频率和相位，光电系统分为直接检测系统和相干检测系统。直接检测系统不论是用相干光源还是非相干光源来携带光信息，检测器件只直接检测光强度。而相干检测系统采用相干光源利用光波的振幅、频率、相位来携带信息，光电检测不是直接检测光强而是检测干涉条纹的振幅、频率或相位。

直接检测系统简单、应用范围广，而相干检测系统具有更高的检测能力和更高的信噪比，因而系统精度更高、稳定性也更好。

除了上述分类外，按照光电系统的功能还分为光电信息检测系统、光电跟踪系统、光电搜索系统、光电通信系统等。

5.2 综合实训

5.2.1 实训一 便携式光照度仪的设计

【实训目标】

通过本实训的学习，了解辐射度学与光度学的基本概念及两者的区别，以及人眼的视觉函数的特性；掌握光电池的工作原理及特性，以及在线性检测和能量转换方面的应用。

理解量程自动切换电路的原理及设计方法，实现大范围、高精度的测量；了解仪表与上位机的常用通信方式，会使用蓝牙通信模块实现无线数据通信；能正确分析、制作与调试相关应用电路，根据设计任务要求，完成硬件电路相关元器件的选型，并掌握其工作原理。

【实训背景】

人类和一切生物都生活在光的世界里，没有光，生命活动就会终止。人类在利用自然光源和发明人造光源的实践中，无时无刻不在进行着光度的相对比较。在日常的生产和生活中，光度学有着非常广泛的应用。

近 20 年来，随着对材料和产品质量越来越严格的要求和控制，对材料的辐射度和光度特性的测量也日趋重要，它已成为光度测量的一个重要部分，如逆反光材料、发光材料等的光度测量，一些物体的反光特性可以用亮度计进行非接触测量。随着我国经济的发展，人民生活水平的提高，各种照明设备质量的提高，人们越来越需要使用高精度的光度测量仪器进行测量。各种汽车、摩托车等前照灯的测量，各种照明灯具的光通量的测量，热辐射体的红色比，荧光粉的相对亮度的测量等都离不开光度测量仪器。

另外，教室照明关系到孩子的视力，隧道和道路照明关系到行车安全，农业大棚中的光照关系到农作物产量，体育场的照明情况测量，等等。可以说，光度测量与人们的生活密切联系着。由于光照度测量这一重要地位，人们开始研制各式各样的光度测量仪。由于照度测量的原理比较简单，所以照度测量是目前最流行的光度测量形式。照度计是光度测量仪的一种，目前主要广泛应用于科研、生产、军工、电子、轻纺、影视、建筑、交通及医疗保健和卫生防疫等专业领域。随着人类居住环境和生活水平的提高，“绿色照明工程”越来越被人们所关注，现在照度计正在走入人们的生活。目前，照度计分为常用指针式和专用的数显式。常用指针式照度计如图 5.2 所示，需手动进行量程换挡，操作麻烦且测量精度不高；专用数显式照度计测量精度很高，但测量范围有限，功能太多且成本偏高。随着计算机技术、电子技术和通信技术的迅猛发展，尤其是集成芯片和电路的问世，使得各种智能化仪器应用越来越多。以单片机为核心的照度计，具有智能化、操作方便、硬件电路简单的特点。

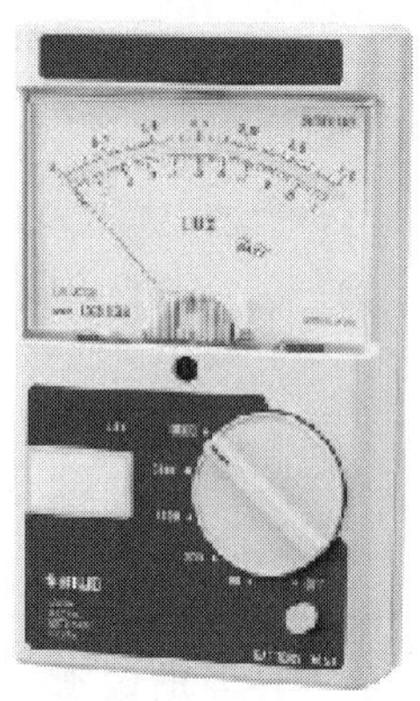

图 5.2　常见的光照度计

【实训要求】

本实训设计的光照度计的功能如下：

(1) 能实时显示环境光照度值。

(2) 光照度的测量范围为 10～10000lx。

(3) 能自动切换量程。

(4) 具有无线通信功能，可以向上位机发送采集的光照度值。

(5) 上位机界面友好，可操作强。

【实训分析】

根据上述实训要求，要达到所需的设计指标，需要解决以下几个问题：光照度采集传感器的选择及其后续信号处理电路；自动量程切换的实现方法；单片机的选型；与上位机数据通信的实现。

1. 光敏检测器件的选型

光敏传感器是一种将光学量（光通量、照度）的变化转换为电量（电压、电流）变化的传感器，是光电探头中的关键元件。常用的光敏传感器主要包括光敏电阻、光电池、光敏二极管及光照传感器集成芯片（如 TI 的 TSL230、TSL260）等，这些光敏传感器的优缺点如表 5－1 所示。

【光敏传感器】

表 5－1 各种光敏传感器的比较

光敏传感器	优 点	缺 点	应用范围
光敏电阻	灵敏度高，工作电流大，光谱响应范围宽，无极性，使用方便	响应时间长，频响特性低，光照线性度差，不能作为线性测量器件，一般用于光敏开关	光开关
光电池	光电转换效率高，工作电流大，频率响应高，光谱范围宽，线性特性好	需要温度补偿	太阳电池、光开关、线性测量
光敏二极管	光谱和频率特性好，灵敏度高，测量线性好	输出电流小，暗电流对温度变化敏感	光电检测、光通信
集成光照度芯片	性能稳定，外围电路简单	测量范围小，成本高	测量精度高的场合

选择光敏传感器的要求是线性范围宽、灵敏度高、光谱响应合适、稳定性高、寿命长。通过比较，光电池比较符合要求。硒光电池的光谱响应曲线与视觉函数（见后面的知

识链接）很相似，很适合作为光度测量的检测量，但由于其稳定性很差，目前已被硅光电池所取代。因此，本文选用硅光电池作为系统的光电转换元件。

2. 传感器信号处理电路

由上面分析可知，本实训中光电传感器采用硅电池，其输出的光电流正比于光照度。但输出的光电流小，需要对信号放大处理。光电池典型的信号处理电路如图 5.3 和图 5.4 所示。

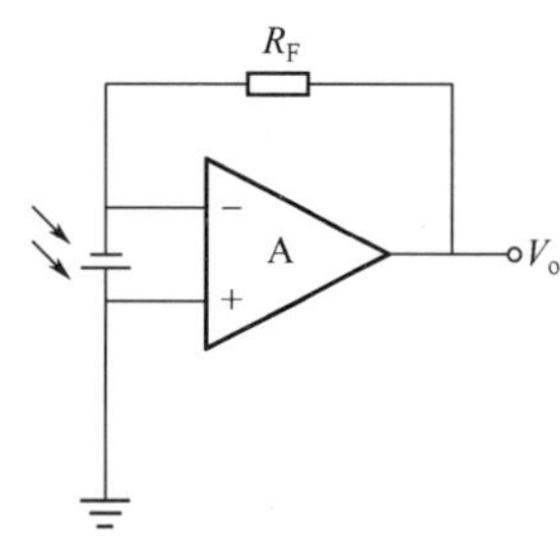

图 5.3　电流放大电路

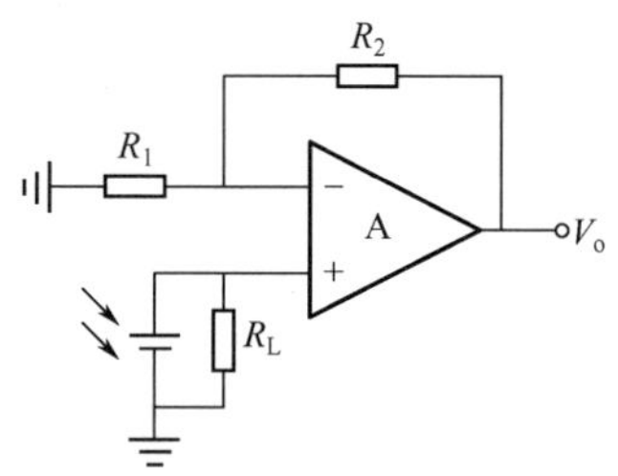

图 5.4　电压放大电路

电流放大电路是放大光电池的输出电流，电压放大电路是放大光电池的输出电压。集成运算放大器的输入阻抗低，可认为图 5.3 和图 5.4 中的光电池是处于短路工作状态。由光电池的光电特性可知，光电池的短路电流与光照度成正比。所以，本实训在设计放大电路时选用电流放大器进行设计。放大电路放大光信号的同时也把输入端的噪声进行放大，而且放大电路本身也存在噪声。因此，需要低噪声放大器。

3. 自动量程切换电路的实现

本设计要测量的光照度范围为 10～10000lx，动态范围相对较大，只用单一的量程设计不能满足要求，因此需要多量程之间进行切换。一种简单的实现方法是改变放大器的反馈电阻，根据输入信号的大小自动改变放大倍数。照度计的量程转换方式分为自动量程转换与手动量程转换。

要实现自动改变输入反馈电阻可以采用数字电位器，通过编程实现可控的电阻值，可以有足够多的量程切换，但结构相对复杂，操作麻烦。另外一种简单的方法是采用模拟开关替代手动开关，实现简单且易操作，在本实训中采用模拟开关控制切换反馈电阻的阻值，以实现量程的自动切换功能。

4. 单片机的选型

【单片机选型原则】

51 单片机是目前应用最广泛的单片机，具有使用简便、价格便宜等优点，常用 AT89C51 单片机可灵活应用于各种控制领域。但是其运算速度较慢，功能相对单一，难以实现较为复杂的任务要求。

MSP430F149 是 TI 公司生产的 16 位单片机，采用了精简指令集结构，具有丰富的寻址方式、简洁的 27 条内核指令及大量的模拟指令；大量的寄存器及片内数据存储器都可参加多种运算，还有高效的查表处理指令。而且 MSP430 单片机还具有处理能力强、运算速度快和超低功耗等优点。此外，该单片机还集成 12 位的模/数（A/D）转换器。

在本实训中前端处理后的信号仍为模拟，还需要一个模/数转换器将其转化为数字信号。如采用 AT89C51 单片机则还需要额外的 A/D 芯片，会增加系统的复杂性。因此，在本实训中采用 TI 公司的 MSP430F149 作为核心处理器，完成数据采集与处理，并完成人机界面的功能。

【MSP430F149 使用说明书】

5. 与上位机的通信的数据通信

仪器仪表与上位机数据通信常用的通信方式有 RS－232 串口通信、USB 通信等，如图 5.5 所示。RS－232 串口通信协议简单，适合低速率的数据通信，在早期仪表使用较多，随着计算机接口技术的发展，该接口已被淘汰，现在很多上位机上没有专用的 RS－232 接口，往往需要 USB 转 RS－232 模块。USB 通信速率可以很高，但通信协议比较复杂，操作难度大。此外，上述两种通信方式都需要有线连接，限制了其应用的空间和场合。

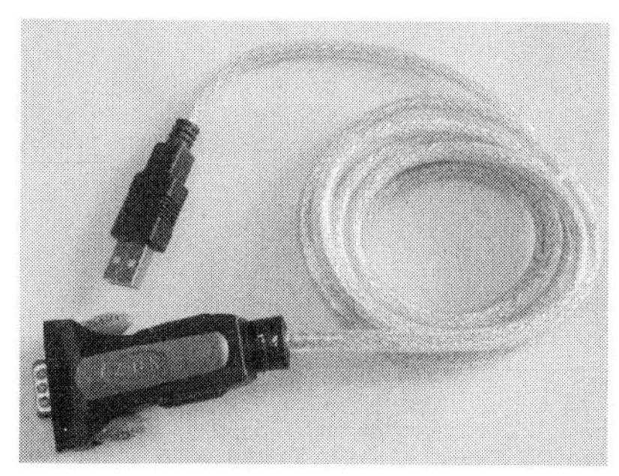

图 5.5　常用的串口通信

在本实训中拟采用蓝牙技术实现数据无线通信，由于目前台式计算机、PDA、智能手机都自带蓝牙接口，不需要额外的适配器，因此操作十分方便。但蓝牙通信协议也较为复杂，为了降低研发的难度，我们采用串口蓝牙模块来实现光照度仪与上位机的通信。

【实训方案】

1. 总体方案设计

光照度计的总体设计框图如图 5.6 所示，系统主要是由光照度传感器、信号处理电路、显示电路、微处理器和通信接口电路等组成。

2. 硬件设计

1）照度检测电路的设计

本实训采用日本滨松公司生产的 S1087 型硅光电池为光照度传感器，其实物如图 5.7 所示，其光谱响应曲线如图 5.8 所示，与人眼视觉函数十分相似。

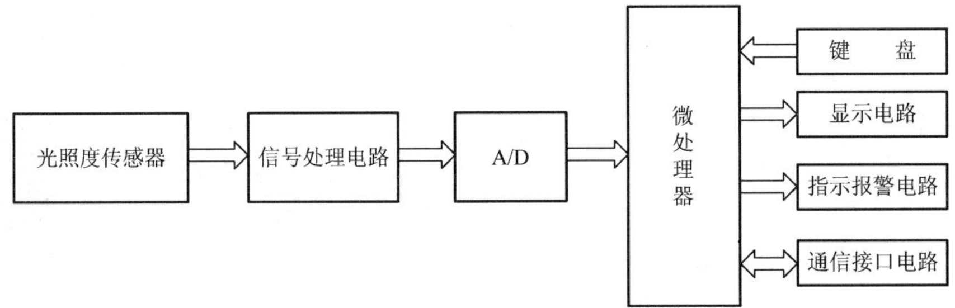

图 5.6　光照度计的系统框图

图 5.7　S1087 型硅光电池

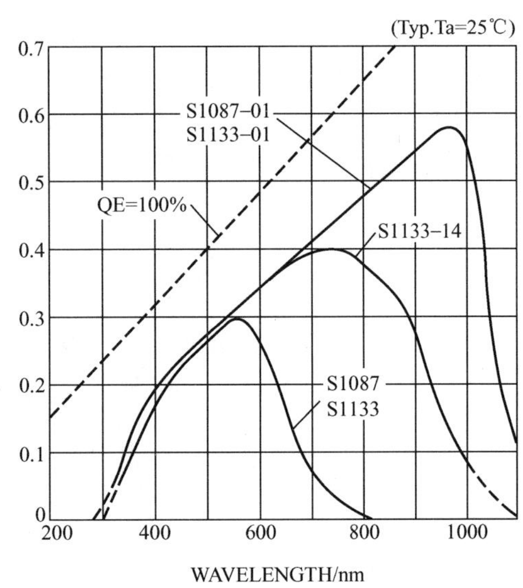

图 5.8　S1087 型硅光电池的光谱响应曲线

S1087 型硅光电池的典型特性参数如表 5－2 所示。

表 5－2　S1087 型硅光电池的特性参数

主 要 参 数	MIN	TYPE	MAX
光谱范围/nm	320		730
有效感光面积/mm^2		1.6	
光电灵敏度（λ_p）/(A/W)		0.3	
暗电流/pA			10
响应上升时间/μs		0.5	
结电容/pF		200	
等效电阻/GΩ	10	250	
工作温度/℃	－10	25	60

照度检测电路主要由光电传感探头与信号转换电路组成。光电传感探头如图5.9所示，其包括硅光电池和余弦校正器。其中外壳中白色盖帽就是余弦校正器，其工作原理详见后续知识链接。为了减少外来干扰，将光电池及其信号输出电路都设计在一块PCB上，其中一个硅光电池需要做避光处理。

图5.9　光电传感器探头

硅光电池输出的光电流信号采用如图5.10所示的电流转电压变换电路，将光照度转化为电压输出。由于集成运放的输入端“虚地”，硅光电池处于零偏置状态下，具有很好的线性输出。反馈电阻 R_F 用于调节转换增益，电容 C_F 用于消除电阻电路的杂散电容。采用两个硅光电池主要用于消除暗电流和温度对测量精度的影响。

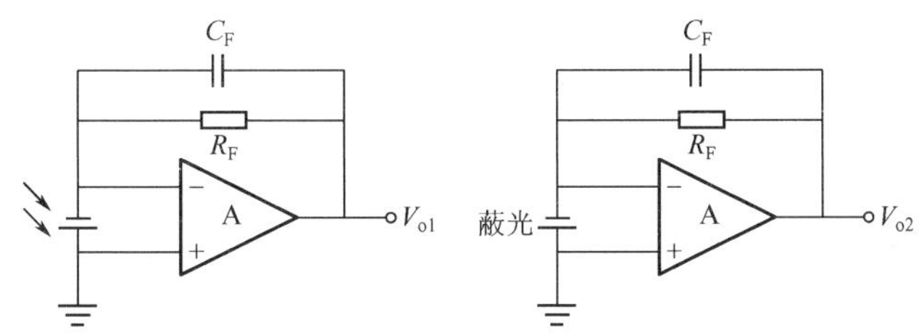

图5.10　前置放大电路

假设输入的光照度为 Φ，则硅光电池输出的光电流为

$$I_S = S\Phi \tag{5-1}$$

式中，S 为硅光电池的光电灵敏度，mA/lx。经电流电压转换电路后，输出电压为

$$V_o = S\Phi R_F \tag{5-2}$$

从式(5-2)可以看出改变 R_F 的值可以改变输出电压的范围。

放大器采用的OP07芯片是一种低噪声、非斩波稳零的双极性（双电源供电）运算放大器集成电路，如图5.11所示。由于OP07具有非常低的输入失调电压（对于OP07最大为25μV），所以OP07在很多应用场合不需要额外的调零措施。OP07同时具有输入偏置电流低（OP07为±2nA）和开环增益高（对于OP07为300V/mV）的特点，这种低失调、高开环增益的特性使得OP07特别适用于高增益的测量设备和放大传感器的微弱信号等方面。

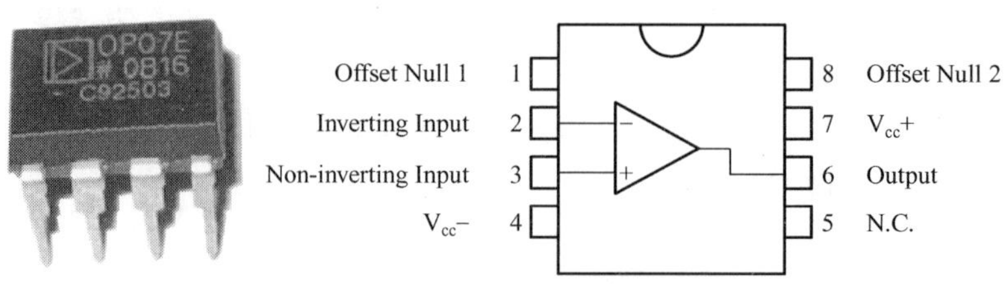

图 5.11　运算放大器 OP07

2）自动挡位切换电路

如前所述自动量程切换采用控制放大器的反馈电阻来实现，其实现的原理如图 5.12 所示。

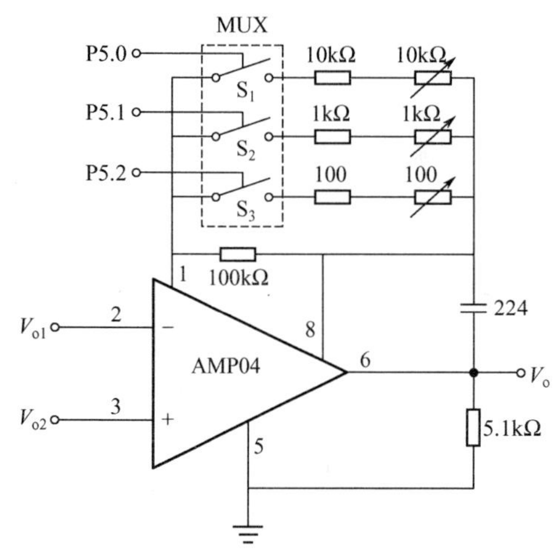

图 5.12　自动量程切换电路

自动量程切换硬件可通过模拟开关控制选择放大器的反馈电阻，进而控制量程之间的切换。模拟开关采用 MAX4602，该四通道模拟开关具有低导通电阻的特性，最高仅有 2.5Ω。每个模拟开关可以控制轨到轨的模拟信号。此款芯片的最大漏电流仅为 2.5nA。它在低失真应用中是理想的选择，而且是机械继电器自动测试设备中的最佳选择，也适用于开关的应用中。它具有低功耗、体积小、比机械继电器可靠等优点。

自动量程切换电路中的放大器采用仪表放大器，主要是因为仪表放大器具有非常高的共模抑制比和非常高的输入阻抗，能够和前级电路进行很好的阻抗匹配，同时也能很好地抑制噪声。在本实训中采用 TI 公司的底噪声仪表放大器 INA128，其内部结构如图 5.13 所示。

放大器的增益的调整是通过改变电阻 R_G 阻值实现的，其公式为

$$G=1+\frac{50\text{k}\Omega}{R_G} \tag{5-3}$$

3）蓝牙无线数据通信

【蓝牙技术的起源和形成背景】

所谓蓝牙（Bluetooth）技术，实际上是一种短距离无线电技术，利用“蓝牙”技术，能够有效地简化便携式计算机、PDA 和智能手机等移动通信终端设备之间的通信，也能够成功地简化以上这些设备与 Internet 之间的通信，从而使这些现代通信设备与 Internet 之间的数据传输变得更加迅速高效，为无线通信拓宽道路。蓝牙采用分散式网络结构及快跳频和短包技术，支持点对点及一点对多点通信，工作在全球通用的 2.4GHz ISM（即工业、科学、医学）频段。其数据速率为 1Mb/s，采用时分双工传输方案实现全双工传输。

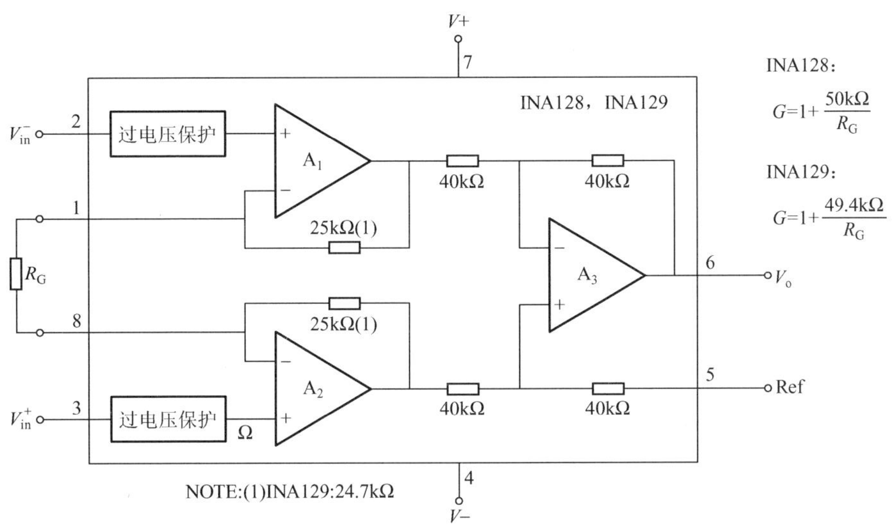

图 5.13　INA128 的典型应用电路

本实训中蓝牙通信采用蓝牙串口模块 HC－05，如图 5.14 所示，该模块采用 CSR 主流蓝牙芯片，支持蓝牙 V2.0 协议标准，可以与蓝牙便携式计算机、计算机加蓝牙适配器、PDA 等设备进行无缝连接蓝牙模块。串口模块工作电压为 3.3V，工作电流小于 40mA，波特率可设置为 1200、2400、4800、9600、19200、38400、57600、115200。

蓝牙串口模块引脚为 4 个，分别是 TX、RX、Vcc 和 GND，其中 TX、RX 输出为 TTL 电平，可以与单片机串口直接相连，接口方式如图 5.15 所示。蓝牙串口模块的指令详见后续知识链接。

图 5.14　蓝牙串口模块实物图

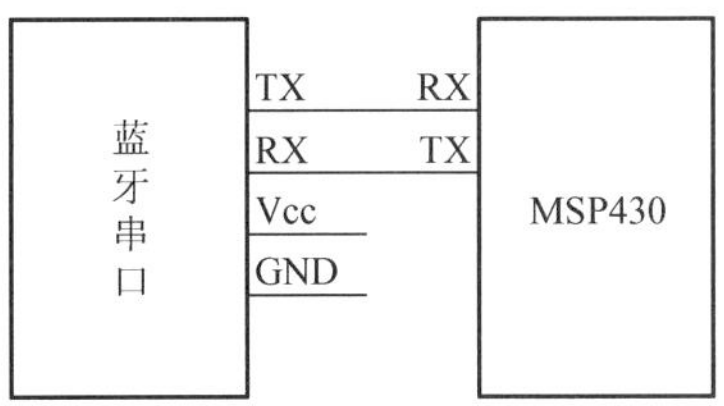

图 5.15　蓝牙串口模块接口方式

4）系统总体电路图

光照度计的系统实现电路如图 5.16 所示，先通过电流转换电路将光照度转换为对应的电压输出，然后通过模拟开关控制测量放大器的放大倍数来实现自动量程切换。放大后的电压经过低通滤波后，由 A/D 转换器采样到单片机，完成信号处理及显示。按键用于修改光照度计的参数，蜂鸣器用于对超出设定范围的照度报警提示。此外可以通过蓝牙与上位机进行数据通信。

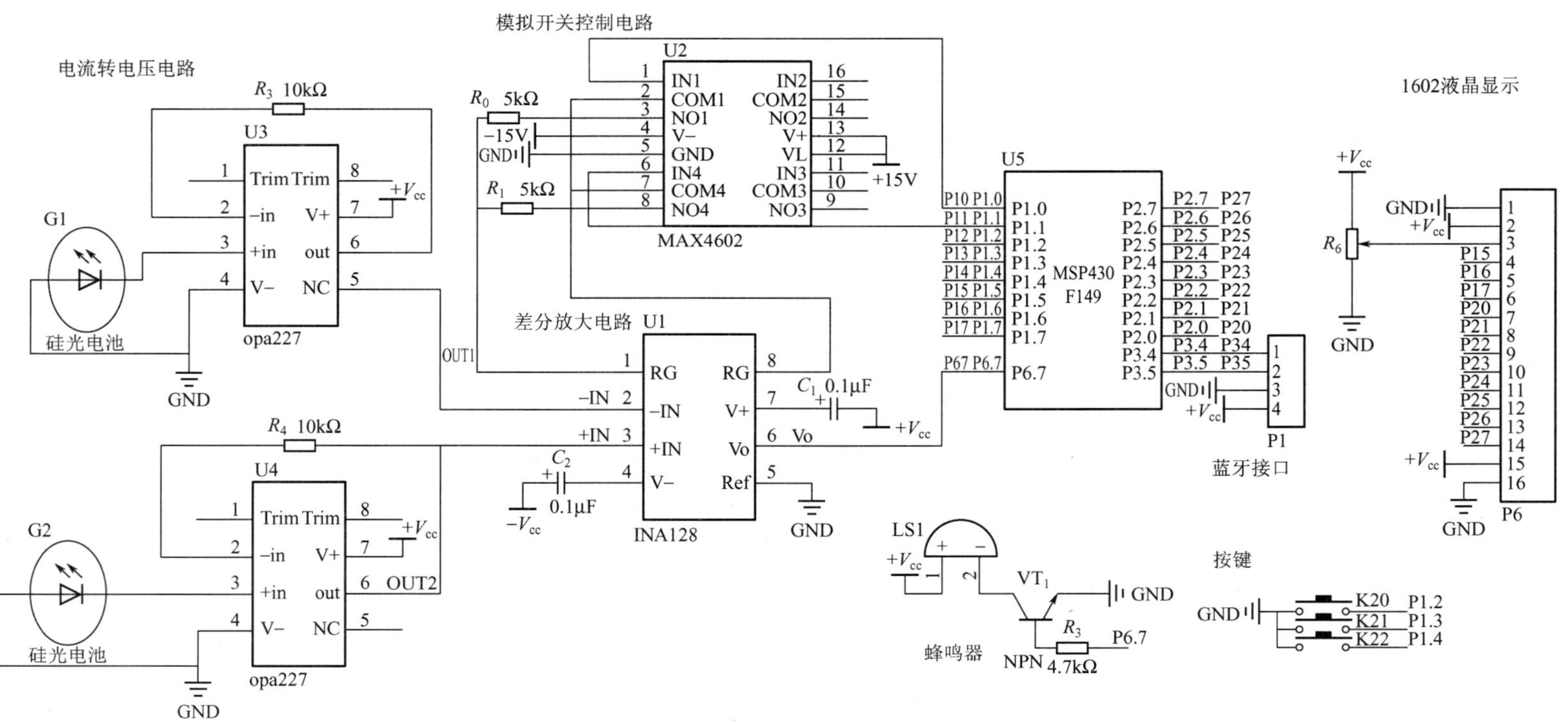

图5.16 光照度计电路原理图

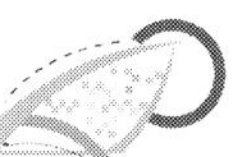

3. 系统测试及分析

系统制作完成后，要对系统进行调试，包括硬件调试和软件调试及软、硬件联调。硬件调试和软件调试分别独立进行，可以先调硬件再调软件。在调试中找出错误、缺陷，判断各种故障，并做出软硬件的修改，直至没有错误。

特别提示： 在进行测量矫正时，由于环境光照的波动，读数可能会波动，一定要人为地干扰，等数据稳定下来后再读数。由于测量的数据带有一定误差，最好多测几点，然后再通过数据拟合来完成矫正。

测试结果填入表5-3中。实际光照度的测量可以采用商业光照度计。

表5-3　光照度计测试数据

实际光照度/lx	测得光照度/lx	误　　差	实际光照度/lx	测得光照度/lx	误　　差

【知识链接】

1. 光度学与辐射度学

在光学中用来定量地描述辐射能强度的量有两类：一类是物理的，为辐射度学量，是以能量为单位描述光辐射能的客观物理量；另一类是生理的，为光度学量，是描述光辐射能为平均人眼接受所引起的视觉刺激大小的强度，即光度量是具有标准人眼视觉特性的人眼所接受到的辐射量的度量。

1）辐射度学

（1）辐射能（Q_e）：以辐射的形式发射、传播的或接受的能量，单位为焦耳（J）。

（2）辐射通量（Φ_e）：单位时间内该辐射体所辐射的总能量，又称为辐射功率 P_e，是辐射能的时间变化率，单位为瓦特（W）。

$$\Phi_e = \frac{dQ_e}{dt} \tag{5-4}$$

（3）辐射强度（E_e）：接收面上单位面积所被照射到的辐射通量，单位为瓦每平方米（W/m^2）。

$$E_e = \frac{d\Phi_e}{dA} \tag{5-5}$$

2）光度学

（1）光通量（Φ_v）：光通量又称为光功率，单位为流明（lm），它与电磁辐射通量相对应，辐射通量的单位是瓦（W）。光通量与辐射通量之间的关系可以用下式表示：

$$\Phi_v = C \cdot V(\lambda) \cdot \Phi_e \tag{5-6}$$

式中，C 为比例系数；$V(\lambda)$ 为视觉函数（图 5.17）。

（2）光照度（E_v）：光照度是投射到单位面积上的光通量，或者说接受光的面元上单位面积被辐射的光通量，单位为勒克斯（lx）。

$$E_v = \frac{d\Phi_v}{dA} \tag{5-7}$$

2. 光电探测器的性能修正

1）人眼视觉函数修正

光照度是光度学的基本物理量之一，是电磁辐射能引起人眼刺激大小的度量。人眼对不同波长光的感光灵敏度是不一样的，其感光的波长范围为 0.38～0.78μm，其中对绿光最灵敏，而对红、蓝光灵敏度最低。国际照明委员会（CIE）根据实验结果，确定了人眼对各种波长的相对灵敏度，称为视觉函数，如图 5.17 所示。在明视觉情况下，即光亮度大于 $3cd/m^2$ 时，人眼的敏感波长，即视觉函数的峰值在 550nm 处。

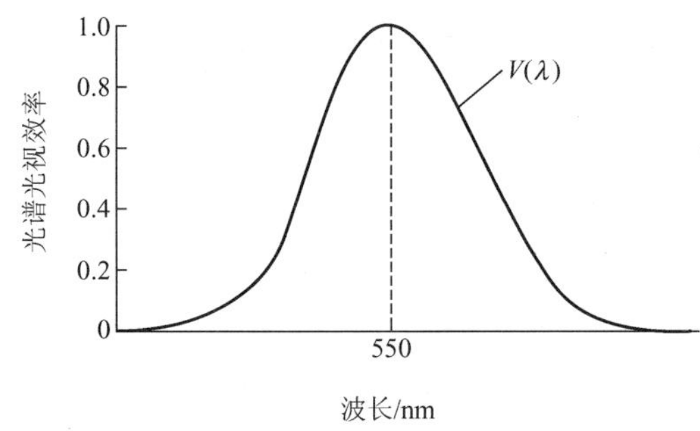

图 5.17　视觉函数

本实训中采用的光电探测器上面附加了一层滤光片，用以模拟视觉函数。

2）余弦修正

照度的大小同样与光线的入射角有关，被照射物体表面的法线与入射光线之间的夹角称为入射角。设 E_v 为入射光线在被照射物体表面的法线方向上偏离的那部分照度值 a 为两者之间的夹角，则有

$$E_v = E_0 \cos\alpha \tag{5-8}$$

式中，E_0 为直射时的照度值，入射光线与照射物体法线平行。这一定律是光照度自身的性质，而光电探测器并不具备此性质。因此，编者需要对探测器的这一限制因素进行修正。图 5.18 是理想点光源的照射图，小光源入射角的特点是角度非常小，因此需要选择一种特定针对小入射角进行余弦修正的修正器；而图 5.18 为球面光源的照射图，此种光源入射角明显增大，针对这种大的扩展光源则需要对照度的入射角进行最佳修正。

目前常用的修正结构如图 5.19 所示。图中，P 是光电探测器的光电探头，则 D 是余弦修正滤光片，一般为乳白玻璃片。将余弦修正滤光片安装在光电探头的正上方，并保持余弦修正片的表面与光电探测器表面严格平行。随着入射角度的不断增大，E_v 的值会不断减小，当入射角增大到 90°时，边沿使得式(5－7) 中 E_v 的值为 0。正常情况下，可以忽略由于入射角引起的光通量偏差值。但是，为了提高探测器的测量精度，仍需要在探测器前装有光学余弦修正玻璃片。

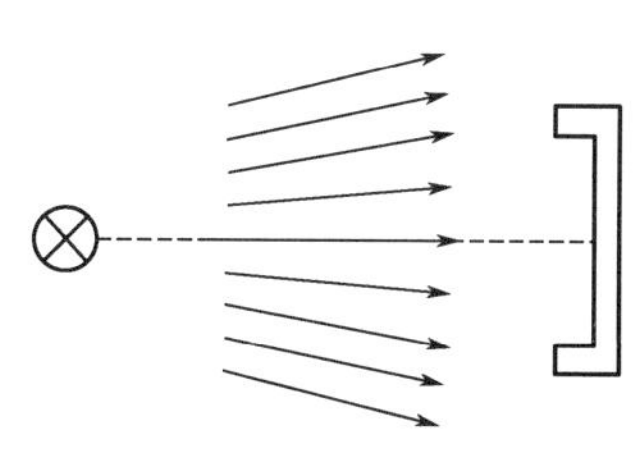

图 5.18　点光源辐射图

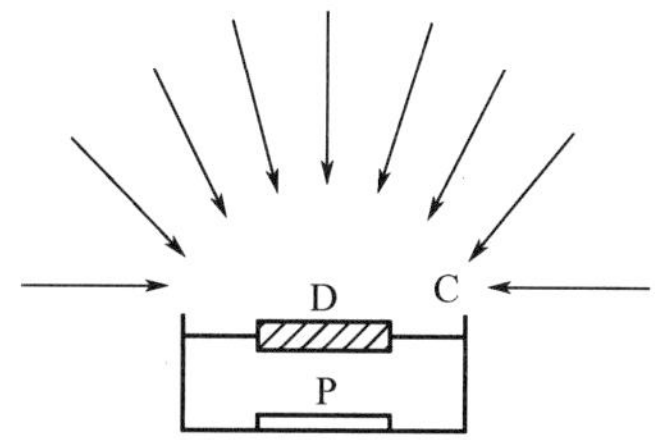

图 5.19　余弦修正图

3）光照度设计标准

一般学校内的各场所的环境照度如表 5－4 所示。

表 5－4　学校内的照度标准

照度值/lx	场　所
1500～300	制图教室、计算机教室
750～200	教室、实验室、实习场地、图书馆阅览室、书库、办公室、会议室、餐厅
300～150	大教室、礼堂、休息室、楼梯间
75～30	仓库、车库

5.2.2　实训二　粉尘浓度检测仪的设计

【实训目标】

通过本实训的学习，使学生了解基于激光散射法的粉尘浓度测量原理；掌握粉尘传感器（GP2Y1010AU0F）的特性及使用方法，并能基于此传感器设计粉尘浓度实时检测仪，并在此基础上了解物联网的基础知识，实现基于物联网的远程数据采集；能正确分析、制

作与调试相关应用电路，根据设计任务要求，完成硬件电路相关元器件的选型，并掌握其工作原理。

【项目背景】

对于人们的身体健康而言，空气中飘浮的可吸入颗粒、粉尘等污染物质对人体的身体组织机能会造成各种各样不同程度的损害，国内外关于此问题也做了很多研究，结果表明，空气污染会造成人们各种健康问题，包括嗜睡、烦躁、头昏脑胀、注意力难以集中以及感官不适等，严重影响到人们的日常工作和生活。

粉尘问题对于车间工作安全的威胁也很大。根据美国化学安全与危险调查委员会（tl. s. Chemical Safety and Hazard Investigation Board，CSB）的统计数据显示——随着工业的发展，粉尘爆炸事故的发生率呈现逐年递增的趋势。近年来，我国也发生了多起粉尘爆炸事故，对于社会的稳定和人民的生命健康造成较大影响，造成了巨大的财产损失和人员伤亡，严重危害到社会安全，引起了社会的广泛关注，也敲响了工业粉尘防控的警钟。

综上所述，对空气中粉尘浓度进行及时有效的监测是十分有必要的，这对于将来了解及治理空气污染问题越加重要和关键，当然也势必成为有效防治空气污染的重要前提和保障，对于人们日常的生产和生活都将起到十分重要的作用。

图 5.20 所示为我国研制的 GCG－1000 型粉尘浓度传感器，该产品体积较大、价格高，而且没有联网功能，给测量带来诸多不便。本实训设计的基于 Arduino 的便携式粉尘浓度在线测量仪可用于室外、室内、汽车内空调排风口粉尘浓度监测；环保监测部门大气飘尘监测，污染源调查等，具有性价比高，智能化程度高，工作稳定可靠，并能实现远程实时监测，并且及时提醒人们做好防护措施以免严重危害到自身健康。

同样可适用于矿工企业劳动部门防尘检测、卫生检疫检测、市政监烟、现场工厂环境检测、煤矿井下作业场所的总粉尘、呼吸性粉尘、煤尘安全检测等。

【粉尘检测仪】

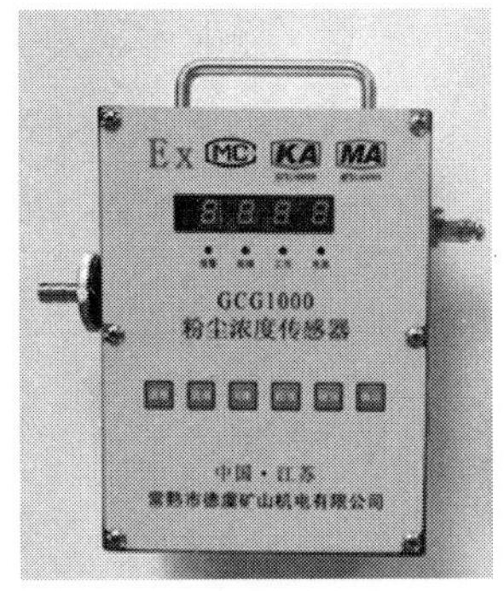

图 5.20　粉尘浓度检测仪

【实训要求】

本实训设计的粉尘浓度检测仪的功能如下：

（1）能实时显示粉尘浓度的测量。

（2）测量范围为 0～1000μg/m^3。

（3）当测量值超出设定值时能自动报警。

（4）结合物联网技术，能实现远程数据采集。

【实训方案】

1. 系统设计方案

基于夏普 GP2Y1010AU0F 粉尘传感器的粉尘浓度检测系统框图如图 5.21 所示，包括单片机、粉尘浓度传感器、LCD 显示模块、声光报警模块等部分组成的电路，以及使用 Ethernet Shield W5100 模块将数据联网传入 Yeelink，用户可以通过手机客户端或网页进行实时监测。

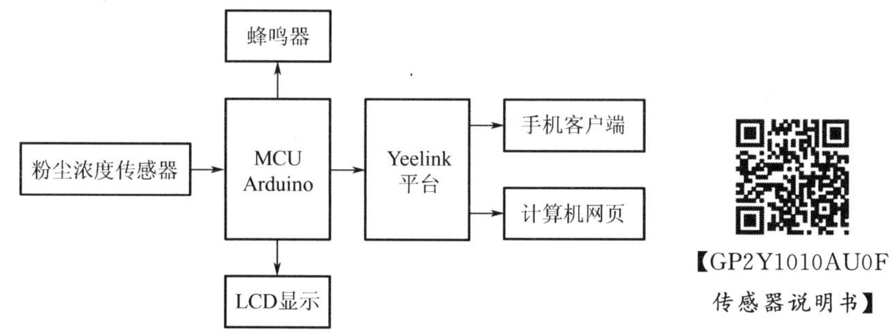

图 5.21　总体设计框图

夏普光学粉尘传感器是检测非常细的颗粒浓度的专用传感器，该模块内置了一个红外 LED 和光敏二极管且对角布置，灰尘的散射光由光敏二极管来检测，输出一个正比于所测得的粉尘浓度的模拟信号。在测试中，采用 Arduino 脉冲驱动红外 LED，通过 A/D 同步检测光敏二极管的输出模拟信号，并将检测到的值通过特定的函数式转换为粉尘浓度颗粒物浓度及 AQI 的值，并将该值显示在 LCD 中。当 Arduino 比较监测到的数值超出所设定阈值时，驱动声光报警模块，蜂鸣器报警，LED 灯闪。

然后通过 Arduino 连接到 Yeelink 物联网平台，上传检测到的数据。人们可以通过下载 Yeelink 手机客户端或是网页实时监测粉尘浓度，更方便、快捷地实时了解空气质量。

2. 系统的硬件电路设计

1）粉尘浓度传感器

SHARP 的粉尘浓度传感器（GP2Y1010AU0F）内部构造及传感器线路连接如图 5.22 所示。该传感器模块是采用散射法来测量粉尘的浓度，其内部对角安放着红外线 LED 和光敏晶体管，使得其能够探测到空气中尘埃反射光，即使非常细小的如烟草烟雾颗粒也能够被检测到，通过单片机高低电平驱动内部的 LED 产生光照，通过尘埃反光，将光照反馈给光敏晶体管，再通过内部的放大电路将光敏晶体管的端电压放大后输出。

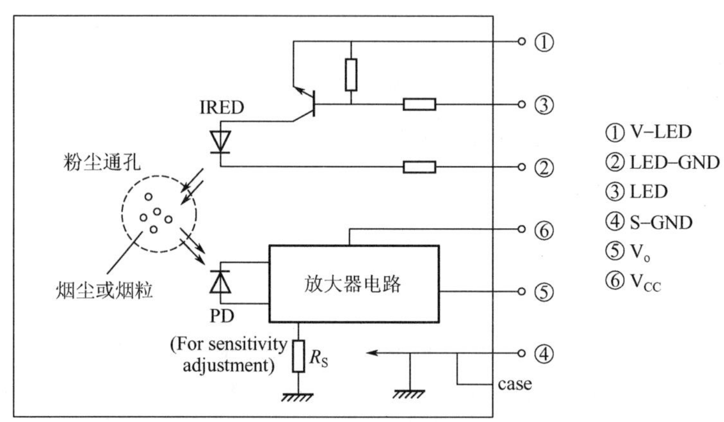

图 5.22 GP2Y1010AU0F 内部结构

该传感器的驱动电路如图 5.23 所示，从引脚 3 输入脉冲信号，脉冲的周期为 10ms，脉冲的宽度为 0.32ms，该脉冲驱动信号可以有单片机的定时电路来产生。

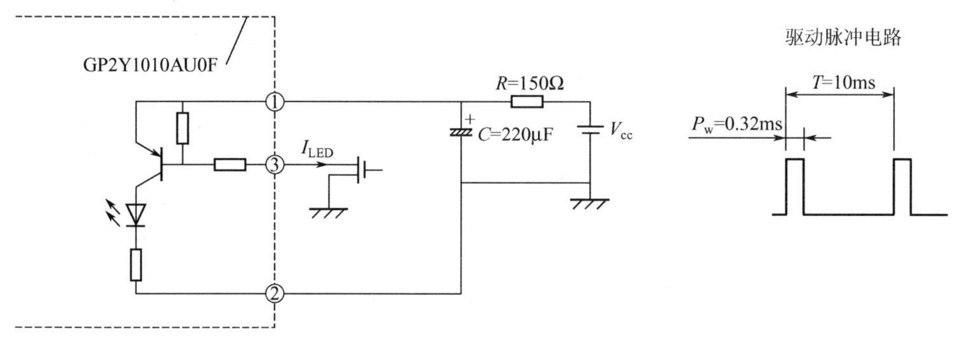

图 5.23 驱动电路

在脉冲信号驱动下的输出信号如图 5.24(a) 所示，在脉冲驱动下，延迟 0.28ms 后用模/数转换器采样引脚 5 的输出，采样的电压值与粉尘浓度的值如图 5.24(b) 所示，这样根据测量得到电压就可以得到对应粉尘浓度。

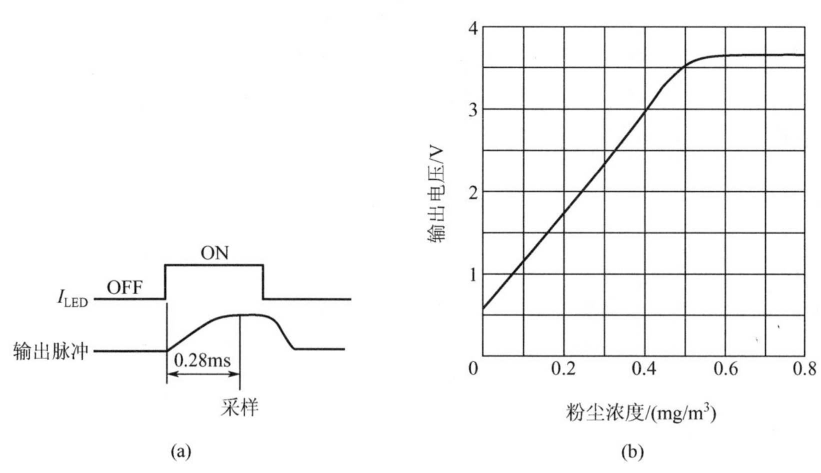

图 5.24 输出电路

2）系统的总体硬件电路图

【Arduino 介绍】

本实训中核心处理器采用 Arduino Ethernet Shield W5100 的开发板，它主要是由 MEG32 单片机组成，该单片机集成了 10 位 A/D 转换器和 PWM 输出控制器，可以直接驱动粉尘浓度传感器并进行实时数据采集。此外，该开发板还集成了以太网控制器，可以轻松通过以太网接入互联网，实现基于远程数据采集与监控。在本实训中，我们将采集的数据通过网络发送到 Yeelink 物联网平台，这样可以在计算机和手机上通过访问 Yeelink 物联网实现实时数据采集。

系统总体电路如图 5.25 所示，系统的实物如图 5.26 所示，它主要是由粉尘浓度传感器、Arduino 开发板、液晶显示器和声光报警组成的。该系统能在液晶显示器实时显示粉尘浓度，当浓度超出设定值时能产生声光报警。用户可以通过物联网实现远程数据采集，基于手机的测量演示结果如图 5.27 所示。

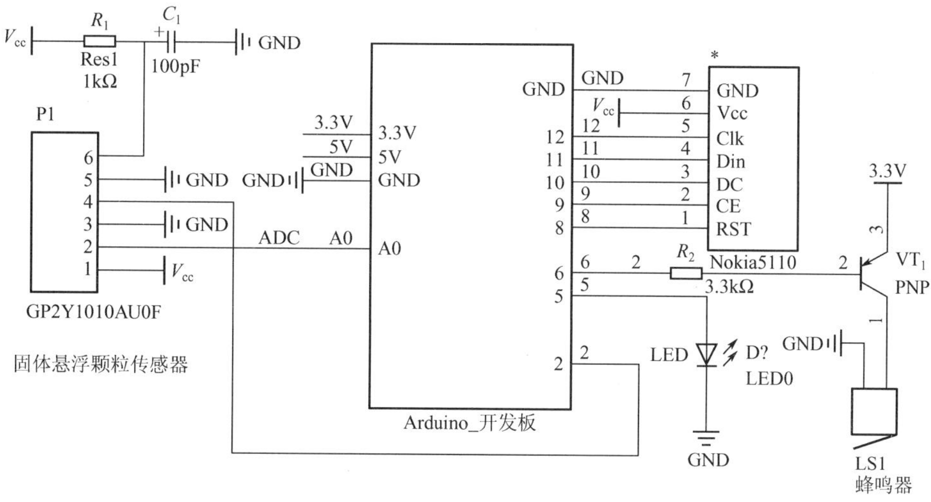

图 5.25　电路原理图

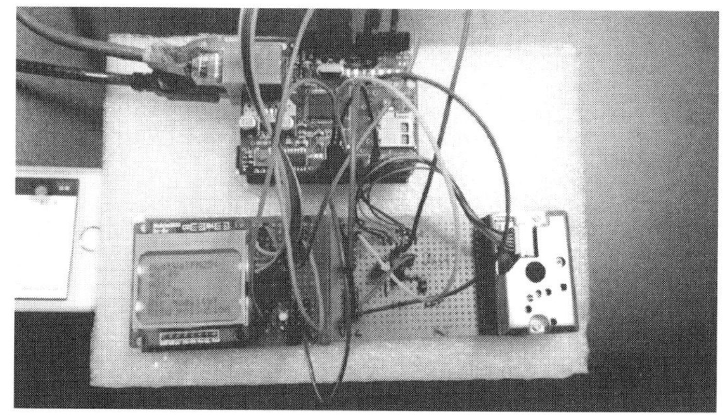

【图 5.26 系统实物图】

图 5.26　系统实物图

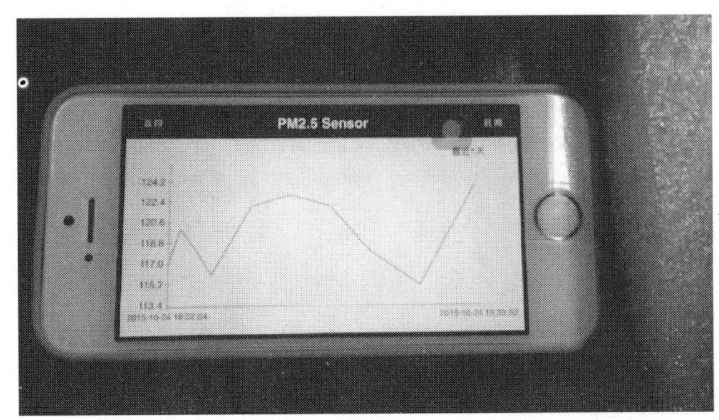

图 5.27　基于物联网的数据采集

3. 系统测试

在系统完成后我们做了多组实验来对空气质量进行测量，测量数据填入表 5-5。

表 5-5　无外界干扰时一周内的室内环境质量测量数据

日　　期								均值
粉尘浓度/(μg/m^3)								
AQI								

【知识链接】

Yeelink 物联网平台简介

【物联网的起源与发展趋势】

Yeelink 是一个开放的通用物联网平台，主要提供传感器数据的接入、存储和展现服务，为所有的开源软、硬件爱好者及制造型企业提供一个物联网项目的平台，使得硬件和制造业者能够在不关心服务器实现细节和运维的情况下，拥有交付物联网化的电子产品的能力。Yeelink 侧重于成为物联网的 middleware 和 enabler，是传统电子电器制造业者的朋友和伙伴。Yeelink 平台已支持数值型、图像型、GPS 型和泛型等多种数据的接入，并提供完备的 API 文档和代码示例。通过 API 接口，用户只需要简单的几步操作就能将传感器接入 Yeelink 平台，实现传感器数据的远程监控。

Yeelink 独有设计的高并发接入服务器和云存储方案，能够同时完成海量的传感器数据接入和存储任务，确保用户的数据能够安全地保存在互联网上，先进的鉴权系统和安全机制，能够确保数据只在用户允许的范围内共享。

当用户的数据达到某个设定阈值的时候，Yeelink 平台会自动调用其预先设定的规则，发送短信、微博或电子邮件，用户还可以充分利用平台的计算能力，定期地将统计分析数据发送到电子邮箱内，这一切仅需在网页上简单的单击几个按钮。

Yeelink 平台的最大特点在于，不仅仅能够提供数据的上行功能，还能够实现对家庭电器的控制功能，无论是快要到家前想洗个热水澡，还是要提前把空调打开，都可以用手机的智能 APP 通过简单的操作实现。

在 Yeelink 上，数据不再是孤单的节点，存储在 Yeelink 的数据，可以简单地被 API 取回，放置到用户的个人博客上，或者根据规则自动转发到用户指定的微博上，在这里，用户将会感受到数据和人之间的全面融合。

简单来说，就是可以把用户采集到的数据提交到 Yeelink，同时 Yeelink 会以一定的形式展现出来。例如，我们采集温湿度数据，然后提交上去，这样，无论用户人在何方，只要能接入互联网，就可以实时地在线监测温湿度值。

5.2.3　实训三　红外遥控灯的设计

【实训目标】

通过本实训的学习，了解红外遥控的原理，红外遥控编码与解码的方法，以及发送数据帧建立和调制发射的方法；掌握红外发射模块和红外接收模块的使用方法；会使用光电耦合器实现弱电对强电的控制；能正确分析、制作与调试相关应用电路，根据设计任务要求，完成硬件电路相关元器件的选型，并掌握其工作原理。

【实训背景】

红外遥控是目前家用电器中用得较多的遥控方式，红外遥控的特点是不影响周边环境、不干扰其他电器设备，有体积小、功耗低、功能强、成本低等特点。由于其无法穿透墙壁，故不同房间的家用电器可使用通用的遥控器而不会产生相互干扰；电路调试简单，只要按给定电路连接无误，一般不需任何调试即可投入工作；编解码容易，可进行多路遥控，被广泛应用于各种家电产品、金融和商用设施及工业设备中。

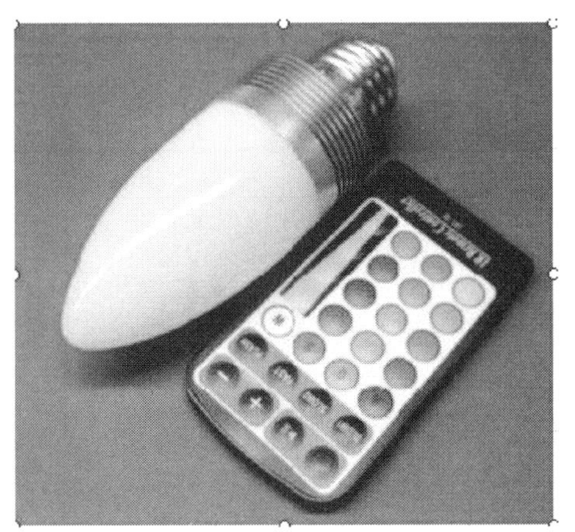

图 5.28　遥控灯

【红外遥控灯】

【实训要求】

本实训设计的红外遥控灯需满足以下功能：

(1) 通过红外遥控能实现对灯的开关控制。

(2) 遥控的距离大于 5m。

(3) 能实现对灯亮度的连续可调。

(4) 红外发射与接收一一对应，抗干扰能力强。

【实训方案】

1. 系统方案

本系统的设计主要包括两个部分，一是红外发射与接收部分，二是用单片机控制电灯部分。红外遥控部分主要是通过发射模块的按键使红外 LED 发出一定的编码信号，当接收模块接收到一定的编号信号后使单片机执行一定的功能指令。灯亮度控制部分采用晶闸管，控制导通角来实现亮度控制。

2. 设计原理

1) 红外发射电路

信号发射电路如图 5.29 所示，在晶体管 PNP 的基极上加上数据编码的高低电平信号，可以使红外 LED 发出调制信号。

2) 红外接收电路

接收模块 SM0038 的结构和常用电路如图 5.30 所示，其接收响应 38kHz 的脉冲调制信号，当接收到 38kHz 的脉冲时输出低电平，否则输出高电平，如图 5.31 所示，其中图 5.31(a) 是接收信号，图 5.31(b) 是输出信号。

38kHz 的调制脉冲可以由单片机的计数中断功能实现。

图 5.29 红外发射电路

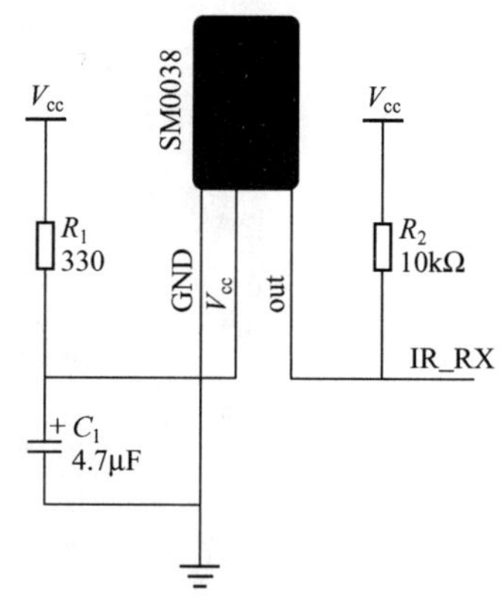

图 5.30 SM0038 的结构与常用电路

3）数据的编码与数据帧的建立

发送的数据需要转换成用“0”和“1”来表示的二进制码，最简单的是 BCD 编码，如果采用 8 位 BCD 编码，“2”可以编码成 00000010。其中“1”表示高电平，“0”表示低电平。若使用 SM0038 模块进行接收，还需要对高电平进行 38kHz 的脉冲调制，最终数据“2”的调制发射信号如图 5.31(c) 所示。

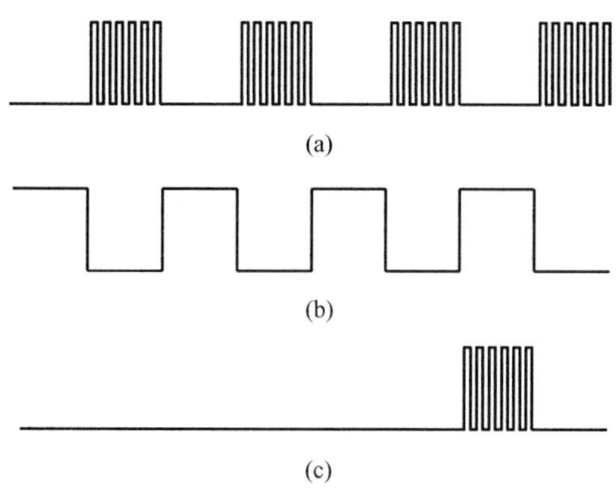

图 5.31 SM0038 的接收与输出信号

为了提高系统的可靠性，通常使发射系统发送的不是单个数据，而是数据帧。本实验数据帧主要由引导码（同步码）、识别码（校验码）、数据码和结束码组成，其结构如图 5.32 所示。其中，引导码包含时长为 9ms 的高电平和 4.5ms 的低电平；识别码包含识别数和识别数的取反，设识别数为 0x80（10000000），则识别码用二进制表示为 1000000001111111；数据码包含数据本身和数据取反；结束码包含 0.65ms 的高电平和 40ms 的低电平。其中，识别码和数据码的二进制码采用脉宽调制，“0”用时长为 0.65ms 的高电平和 1.6ms 的低电平表示，“1”用时长为 0.65ms 的高电平和 0.56ms 的低电平表示。若使用 SM0038 接收，同样还需要对高电平进行 38kHz 的脉冲调制。

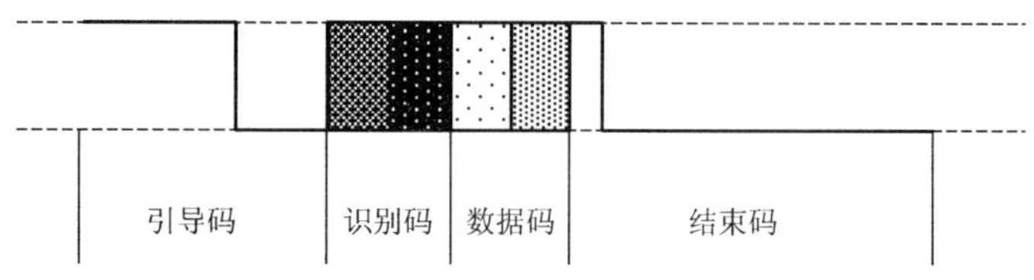

图 5.32 发送数据帧的结构示意图

4）发射与接收程序的流程图

系统中数据信号的发射与接收都需要由单片机控制完成，发射系统的单片机程序设计流程图如图 5.33(a) 所示，接收系统的单片机程序设计流程图如图 5.33(b) 所示。

5）数据接收与解码

需要注意的是，SM0038 的输出信号与发射端的信号是反向的，即发射端信号是高电平，则 SM0038 输出低电平。数据接收过程中，先接收到引导码（其特征是一个 9ms 的低电平和一个 4.5ms 的高电平)，这个引导码可以使程序知道后面开始接收数据。接收数据最关键的是如何识别“0”和“1”。从位的编码可以发现，接收信号中的“0”和“1”都是以 0.65ms 的低电平开始。不同的是高电平的宽度不同，“0”为 0.56ms，“1”为 1.6ms，所以应该根据高电平的宽度辨别“0”和“1”。从 0.65ms 的低电平后，对高电平进行计时，直至读到低电平为止，若计时超过 0.56ms 为“1”，反之则为“0”。为可靠起见，计时的比较值一般比 0.56ms 长些，但不能超过 1.6ms。因为每个数据用 8 位二进制码表示，所以需用循环和移位的方法读取完整的数据。

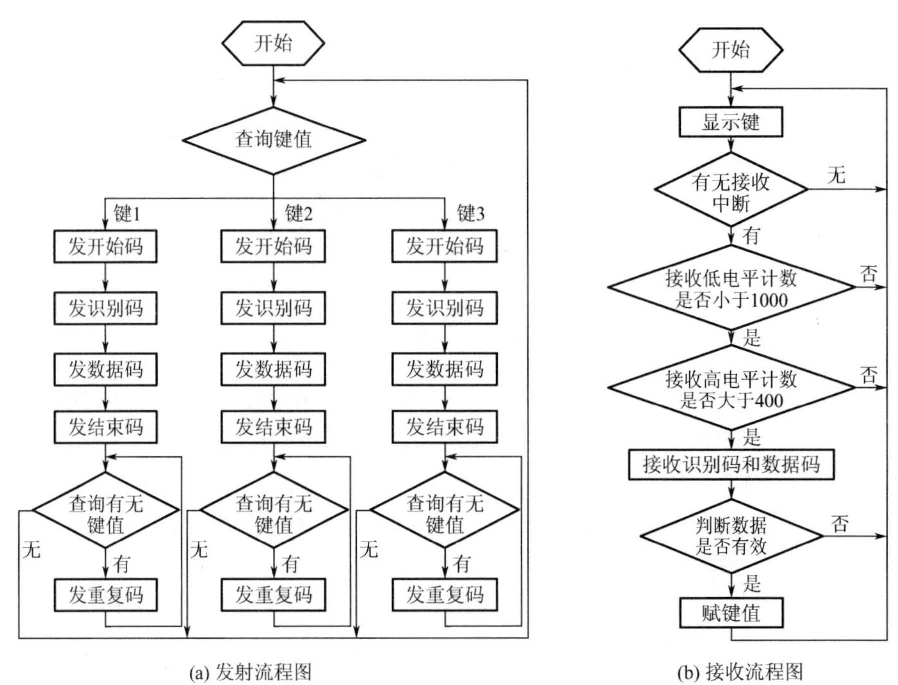

图 5.33 程序流程图

6) 灯亮度控制电路

用弱电控制强电时需要用继电器或光电耦合等器件进行强弱隔离，本实训使用光电耦合的方法，使用到的主要器件是双向晶闸管 MAC97A6 和光耦 MOC3041。

普通单向晶闸管是 PNPN 型四层三端结构元件，共有 3 个 PN 结，分析原理时可以把它看作由一个 PNP 和一个 NPN 组成，其等效电路如图 5.34 所示。当阳极 A 加上正向电压时，VT1 和 VT2 均处于放大状态。此时，如果从控制极 G 输入一个正向触发信号，即可使晶闸管导通。由于 VT1 和 VT2 的正反馈作用，所以一旦导通后，即使控制极 G 的电流消失，晶闸管仍然能够维持导通的状态。

双向晶闸管实质上是两个反并联的单向晶闸管，由 NPNPN 五层半导体构成，具有两个方向轮流导通和关断的特性。且由于晶闸管只有导通和关断两种工作状态，所以它具有开关特性，但这种特性需要一定的条件才能转化。为了实现用双向晶闸管对 220V 交流电的开关控制，需要使用一定的光耦控制电路进行驱动。

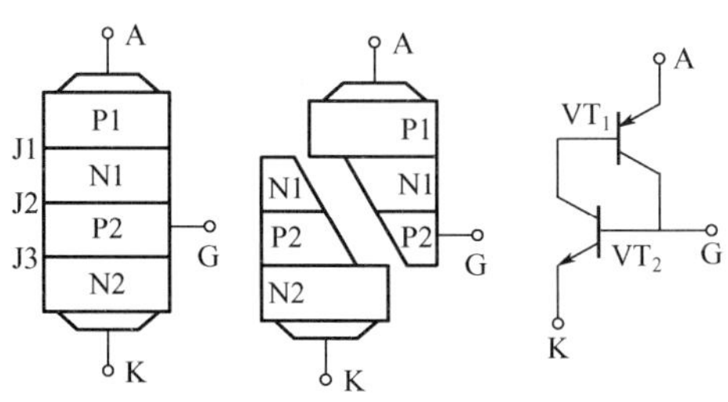

图 5.34 单向晶闸管的结构与等效电路

MAC97A6 双向晶闸管可耐高压 600V，最大工作电流为 1A，已在灯光控制、电扇调速等电路中获得广泛应用，外形与普通小功率晶体管相似，其引脚功能与封装如图 5.35 所示。

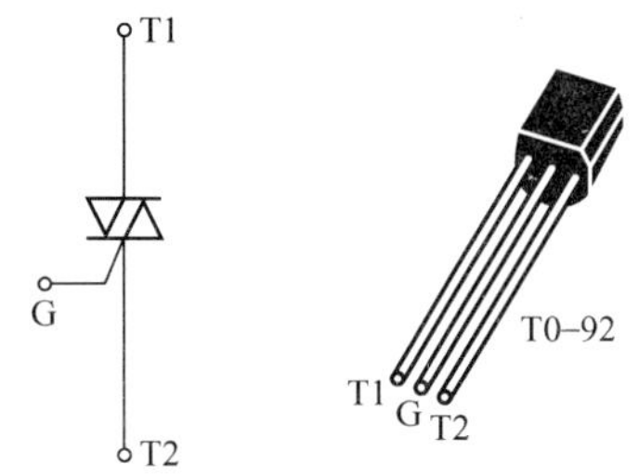

图 5.35 MAC97A6 引脚功能与封装

光耦 MOC3041 可用于驱动双向晶闸管，实现对 220V 交流电的开关控制。其采用双列直插 6 个引脚的封装形式，其内部结构如图 5.36 所示，包含输入和输出两部分，引脚 1、2 是输入端，连接的是一个红外 LED。引脚 4、6 为输出端，连接的是一个具有过零检测的光控双向晶闸管，当红外 LED 正常发光时该双向晶闸管触发并导通。引脚 3、5 为空引脚。有关 MOC3041 更详细的说明可参考其数据手册。MOC3041 驱动双向晶闸管的常用电路如图 5.36 所示，图中 R_1（300Ω，1/4W）为光耦中红外 LED 的限流电阻；R_2（100Ω，1W）用于提高电路的抗干扰能力；R_3（100Ω，1W）和 C_1（0.01μF，1kV）组成浪涌吸收电路，用于保护双向晶闸管。若用单片机的 P1.0 引脚控制 MOC3041 的 2 引脚，当 P1.0 为低电平时，双向晶闸管导通。

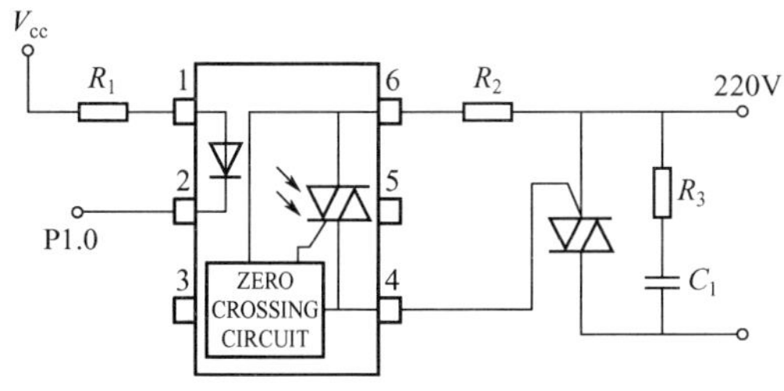

图 5.36 光耦控制电路

为了系统的完整性，本实验在接收模块中设计了所需的+5V 稳压电源，主要使用的器件有小型变压器、整流桥、三端稳压管等。

【红外遥控灯的参考程序】

3. 电路原理图

设计电灯的遥控系统，在 Protel 99 SE 中画出设计原理图和 PCB 设计图。发射系统的原理图如图 5.37 所示，接收系统的原理图如图 5.38 所示。

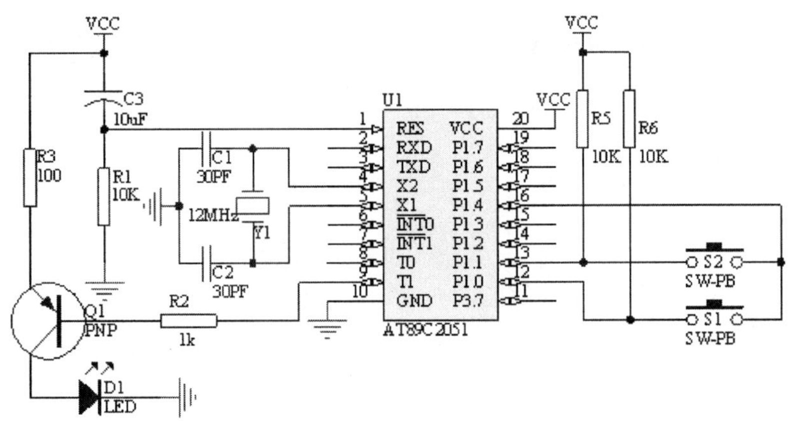

图 5.37 红外发射电路

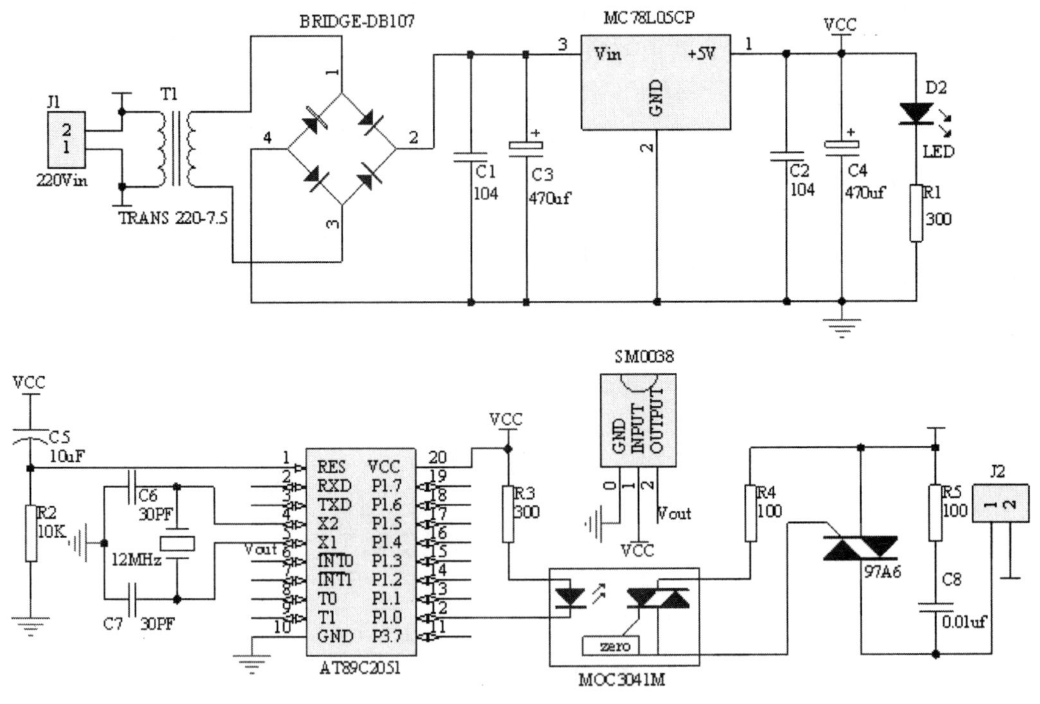

图 5.38 红外接收电路

4. 材料清单

所用的材料清单如表 5-6 所示。

表 5-6　材料清单

名　　称	规格型号	数量	名　　称	规格型号	数量
电阻	1/4W，100Ω	1	晶振	12MHz	2
电阻	1/4W，300Ω	2	晶体管	PNP，9012	1
电阻	1W，100Ω	2	双向晶闸管	97A6	1
电阻	1/4W，1kΩ	1	光耦	MOC3041	1
电阻	1/4W，10kΩ	4	红外接收模块	SM0038	1
电解电容	10μF	2	LED	红色，Φ3	1
电解电容	470μF	2	红外 LED	Φ5	1
瓷片电容	30pF	4	电灯	220V	1
瓷片电容	0.1μF（104）	2	轻触开关	6×6	2
瓷片电容	1000V，0.01μF	1	接线柱	2P	2
小型变压器	220—7.5	1	电源插头	2 脚	1
整流桥	DB107	1	敷铜板	单面，65mm×75mm	1
三端稳压管	7805	1	敷铜板	单面，52mm×38mm	1
单片机	AT89C2051	2			

5. 元件焊接和电路调试的关键步骤

（1）焊接元件，确保可靠焊接，防止虚焊、漏焊。

由于系统中涉及 220V 电压，因此电路调试过程中应特别细心谨慎，时刻注意人身安全。

（2）先不插入单片机和光电耦合对管，不接电源，用万用表检查交流电两引脚之间是否存在短路，整流桥输出的正负两端是否存在短路，稳压管 7805 的输出的正负两端是否存在短路，若存在短路应及时排除。

（3）检查电源电路是否工作正常。接入 220V 电源，检查输出指示 LED 是否亮、7805 输出是否为 5V 左右，若存在问题，检查电路连接是否正确可靠，各元件是否完好有效，直至电源电路工作正常。

（4）检查发射与接收是否正常。插入单片机，接上电源，按发射系统的数字发射键 1 时，接收系统中单片机的第 12 引脚输出低电平；按数字发射键 2 时，接收系统中单片机的第 12 引脚输出高电平。若存在问题，可参考实验 2.11（红外发射与接收系统的设计）对发射系统与接收系统进行电路检查与调试。

（5）检查测试电灯遥控是否正常。插入光电耦合对管，输出端接上 220V 的电灯，按发射系统的数字发射键 1 时，电灯亮；按数字发射键 2 时，电灯灭，系统工作正常，调试结束。否则双向晶闸管控制电路连接是否正确可靠，各元件是否完好有效，直至排除故障。

6. 实物与调试图

制作的电灯红外遥控系统的接收系统实物与调试结果如图 5.39 所示，按发射系统的数字发射键 1 时，电灯亮；按数字发射键 2 时，电灯灭。

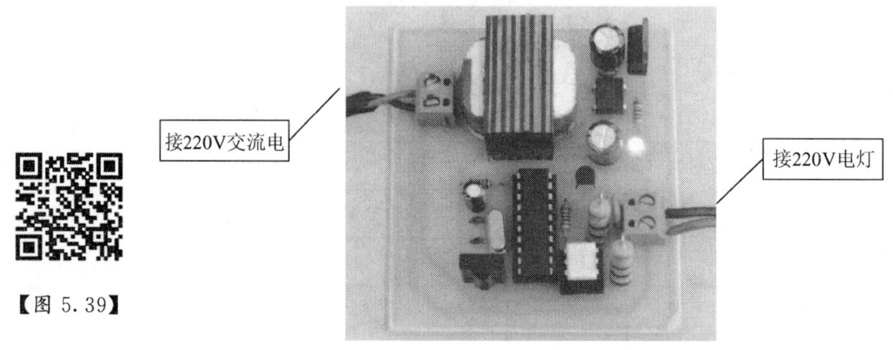

图 5.39 系统实物图

【知识链接】

LED 节能灯是继紧凑型荧光灯（即普通节能灯）后的新一代照明光源。与普通节能灯相比，LED 节能灯具有环保节能、功耗小、高光效、长寿命、即开即亮、耐频繁开关、光衰小、色彩丰富、可调光、可回收再利用等特点。

LED 节能灯品种丰富，目前市场上基本分为 3 类：

(1) 由草帽型小功率 LED 制成的 LED 节能灯，电源采用阻容降压电路。草帽型 LED 延用指示灯 LED 的封装形式，环氧树脂封装，使得 LED 芯片无法将热量散出，光衰严重，很多白光 LED，在使用一段时间后，色温变高，渐渐成偏蓝色，变得昏暗。这类 LED 节能灯产品，为过渡性产品，价格低，质量较差。

(2) 由小功率贴片 LED 制成的 LED 节能灯，电源也普遍采用阻容降压电路，也有部分厂家采用恒流电路，相比草帽型 LED，贴片 LED 散热稍好，有导热基板，在配合铝基板，能将一部分热量导出。但是由于还是忽视的 LED 的热量，很多中功率贴片 LED 节能灯，没有散热器，依旧使用塑料外壳，光衰依然严重。采用阻容降压低端电源，因电网电压不稳，电流有波动，亮度也有波动，价格适中，质量稍好。

(3) 由大功率贴片 LED 制成的 LED 节能灯，电源普遍采用恒流隔离电路，即有一个恒定的电流，如 5W 的 LED，通常采用 5 片 1W 的 LED 芯片串联，采用恒流 300mA 的电流源供电，采用宽电压电源，使电网波动时，电流没有改变，光通量即亮度维持恒定，5 片贴片 LED 焊接在铝基板之上，铝基板再结合于散热器上，使用热量能够及时快速的散

去，保证 LED 芯片温度低于 LED 允许结温，从而保证 LED 节能灯的真实有效寿命。这类 LED 灯质量好，价格稍高，是 LED 节能灯的发展方向。

一个好的 LED 节能灯应该由 4 部分组成：优质的 LED 芯片、恒流隔离驱动电源、相对灯具功率的合适的散热器、光扩散效果柔和不见点光源的灯罩。

LED 芯片：好的 LED 芯片，光效高，温升低，显色指数高，结温高，抗静电。

驱动电源：是否经得了高温高湿，是否过得了高压安规（UL），是否过得了电磁兼容（EMC/EMI），这些都是硬性指标，也决定了 LED 节能灯的真实寿命。在木桶效应中，电源可能就是 LED 节能灯的短板。

散热器：如果一味强调 LED 是冷光源，不需要散热，那是完全错误的，在还没有开发出真正低发热的 LED 芯片之前，LED 不加优质散热器，那么它的寿命可能还远不及现行的普通节能灯。因为当光衰到初始光通量的 70%时，就已经标志着 LED 节能灯寿命终了。

灯罩：灯罩是 LED 节能灯的二次配光。目前市场上的 LED 节能灯有不加灯罩、加透明灯罩、加磨砂灯罩、加乳白灯罩、加光扩散灯罩等几种。不加灯罩和透明灯罩无二次配光，看得见 LED 光源，直视刺眼且照射物体发虚。磨砂灯罩点亮后也能看见 LED 光源，照射物体也部分发虚。乳白灯罩点亮后看不见 LED 光源，但透光率偏低。优质的 LED 节能灯普遍采用光扩散材料，在 LED 光到达灯罩时将光扩散，点亮后看不见 LED 光源，照射物体不发虚，且光扩散型灯罩普遍透光率在 80%以上，效果好。

【LED 节能灯的几个缺点】

思　考　题

1. 简述光电系统的基本组成及分类。

2. 设计一个汽车灯亮度全自动控制系统，一般的汽车有两个挡，即强挡与弱挡，要求实现：

（1）白天行驶时，车灯自动关闭；

（2）当晚上行车时，在城市或装有路灯的马路上，车灯开启在弱挡上。

（3）当汽车晚上行驶在郊外时，车灯将自动切换到强挡。

（4）当对面有车开来时，车灯开启在弱挡上。

3. 利用光电编码器设计一个电动车里程表，能实时显示当前行车速度和里程，数据具有掉电保护功能。

参考文献

[1] 江文杰．光电技术［M］.2 版．北京：科学出版社，2014.
[2] 王庆有．图像传感器应用技术［M］. 北京：电子工业出版社，2003.
[3] 刘铁根．光电检测技术与系统［M］. 北京：机械工业出版社，2009.
[4] 安毓英，刘继芳，李庆辉．光电子技术［M］.2 版．北京：电子工业出版社，2007.
[5] 吴晗平．光电系统设计基础［M］. 北京：科学出版社，2010.
[6] 江月松．光电技术［M］. 北京：北京航空航天大学出版社，2012.
[7] 苏俊宏．光电技术基础［M］. 北京：国防工业出版社，2011.
[8] 李旭．光电检测技术［M］. 北京：科学出版社，2005.
[9] 常大定．光电信息技术基础实验［M］. 武汉：华中科技大学出版社，2008.
[10] 王庆有．光电信息综合实验与设计教程［M］. 北京：电子工业出版社，2010.
[11] 米本和也．CCD/CMOS 图像传感器基础与应用［M］. 陈榕庭，彭美桂，译．北京：科学出版社，2006.
[12] 杨应平，胡昌奎，胡靖华，等．光电技术［M］. 北京：机械工业出版社，2014.
[13] 刘华锋．光电检测技术及系统［M］. 杭州：浙江大学出版社，2015.
[14] 郝晓剑．光电传感器件与应用技术［M］. 北京：电子工业出版社，2015.
[15] 范志刚，张旺，陈守谦，等．光电测试技术［M］.3 版．北京：电子工业出版社，2015.
[16] 缪家鼎，徐文娟，牟同升．光电技术［M］. 杭州：浙江大学出版社，1995.
[17] 胡涛，赵勇，王琦．光电检测技术［M］. 北京：机械工业出版社，2014.
[18] 王庆有．光电技术［M］. 3 版．北京：电子工业出版社，2013.
[19] 郭天太，陈爱军，沈小燕，等．光电检测技术［M］. 武汉：华中科技大学出版社，2012.
[20] 徐贵力，陈智军，郭瑞鹏，等．光电检测技术与系统设计［M］. 北京：国防工业出版社，2013.
[21] 郭培源，付扬．光电检测技术与应用［M］. 2 版．北京：北京航空航天大学出版社，2011.
[22] 江晓军．光电传感与检测技术［M］. 北京：机械工业出版社，2011.
[23] 张广军．光电测试技术与系统［M］. 北京：北京航空航天大学出版社，2010.
[24] 万旭，彭保进，金洪震．聚合物阵列波导光栅的大范围电-光波长调谐滤波器．光子学报，2006，35 (5)：659.
[25] 彭保进，赵勇，孟庆尧，等．具有温度补偿的光纤光栅压力传感．清华大学学报，2006，46(4)：484.

北京大学出版社本科电气信息系列实用规划教材

序号	书名	书号	编著者	定价	出版年份	教辅及获奖情况
			物联网工程			
1	物联网概论	7-301-23473-0	王　平	38	2014	电子课件/答案，有“多媒体移动交互式教材”
2	物联网概论	7-301-21439-8	王金甫	42	2012	电子课件/答案
3	现代通信网络(第 2 版)	7-301-27831-4	赵瑞玉　胡珺珺	45	2017	电子课件/答案
4	物联网安全	7-301-24153-0	王金甫	43	2014	电子课件/答案
5	通信网络基础	7-301-23983-4	王昊	32	2014	
6	无线通信原理	7-301-23705-2	许晓丽	42	2014	电子课件/答案
7	家居物联网技术开发与实践	7-301-22385-7	付　蔚	39	2013	电子课件/答案
8	物联网技术案例教程	7-301-22436-6	崔逊学	40	2013	电子课件
9	传感器技术及应用电路项目化教程	7-301-22110-5	钱裕禄	30	2013	电子课件/视频素材，宁波市教学成果奖
10	网络工程与管理	7-301-20763-5	谢　慧	39	2012	电子课件/答案
11	电磁场与电磁波(第 2 版)	7-301-20508-2	邬春明	32	2012	电子课件/答案
12	现代交换技术(第 2 版)	7-301-18889-7	姚　军	36	2013	电子课件/习题答案
13	传感器基础(第 2 版)	7-301-19174-3	赵玉刚	32	2013	视频
14	物联网基础与应用	7-301-16598-0	李蔚田	44	2012	电子课件
15	通信技术实用教程	7-301-25386-1	谢　慧	36	2015	电子课件/习题答案
16	物联网工程应用与实践	7-301-19853-7	于继明	39	2015	电子课件
17	传感与检测技术及应用	7-301-27543-6	沈亚强　蒋敏兰	43	2016	电子课件/数字资源
			单片机与嵌入式			
1	嵌入式系统开发基础——基于八位单片机的 C 语言程序设计	7-301-17468-5	侯殿有	49	2012	电子课件/答案/素材
2	嵌入式系统基础实践教程	7-301-22447-2	韩　磊	35	2013	电子课件
3	单片机原理与接口技术	7-301-19175-0	李　升	46	2011	电子课件/习题答案
4	单片机系统设计与实例开发(MSP430)	7-301-21672-9	顾　涛	44	2013	电子课件/答案
5	单片机原理与应用技术(第 2 版)	7-301-27392-0	魏立峰　王宝兴	42	2016	电子课件/数字资源
6	单片机原理及应用教程(第 2 版)	7-301-22437-3	范立南	43	2013	电子课件/习题答案，辽宁“十二五”教材
7	单片机原理与应用及 C51 程序设计	7-301-13676-8	唐　颖	30	2011	电子课件
8	单片机原理与应用及其实验指导书	7-301-21058-1	邵发森	44	2012	电子课件/答案/素材
9	MCS-51 单片机原理及应用	7-301-22882-1	黄翠翠	34	2013	电子课件/程序代码
			物理、能源、微电子			
1	物理光学理论与应用(第 2 版)	7-301-26024-1	宋贵才	46	2015	电子课件/习题答案，“十二五”普通高等教育本科国家级规划教材
2	现代光学	7-301-23639-0	宋贵才	36	2014	电子课件/答案
3	平板显示技术基础	7-301-22111-2	王丽娟	52	2013	电子课件/答案
4	集成电路版图设计	7-301-21235-6	陆学斌	32	2012	电子课件/习题答案
5	新能源与分布式发电技术(第 2 版)	7-301-27495-8	朱永强	45	2016	电子课件/习题答案，北京市精品教材，北京市“十二五”教材
6	太阳能电池原理与应用	7-301-18672-5	靳瑞敏	25	2011	电子课件
7	新能源照明技术	7-301-23123-4	李姿景	33	2013	电子课件/答案

序号	书名	书号	编著者	定价	出版年份	教辅及获奖情况
			基 础 课			
1	电工与电子技术(上册) (第 2 版)	7-301-19183-5	吴舒辞	30	2011	电子课件/习题答案，湖南省“十二五”教材
2	电工与电子技术(下册) (第 2 版)	7-301-19229-0	徐卓农 李士军	32	2011	电子课件/习题答案，湖南省“十二五”教材
3	电路分析	7-301-12179-5	王艳红 蒋学华	38	2010	电子课件，山东省第二届优秀教材奖
4	运筹学(第 2 版)	7-301-18860-6	吴亚丽 张俊敏	28	2011	电子课件/习题答案
5	电路与模拟电子技术	7-301-04595-4	张绪光 刘在娥	35	2009	电子课件/习题答案
6	微机原理及接口技术	7-301-16931-5	肖洪兵	32	2010	电子课件/习题答案
7	数字电子技术	7-301-16932-2	刘金华	30	2010	电子课件/习题答案
8	微机原理及接口技术实验指导书	7-301-17614-6	李干林 李 升	22	2010	课件(实验报告)
9	模拟电子技术	7-301-17700-6	张绪光 刘在娥	36	2010	电子课件/习题答案
10	电工技术	7-301-18493-6	张 莉 张绪光	26	2011	电子课件/习题答案，山东省“十二五”教材
11	电路分析基础	7-301-20505-1	吴舒辞	38	2012	电子课件/习题答案
12	数字电子技术	7-301-21304-9	秦长海 张天鹏	49	2013	电子课件/答案，河南省“十二五”教材
13	模拟电子与数字逻辑	7-301-21450-3	邬春明	39	2012	电子课件
14	电路与模拟电子技术实验指导书	7-301-20351-4	唐 颖	26	2012	部分课件
15	电子电路基础实验与课程设计	7-301-22474-8	武 林	36	2013	部分课件
16	电文化——电气信息学科概论	7-301-22484-7	高 心	30	2013	
17	实用数字电子技术	7-301-22598-1	钱裕禄	30	2013	电子课件/答案/其他素材
18	模拟电子技术学习指导及习题精选	7-301-23124-1	姚娅川	30	2013	电子课件
19	电工电子基础实验及综合设计指导	7-301-23221-7	盛桂珍	32	2013	
20	电子技术实验教程	7-301-23736-6	司朝良	33	2014	
21	电工技术	7-301-24181-3	赵莹	46	2014	电子课件/习题答案
22	电子技术实验教程	7-301-24449-4	马秋明	26	2014	
23	微控制器原理及应用	7-301-24812-6	丁筱玲	42	2014	
24	模拟电子技术基础学习指导与习题分析	7-301-25507-0	李大军 唐 颖	32	2015	电子课件/习题答案
25	电工学实验教程(第 2 版)	7-301-25343-4	王士军 张绪光	27	2015	
26	微机原理及接口技术	7-301-26063-0	李干林	42	2015	电子课件/习题答案
27	简明电路分析	7-301-26062-3	姜 涛	48	2015	电子课件/习题答案
28	微机原理及接口技术(第 2 版)	7-301-26512-3	越志诚 段中兴	49	2016	二维码数字资源
29	电子技术综合应用	7-301-27900-7	沈亚强 林祝亮	37	2017	二维码数字资源
30	电子技术专业教学法	7-301-28329-5	沈亚强 朱伟玲	36	2017	二维码数字资源
31	电子科学与技术专业课程开发与教学项目设计	7-301-28544-2	沈亚强 万 旭	38	2017	二维码数字资源
			电子、通信			
1	DSP 技术及应用	7-301-10759-1	吴冬梅 张玉杰	26	2011	电子课件，中国大学出版社图书奖首届优秀教材奖一等奖
2	电子工艺实习	7-301-10699-0	周春阳	19	2010	电子课件
3	电子工艺学教程	7-301-10744-7	张立毅 王华奎	32	2010	电子课件，中国大学出版社图书奖首届优秀教材奖一等奖
4	信号与系统	7-301-10761-4	华 容 隋晓红	33	2011	电子课件
5	信息与通信工程专业英语(第 2 版)	7-301-19318-1	韩定定 李明明	32	2012	电子课件/参考译文，中国电子教育学会 2012 年全国电子信息类优秀教材
6	高频电子线路(第 2 版)	7-301-16520-1	宋树祥 周冬梅	35	2009	电子课件/习题答案

序号	书名	书号	编著者	定价	出版年份	教辅及获奖情况
7	MATLAB 基础及其应用教程	7-301-11442-1	周开利　邓春晖	24	2011	电子课件
8	通信原理	7-301-12178-8	隋晓红　钟晓玲	32	2007	电子课件
9	数字图像处理	7-301-12176-4	曹茂永	23	2007	电子课件，“十二五”普通高等教育本科国家级规划教材
10	移动通信	7-301-11502-2	郭俊强　李　成	22	2010	电子课件
11	生物医学数据分析及其 MATLAB 实现	7-301-14472-5	尚志刚　张建华	25	2009	电子课件/习题答案/素材
12	信号处理 MATLAB 实验教程	7-301-15168-6	李　杰　张　猛	20	2009	实验素材
13	通信网的信令系统	7-301-15786-2	张云麟	24	2009	电子课件
14	数字信号处理	7-301-16076-3	王震宇　张培珍	32	2010	电子课件/答案/素材
15	光纤通信	7-301-12379-9	卢志茂　冯进玫	28	2010	电子课件/习题答案
16	离散信息论基础	7-301-17382-4	范九伦　谢　勰	25	2010	电子课件/习题答案
17	光纤通信	7-301-17683-2	李丽君　徐文云	26	2010	电子课件/习题答案
18	数字信号处理	7-301-17986-4	王玉德	32	2010	电子课件/答案/素材
19	电子线路 CAD	7-301-18285-7	周荣富　曾　技	41	2011	电子课件
20	MATLAB 基础及应用	7-301-16739-7	李国朝	39	2011	电子课件/答案/素材
21	信息论与编码	7-301-18352-6	隋晓红　王艳营	24	2011	电子课件/习题答案
22	现代电子系统设计教程	7-301-18496-7	宋晓梅	36	2011	电子课件/习题答案
23	移动通信	7-301-19320-4	刘维超　时　颖	39	2011	电子课件/习题答案
24	电子信息类专业 MATLAB 实验教程	7-301-19452-2	李明明	42	2011	电子课件/习题答案
25	信号与系统	7-301-20340-8	李云红	29	2012	电子课件
26	数字图像处理	7-301-20339-2	李云红	36	2012	电子课件
27	编码调制技术	7-301-20506-8	黄　平	26	2012	电子课件
28	Mathcad 在信号与系统中的应用	7-301-20918-9	郭仁春	30	2012	
29	MATLAB 基础与应用教程	7-301-21247-9	王月明	32	2013	电子课件/答案
30	电子信息与通信工程专业英语	7-301-21688-0	孙桂芝	36	2012	电子课件
31	微波技术基础及其应用	7-301-21849-5	李泽民	49	2013	电子课件/习题答案/补充材料等
32	图像处理算法及应用	7-301-21607-1	李文书	48	2012	电子课件
33	网络系统分析与设计	7-301-20644-7	严承华	39	2012	电子课件
34	DSP 技术及应用	7-301-22109-9	董　胜	39	2013	电子课件/答案
35	通信原理实验与课程设计	7-301-22528-8	邬春明	34	2015	电子课件
36	信号与系统	7-301-22582-0	许丽佳	38	2013	电子课件/答案
37	信号与线性系统	7-301-22776-3	朱明旱	33	2013	电子课件/答案
38	信号分析与处理	7-301-22919-4	李会容	39	2013	电子课件/答案
39	MATLAB 基础及实验教程	7-301-23022-0	杨成慧	36	2013	电子课件/答案
40	DSP 技术与应用基础(第 2 版)	7-301-24777-8	俞一彪	45	2015	实验素材/答案
41	EDA 技术及数字系统的应用	7-301-23877-6	包　明	55	2015	
42	算法设计、分析与应用教程	7-301-24352-7	李文书	49	2014	
43	Android 开发工程师案例教程	7-301-24469-2	倪红军	48	2014	
44	ERP 原理及应用	7-301-23735-9	朱宝慧	43	2014	电子课件/答案
45	综合电子系统设计与实践	7-301-25509-4	武　林　陈　希	32	2015	
46	高频电子技术	7-301-25508-7	赵玉刚	29	2015	电子课件
47	信息与通信专业英语	7-301-25506-3	刘小佳	29	2015	电子课件
48	信号与系统	7-301-25984-9	张建奇	45	2015	电子课件
49	数字图像处理及应用	7-301-26112-5	张培珍	36	2015	电子课件/习题答案
50	Photoshop CC 案例教程(第 3 版)	7-301-27421-7	李建芳	49	2016	电子课件/素材

序号	书名	书号	编著者	定价	出版年份	教辅及获奖情况
51	激光技术与光纤通信实验	7-301-26609-0	周建华　兰　岚	28	2015	数字资源
52	Java 高级开发技术大学教程	7-301-27353-1	陈沛强	48	2016	电子课件/数字资源
53	VHDL 数字系统设计与应用	7-301-27267-1	黄　卉　李　冰	42	2016	数字资源
54	光电技术应用	7-301-28597-8	沈亚强	30	2017	数字资源
自动化、电气						
1	自动控制原理	7-301-22386-4	佟　威	30	2013	电子课件/答案
2	自动控制原理	7-301-22936-1	邢春芳	39	2013	
3	自动控制原理	7-301-22448-9	谭功全	44	2013	
4	自动控制原理	7-301-22112-9	许丽佳	30	2015	
5	自动控制原理	7-301-16933-9	丁　红　李学军	32	2010	电子课件/答案/素材
6	现代控制理论基础	7-301-10512-2	侯媛彬等	20	2010	电子课件/素材，国家级“十一五”规划教材
7	计算机控制系统(第 2 版)	7-301-23271-2	徐文尚	48	2013	电子课件/答案
8	电力系统继电保护(第 2 版)	7-301-21366-7	马永翔	42	2013	电子课件/习题答案
9	电气控制技术(第 2 版)	7-301-24933-8	韩顺杰　吕树清	28	2014	电子课件
10	自动化专业英语(第 2 版)	7-301-25091-4	李国厚　王春阳	46	2014	电子课件/参考译文
11	电力电子技术及应用	7-301-13577-8	张润和	38	2008	电子课件
12	高电压技术(第 2 版)	7-301-27206-0	马永翔	43	2016	电子课件/习题答案
13	电力系统分析	7-301-14460-2	曹　娜	35	2009	
14	综合布线系统基础教程	7-301-14994-2	吴达金	24	2009	电子课件
15	PLC 原理及应用	7-301-17797-6	缪志农　郭新年	26	2010	电子课件
16	集散控制系统	7-301-18131-7	周荣富　陶文英	36	2011	电子课件/习题答案
17	控制电机与特种电机及其控制系统	7-301-18260-4	孙冠群　于少娟	42	2011	电子课件/习题答案
18	电气信息类专业英语	7-301-19447-8	缪志农	40	2011	电子课件/习题答案
19	综合布线系统管理教程	7-301-16598-0	吴达金	39	2012	电子课件
20	供配电技术	7-301-16367-2	王玉华	49	2012	电子课件/习题答案
21	PLC 技术与应用(西门子版)	7-301-22529-5	丁金婷	32	2013	电子课件
22	电机、拖动与控制	7-301-22872-2	万芳瑛	34	2013	电子课件/答案
23	电气信息工程专业英语	7-301-22920-0	余兴波	26	2013	电子课件/译文
24	集散控制系统(第 2 版)	7-301-23081-7	刘翠玲	36	2013	电子课件，2014 年中国电子教育学会“全国电子信息类优秀教材”一等奖
25	工控组态软件及应用	7-301-23754-0	何坚强	49	2014	电子课件/答案
26	发电厂变电所电气部分(第 2 版)	7-301-23674-1	马永翔	48	2014	电子课件/答案
27	自动控制原理实验教程	7-301-25471-4	丁　红　贾玉瑛	29	2015	
28	自动控制原理(第 2 版)	7-301-25510-0	袁德成	35	2015	电子课件/辽宁省“十二五”教材
29	电机与电力电子技术	7-301-25736-4	孙冠群	45	2015	电子课件/答案
30	虚拟仪器技术及其应用	7-301-27133-9	廖远江	45	2016	

如您需要更多教学资源如电子课件、电子样章、习题答案等，请登录北京大学出版社第六事业部官网 www.pup6.cn 搜索下载。

如您需要浏览更多专业教材，请扫下面的二维码，关注北京大学出版社第六事业部官方微信(微信号：pup6book)，随时查询专业教材、浏览教材目录、内容简介等信息，并可在线申请纸质样书用于教学。

感谢您使用我们的教材，欢迎您随时与我们联系，我们将及时做好全方位的服务。联系方式：010-62750667，szheng_pup6@163.com，pup_6@163.com，lihu80@163.com，欢迎来电来信。客户服务 QQ 号：1292552107，欢迎随时咨询。